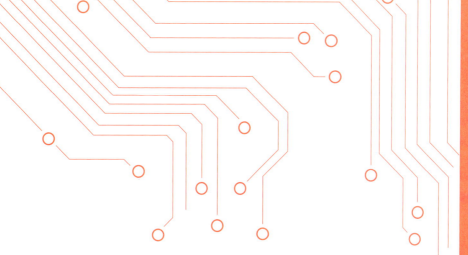

"十四五"职业教育国家规划教材

 iCourse·教材

传感器与
自动检测技术

（第四版）

CHUANGANQI YU ZIDONG JIANCE JISHU

主　编　吴　旗
副主编　何成平　李永杰　卢晓玲

新形态
教材

中国教育出版传媒集团
高等教育出版社·北京

内容提要

本书是"十四五"职业教育国家规划教材。

本书主要内容包括传感器与自动检测技术概述、电阻式传感器、电感式及电容式传感器、发电传感器、光电式传感器、数字传感器、现代新型传感器、检测仪表概述、传感器与自动检测技术的综合应用、传感器与自动检测技术的综合实践等十个模块。本书简明实用，图文并茂，模块最后附有相关认知训练和能力训练等综合训练题，便于教学和自学。

本书是新形态一体化教材，配套丰富的助学助教数字化资源，其中部分资源以二维码链接形式在书中呈现。

本书可作为高等职业院校机械设计与制造类、机电设备类、自动化类、电子信息类等专业的教材，还可供有关专业师生及工程技术人员参考。

图书在版编目（CIP）数据

传感器与自动检测技术/吴旗主编.—4版.—北京：高等教育出版社，2024.4（2025.1重印）
　ISBN 978-7-04-061754-2

Ⅰ.①传⋯　Ⅱ.①吴⋯　Ⅲ.①传感器-高等职业教育-教材②自动检测-高等职业教育-教材　Ⅳ.①TP212②TP274

中国国家版本馆CIP数据核字（2024）第048827号

策划编辑 谢永铭	**责任编辑** 谢永铭	**封面设计** 张文豪	**责任印制** 高忠富	

出版发行	高等教育出版社	网　址	http://www.hep.edu.cn	
社　址	北京市西城区德外大街4号		http://www.hep.com.cn	
邮政编码	100120	网上订购	http://www.hepmall.com.cn	
印　刷	浙江天地海印刷有限公司		http://www.hepmall.com	
开　本	787 mm×1092 mm　1/16		http://www.hepmall.cn	
印　张	16.5	版　次	2003年6月第1版	
字　数	361千字		2024年4月第4版	
购书热线	010-58581118	印　次	2025年1月第5次印刷	
咨询电话	400-810-0598	定　价	39.00元	

配套学习资源及教学服务指南

🎯 二维码链接资源

本书配套视频、动画、小制作、拓展提高、应用案例等学习资源，在书中以二维码链接形式呈现。手机扫描书中的二维码进行查看，随时随地获取学习内容，享受学习新体验。

打开书中附有二维码的页面　　　　**扫描二维码**　　　　**查看相应资源**

🎯 在线开放课程

本书配套在线开放课程"自动检测与传感器应用"，可进行在线学习互动讨论。
学习方法：访问网址 https://www.icourse163.org/course/CAILI-1207026802。

🎯 教师教学资源下载

本书配有课程相关的教学资源，例如，教学课件、习题及参考答案、应用案例等。选用教材的教师，可扫描下方二维码，关注微信公众号"高职智能制造教学研究"，点击"教学服务"中的"资源下载"，或电脑端访问网址（101.35.126.6），注册认证后下载相关资源。

★如您有任何问题，可加入工科类教学研究中心QQ群：240616551。

本书二维码资源列表

模块	页码	类型	说　明	模块	页码	类型	说　明
模块一	001	模块目标	模块一学习目标	模块二	027	模块目标	模块二学习目标
	001	视频	自动检测与传感器的基本概念		027	动画	电阻应变式传感器的称重
	001	延伸阅读	"工欲善其事，必先利其器"的释义		028	动画	应变片工作原理
					028	图片	应变片及粘贴实物图
	002	视频	自动检测与传感器在国民经济中的作用		029	动画	应变片的粘贴
	004	应用案例	汽车电子防盗系统		032	动画	应变片力的测量
	005	动画	线性度的定义		032	延伸阅读	中国"杆秤"的发明过程
	006	拓展提高	选择传感器时考虑的因素和原则		033	动画	应变片压力的测量
	007	延伸阅读	洪涝灾害的成因及主要防治措施		034	动画	应变片加速度的测量
	009	应用案例	大米光电分选机		035	小制作	电阻应变式传感器制作的数显电子秤
	012	延伸阅读	用科技手段实现天下无贼、天下无拐		035	动画	电位器式传感器的结构及工作原理
	013	知识链接	误差的来源、影响和处理		036	知识链接	位移测量的基本概念
	016	视频	虚拟仪器简介		036	知识链接	电位器式传感器的结构、类型及特点
	018	视频	LabVIEW 前面板和程序框图		037	拓展提高	电位器式传感器的使用要求
	020	应用案例	虚拟经纱张力测试仪		038	知识链接	温度测量的基本概念
	021	知识链接	弹性敏感元件的基本特性		038	知识链接	热电阻的结构、其他热电阻简介和应用场合
	021	动画	等截面弹性敏感元件		039	拓展提高	热电阻的选择、安装与使用
	022	动画	环状弹性敏感元件		042	延伸阅读	温度计的发明
	022	动画	悬臂梁		042	小制作	温度传感器制作的水开音乐告知器
	022	动画	扭转轴		044	动画	气敏电阻工作的原理
	023	动画	C 形弹簧管		045	拓展提高	氧浓度传感器和电化学气体传感器简介
	023	动画	波纹管		045	知识链接	瓦斯气体及其检测的基本概念
	026	文本	模块一综合训练参考答案				

模块	页码	类型	说明	模块	页码	类型	说明
模块二	047	延伸阅读	燃气泄漏、爆炸的主要原因与防范措施	模块三	069	拓展提高	电容式压力变送器故障分析与处理方法
	048	知识链接	湿敏电阻的种类与测量电路		073	文本	模块三综合训练参考答案
	048	动画	湿敏电阻湿度检测	模块四	074	模块目标	模块四学习目标
	049	拓展提高	湿敏电容、结露和水分传感器		075	动画	热电势效应
	049	拓展提高	HR202湿敏电阻传感器模块的工作原理		076	图片	热电偶传感器实物图
	051	文本	模块二综合训练参考答案		076	知识链接	热电偶的种类
模块三	052	模块目标	模块三学习目标		077	知识链接	热电偶的选择
	052	图片	电感式传感器实物图		078	拓展提高	热电偶的安装与使用
	052	动画	差动变压器工作原理		080	拓展提高	热电偶的常见故障及处理
	054	知识链接	电感式位移传感器的特点		081	延伸阅读	怎样安全使用燃气热水器
	055	动画	差动变压器的厚度测量		081	动画	热处理加热炉温控系统
	058	小制作	感应式传感器制作的感应式讯响器		084	动画	霍尔效应
	060	动画	电涡流式传感器的工作原理		085	图片	不同用途的霍尔式传感器实物图
	060	延伸阅读	与火锅绝配的电磁炉		085	知识链接	霍尔元件的主要特性参数
	061	知识链接	电涡流式传感器的分类		085	拓展提高	集成霍尔元件
	063	动画	电涡流式传感器的转速测量		086	动画	霍尔式传感器转速测量
	063	动画	电涡流式传感器的无损检测		088	延伸阅读	绿色出行，低碳生活
	064	图片	电容式传感器实物图		089	动画	压电效应
	064	动画	电容式传感器的工作原理		090	拓展提高	压电材料简介
					090	图片	压电式传感器实物图
	068	动画	电容式加速度传感器		091	动画	压电式传感器的机床切削力检测
	068	动画	电容式传感器的转速测量		092	小制作	声振动传感器制作的电子狗
					093	拓展提高	超声波传感器原理详解

续　表

模块	页码	类　型	说　　明	模块	页码	类　型	说　　明
模块四	093	知识链接	超声波传感器的主要应用	模块六	112	模块目标	模块六学习目标
	094	动画	超声波表面探伤		112	知识链接	数字式位移测量的方式
	095	延伸阅读	驾驶汽车超速行驶的危害		114	动画	莫尔条纹原理
	096	应用案例	超声波多普勒成像及风速检测		118	延伸阅读	中国造出多台世界最大数控机床,件件堪称"国宝"
	097	文本	模块四综合训练参考答案		119	图片	光电编码器实物图
模块五	098	模块目标	模块五学习目标		119	动画	增量式光电编码器原理
	098	动画	光电管的工作过程		119	拓展提高	增量式光电编码器的转速测量
	099	动画	光敏电阻的工作过程		120	动画	增量式光电编码器的转速测量
	100	动画	光敏晶体管的工作过程		120	动画	绝对式光电编码器原理
	101	动画	光电池的工作过程		121	动画	绝对式光电编码器的位置测量
	102	延伸阅读	光伏发电与"碳达峰、碳中和"		122	知识链接	扭矩检测的基本概念
	102	动画	光电式传感器的颜色识别		124	图片	磁栅式传感器实物图
	103	图片	模拟量检测光电式传感器实物图		125	动画	磁栅式传感器的工作原理
	103	知识链接	黑体辐射		128	动画	机床导轨的位移检测
	104	动画	光电式烟尘浓度计的原理		130	文本	模块六综合训练参考答案
	106	图片	数字量检测光电式传感器实物图	模块七	131	模块目标	模块七学习目标
	107	知识链接	位置检测的基本概念		131	延伸阅读	我国集成芯片制造现状
	107	拓展提高	接近开关的连线与选用原则		133	图片	集成传感器实物图
	108	动画	光电式传感器的零件计数		134	知识链接	无线传感器网络
					136	延伸阅读	人工智能技术及应用
	109	动画	光电式转速表的工作原理		137	拓展提高	形状记忆合金
					138	动画	自适应称重传感器
					139	拓展提高	MEMS 传感器简介
	111	文本	模块五综合训练参考答案		140	知识链接	光纤的类型及传光原理

模块	页码	类型	说　明	模块	页码	类型	说　明
模块七	141	动画	光纤传光原理	模块八	167	应用案例	液位和固体料位检测
	141	应用案例	光纤电流、光纤加速度和光纤流量传感器		168	知识链接	电磁流量计的特点与接线
	144	知识链接	CCD图像传感器电荷转移和传输		169	拓展提高	流量计的安装
	145	拓展提高	红外CCD传感器和激光式图像传感器		170	应用案例	智慧农业灌溉系统
	146	应用案例	数码摄像机		171	文本	模块八综合训练参考答案
	147	动画	机械手物料搬运与分拣	模块九	173	模块目标	模块九学习目标
	148	动画	机器狗颠足球		173	延伸阅读	电子对抗
	149	视频	机器人集体舞		173	动画	机械干扰
	149	应用案例	流水线上视觉传感器控制机器人抓取物件		174	动画	电磁干扰
	150	延伸阅读	"天波"超视距雷达		176	拓展提高	日常生活中的电磁干扰与抑制
	152	知识链接	压觉传感器的类型		178	知识链接	PCB高级设计之热干扰及抑制
	153	动画	自动门(接近觉传感器)		179	知识链接	传感器电路中抑制干扰信号的措施
	154	动画	汽车车牌识别		180	动画	带通滤波
	154	拓展提高	其他机器人传感器		181	图片	光电耦合器内部结构图
	154	应用案例	接近觉传感器——倒车雷达		184	延伸阅读	重庆綦江"彩虹桥"垮塌事件
	155	实践任务	视觉传感器试件颜色及编号识别		186	知识链接	可靠性设计分析方法要点大全
	155	文本	模块七综合训练参考答案		187	动画	零件的无损探伤
模块八	157	模块目标	模块八学习目标		187	延伸阅读	中国"天眼"
	159	图片	各种变送器外形图		188	动画	数据采集过程
	159	实践任务	热电阻温度变送器的使用		190	视频	LabVIEW软件简介
	160	图片	温度检测仪表实物图		191	延伸阅读	物联网水质监测预警
	161	延伸阅读	"防疫神器"红外人体测温仪		191	拓展提高	RFID的分类与应用
	162	图片	压力检测仪表实物图		192	动画	RFID自动收费
	164	图片	流量检测仪表实物图		192	拓展提高	ZigBee技术
	165	应用案例	污水处理的流量检测		196	拓展提高	智能水表设计与选型
	166	图片	物位检测仪表实物图		196	知识链接	智能电表
					198	动画	数控机床位移检测

模块	页码	类　型	说　　明	模块	页码	类　型	说　　明
模块九	201	知识链接	热风炉工作原理	模块十	220	视频	"室内温度检测"的硬件连线与运行调试
	202	动画	电炉炉温自动控制		221	任务资料	"室内湿度检测"的任务分析
	202	知识链接	差压变送器简介		222	视频	"室内湿度检测"的LabVIEW程序设计和模拟运行
	205	动画	差压式液位传感器的工作原理				
	207	知识链接	电感式水位传感器		222	项目资料	项目一完整的LabVIEW检测界面和程序框图
	208	知识链接	光电浑浊度传感器				
	210	文本	模块九综合训练参考答案		223	视频	"室内湿度检测"的硬件连线与运行调试
模块十	211	项目资料	项目一的项目分工表		225	项目资料	项目二的项目分工表
	211	图片	传感器与虚拟仪器应用平台		225	任务资料	"位移检测"的任务分析
	211	任务资料	"居家火灾自动报警"的任务分析		227	视频	"位移检测"的LabVIEW程序设计
	213	视频	"居家火灾自动报警"的LabVIEW程序设计		227	视频	"位移检测"标定子程序的LabVIEW程序设计
	214	视频	"居家火灾自动报警"的硬件连线与运行调试		228	视频	"位移检测"的硬件连线与运行调试
	214	任务资料	"居家可燃性气体泄漏报警"的任务分析		228	任务资料	"称重检测"的任务分析
	215	视频	"居家可燃性气体泄漏报警"的LabVIEW程序设计		229	视频	"称重检测"的LabVIEW程序设计
	216	视频	"居家可燃性气体泄漏报警"的硬件连线与运行调试		230	视频	"称重检测"的硬件连线与运行调试
	216	任务资料	"居家防盗报警"的任务分析		231	任务资料	"产品计数检测"的任务分析
	217	视频	"居家防盗报警"的LabVIEW程序设计		231	视频	"产品计数检测"的LabVIEW程序设计
	218	视频	"居家防盗报警"的硬件连线与运行调试		232	视频	"产品计数检测"的硬件连线与运行调试
	219	任务资料	"室内温度检测"的任务分析		233	任务资料	"转速检测"的任务分析
	219	视频	"室内温度检测"的LabVIEW程序设计		234	视频	"转速检测"的LabVIEW程序设计
					235	项目资料	项目二完整的LabVIEW检测界面和程序框图
					235	视频	"转速检测"的硬件连线与运行调试

前　言

本书是"十四五"职业教育国家规划教材。

本书贯彻党的二十大精神,践行社会主义核心价值观,以立德树人、产教融合、创新驱动发展、绿色低碳发展以及安全生产等为指引,按照以下几点思路进行修订:①根据传感器面广量大、种类繁多、应用广泛的特征,突出基础性和简洁性;②根据高等职业教育的培养目标,突出应用性;③根据职业教育的类型特点,尽量做到手脑并用、做学合一,突出实践性;④根据教育理论和教学规律,突出典型性;⑤根据事物发展的规律,反映当前传感器技术发展的最新成果,突出先进性;⑥根据应用行业不同、差异化人才培养的现实,可基于实际需要进行选学,突出广泛性。

本书在第三版基础上,删减部分理论内容,增加应用案例和实践任务,确保大部分单元均有应用案例,增加了可实操的综合实践作为模块十;在模块四中增加应用广泛的"超声波传感器"内容;考虑到传感器广泛应用于工农业、交通、生活、现代科技等各个领域,教材内容融入相关职业技能等级标准;顺应信息技术与教育教学的深度融合,建设新形态一体化教材,二维码链接的数字资源丰富多样,有视频、动画、图片、延伸阅读、知识链接、拓展提高、应用案例、实践任务、小制作等,有机融入课程思政元素。

本书主要内容包括:传感器与自动检测技术概述、电阻式传感器、电感式及电容式传感器、发电传感器、光电式传感器、数字传感器、现代新型传感器、检测仪表概述、传感器与自动检测技术的综合应用、传感器与自动检测技术的综合实践等十个模块。

本书由常州工业职业技术学院吴旗担任主编并提出编写提纲和进行统稿,常州工业职业技术学院何成平、李永杰,安徽汽车职业技术学院卢晓玲担任副主编。其中,模块一、模块二、模块三、模块四、模块十的实践项目一、附录由吴旗编写;模块七由何成平编写;模块五、模块八、模块十的实践项目二由李永杰编写;模块六由吴旗、卢晓玲编写;模块九由何成平、卢晓玲编写。天合光能股份有限公司高级工程师杨泽民、常州华纳电气有限公司高级工程师吴春明等企业技术人员提供了大量企业案例,并对本书编写提出了有益的建议,对此编者表示衷心的感谢!

本书可作为高等职业院校机械设计与制造类、机电设备类、自动化类、电子信息类等专业的教材,还可供有关专业师生及工程技术人员参考。

限于编者的学识水平,本书不妥之处在所难免,恳请广大读者提出宝贵意见(联系邮箱:763577747@qq.com)。

编　者

目　　录

模块一　传感器与自动检测技术概述 ·· 001

单元 1　传感器与自动检测技术的基本概念 ····································· 001

单元 2　传感器简述 ·· 003

　　应用案例　液位自动控制器 ·· 006

单元 3　自动检测系统的组成与接口技术 ····································· 007

　　应用案例　自动磨削控制系统 ·· 010

　　实践任务　防盗报警器的搭建和调试 ····································· 011

单元 4　测量误差与精度 ·· 012

　　应用案例　不同量程和精度等级仪表的比较选用 ··························· 015

　　应用案例　仪表实际测量误差的估算 ····································· 015

单元 5　虚拟仪器检测技术简介 ·· 016

单元 6　检测系统中的弹性敏感元件 ··· 021

综合训练 ·· 025

　　认知训练 ·· 025

　　能力训练 ·· 026

模块二　电阻式传感器 ·· 027

单元 1　电阻应变式传感器 ·· 027

　　应用案例　Y6D-3 型动态应变仪 ··· 034

单元 2　电位器式传感器 ·· 035

　　应用案例　电子油门控制系统 ·· 036

　　应用案例　电位器式压力传感器 ··· 037

单元 3　热电阻传感器 ·· 038

　　应用案例　燃烧气体温度的测量 ··· 040

　　实践任务　热电阻温度数字仪表的调试 ··································· 040

单元 4　热敏电阻传感器 ·· 042

　　应用案例　谷物温度的测量 ·· 043

单元 5　气敏电阻传感器 ·· 044

　　应用案例　酒精测试仪 ·· 046

　　应用案例　燃气泄漏报警器 ·· 046

　　实践任务　矿灯瓦斯报警电路的制作 ································· 047

　单元6　湿敏电阻传感器 ·· 048

　　应用案例　汽车后窗玻璃自动除湿装置 ··························· 049

　综合训练 ··· 050

　　认知训练 ··· 050

　　能力训练 ··· 051

模块三　电感式及电容式传感器 ·· 052

　单元1　差动变压器式传感器 ··· 052

　　应用案例　差动变压器式压力变送器 ····························· 055

　　应用案例　电感式位移检测在滚珠直径自动分选机中的应用 ········ 057

　　实践任务　差动变压器式位移传感器的调试 ······················ 058

　单元2　电涡流式传感器 ··· 059

　　应用案例　机械轴的偏心测量 ··································· 063

　单元3　电容式传感器 ·· 064

　　应用案例　1151电容式智能压力变送器 ························· 069

　　实践任务　压力变送器的认识与校验 ····························· 069

　综合训练 ··· 071

　　认知训练 ··· 071

　　能力训练 ··· 072

模块四　发电传感器 ··· 074

　单元1　热电偶传感器 ·· 074

　　应用案例　燃气热水器火焰温度测量 ····························· 081

　　应用案例　高温气体温度测量 ··································· 082

　　实践任务　热电偶温度数字显示仪表的调试 ······················ 082

　单元2　霍尔式传感器 ·· 084

　　应用案例　霍尔式传感器转速测量 ······························· 086

　　应用案例　霍尔式微压力传感器 ································· 087

　　实践任务　自行车码表的安装与调试 ····························· 087

　单元3　压电式传感器 ·· 088

　　应用案例　汽车自动间隙雨刮传感器 ····························· 092

　单元4　超声波传感器 ·· 093

　　应用案例　超声波测速仪 ····································· 095

　　应用案例　超声波传感器在防止踩错汽车踏板中的应用 ············ 096

　综合训练 ··· 096

　　认知训练 ··· 096

能力训练 ……………………………………………………………… 097

模块五　光电式传感器 …………………………………………………… 098

单元 1　光电效应及光电元件 …………………………………………… 098

单元 2　光电式传感器的应用 …………………………………………… 102

应用案例　光电比色温度计 ………………………………………… 103

应用案例　光电式烟尘浓度计 ……………………………………… 104

应用案例　光电式边缘位置检测器 ………………………………… 105

应用案例　光电式接近开关 ………………………………………… 106

应用案例　光电断续器 ……………………………………………… 108

应用案例　光电式转速表 …………………………………………… 109

实践任务　漫射式光电接近开关灵敏度的调节 …………………… 109

综合训练 ………………………………………………………………… 110

认知训练 ………………………………………………………… 110

能力训练 ………………………………………………………… 111

模块六　数字传感器 ……………………………………………………… 112

单元 1　光栅式传感器 …………………………………………………… 112

应用案例　轴环式光栅数显表在车床进给显示中的应用 ………… 117

单元 2　光电编码器 ……………………………………………………… 118

应用案例　光电编码器式扭矩检测 ………………………………… 122

实践任务　增量式光电编码器的转速测量 ………………………… 123

单元 3　磁栅式传感器 …………………………………………………… 123

应用案例　用于仿形机床等设备的随动控制系统 ………………… 128

综合训练 ………………………………………………………………… 129

认知训练 ………………………………………………………… 129

能力训练 ………………………………………………………… 130

模块七　现代新型传感器 ………………………………………………… 131

单元 1　集成传感器 ……………………………………………………… 131

应用案例　LSM303DLH 传感器模块 ……………………………… 134

单元 2　智能传感器 ……………………………………………………… 135

应用案例　二维自适应图像智能传感器 …………………………… 138

单元 3　光纤传感器 ……………………………………………………… 140

应用案例　光纤压力传感器 ………………………………………… 141

实践任务　简易光纤料位传感器的制作 …………………………… 142

单元 4　CCD 图像传感器 ………………………………………………… 143

　　　　应用案例 平面扫描仪 ······················· 146

　　　　实践任务 数字图像的获取及处理 ·············· 146

　　单元5　机器人传感技术 ························· 147

　　　　应用案例 汽车牌照字符识别 ················· 153

　　　　实践任务 倒车雷达的安装与测试 ·············· 154

　　综合训练 ································· 155

　　　　认知训练 ······························ 155

　　　　能力训练 ······························ 156

模块八　检测仪表概述 ························· 157

　　单元1　检测仪表的基本概念 ····················· 157

　　　　应用案例 智能差压变送器 ·················· 159

　　单元2　常用检测仪表 ························· 160

　　　　应用案例 医用负压舱压力检测 ·············· 167

　　单元3　常用物理量检测的故障判断与处理 ·············· 168

　　　　实践任务 液位的测量及控制 ················· 170

　　综合训练 ································· 171

　　　　认知训练 ······························ 171

　　　　能力训练 ······························ 172

模块九　传感器与自动检测技术的综合应用 ·············· 173

　　单元1　抗干扰技术 ·························· 173

　　　　应用案例 PLC输入接口的抗干扰 ·············· 181

　　　　实践任务 滤波技术的干扰抑制与消除 ············ 182

　　单元2　自动检测系统的可靠性 ··················· 184

　　　　应用案例 电子元器件的老化处理 ·············· 187

　　单元3　智能检测系统 ························· 187

　　单元4　传感器在物联网中的应用 ·················· 190

　　　　应用案例 智能停车场 ···················· 193

　　　　应用案例 智能家居 ····················· 193

　　　　应用案例 家用智能计量 ·················· 196

　　单元5　传感器与自动检测技术综合应用实例 ············· 197

　　　　综合应用实例 汽轮机叶根槽数控铣床自动检测与控制系统 ······ 197

　　　　综合应用实例 高炉炼铁自动检测与控制系统 ········· 200

　　　　综合应用实例 石油蒸馏塔自动检测与控制系统 ········ 204

　　　　综合应用实例 全自动洗衣机自动检测与控制系统 ········ 206

　　综合训练 ································· 210

认知训练 ……………………………………………………………………… 210

能力训练 ……………………………………………………………………… 210

模块十　传感器与自动检测技术的综合实践 ……………………………… 211

　实践项目一　居家安防与环境监测 ………………………………………… 211

　　任务 1-1　居家火灾自动报警 …………………………………………… 211

　　任务 1-2　居家可燃性气体泄漏报警 …………………………………… 214

　　任务 1-3　居家防盗报警 ………………………………………………… 216

　　任务 1-4　室内温度检测 ………………………………………………… 219

　　任务 1-5　室内湿度检测 ………………………………………………… 221

　实践项目二　常用生产流水线的检测技术 ………………………………… 225

　　任务 2-1　位移检测 ……………………………………………………… 225

　　任务 2-2　称重检测 ……………………………………………………… 228

　　任务 2-3　产品计数检测 ………………………………………………… 231

　　任务 2-4　转速检测 ……………………………………………………… 233

附录 ………………………………………………………………………………… 237

　附录一　常用传感器分类表 ………………………………………………… 237

　附录二　几种常用传感器性能比较表 ……………………………………… 238

　附录三　热电阻新、旧分度号对照表 ……………………………………… 239

　附录四　热电阻分度表 ……………………………………………………… 239

　附录五　镍铬-镍硅(镍铝)热电偶分度表 ………………………………… 240

主要参考文献 …………………………………………………………………… 242

模块一
传感器与自动检测技术概述

当今世界已进入信息时代,在利用信息之前,首先需要获取准确可靠的信息,而传感器是获取自然和生产领域中信息的主要途径与手段。本模块力求通过对传感器的基本概念、自动检测系统的组成与接口技术、测量误差与精度以及虚拟仪器检测技术等的介绍,使读者对传感器与自动检测技术有一个初步的了解。

模块目标

模块一
学习目标

单元 1 传感器与自动检测技术的基本概念

一、传感器与自动检测技术简介

在现代工业生产中为了检查、监督和控制某个生产过程或运动对象,使它们处于所选工况最佳状态,就必须掌握描述它们特性的各种参数,这就首先要测量这些参数的大小、方向、变化速度等。检测是指人们借助仪器、设备,利用各种物理效应,采用一定的方法,从客观世界的有关信息中通过检查与测量获取定性或定量信息的认识过程。这些仪器和设备的核心部件就是传感器,传感器是一种检测装置,能将被测量(多为非电量)的信息转化为电量,以满足信息的传输、处理、存储、显示、记录和控制等要求。人们常将传感器与人类五大感觉器官相比拟,传感器的存在和发展,让检测设备有了视觉(光电传感器)、听觉(声敏传感器)、触觉(压敏、温敏传感器)、味觉(气敏传感器)和嗅觉(化学、生物传感器)等"感官",让被测物体慢慢变得生动起来。目前传感器的技术正朝着微型化、数字化、智能化、多功能化、系统化、网络化等方向快速发展。

视频

自动检测与
传感器的
基本概念

检测包含检查与测量两个方面,检查往往可获取定性信息,而测量则可获取定量信息。自动检测是指在检查和测量过程中完全不需要或仅需要很少的人工干预而自动进行并完成的。实现自动检测可以提高自动化水平和程度,减少人为干扰因素和人为差错,可以提高生产过程或设备的可靠性及运行效率,而传感器恰恰是实现自动检测和自动控制的首要环节。

延伸阅读

"工欲善其事,
必先利其器"
的释义

二、自动检测技术在国民经济中的地位

中国有句古话:"工欲善其事,必先利其器。"比喻要做好一件事,准备工作非常重

要。用这句话来说明自动检测技术在现代科学技术中的重要性是很恰当的。所谓"事",是指发展现代科学技术的伟大事业,而"器"则是指利用自动检测技术而制造的仪器、仪表和工具等。所以说自动检测技术是科学实践和生产实践的必要手段,高水平的自动检测技术也是科学技术现代化的重要标志,它在发展国民经济中的作用也就不言而喻了。

随着家电工业的兴起,自动检测技术已进入人们的日常生活。例如,电冰箱中的温度传感器、监测燃气泄漏的气敏传感器、防止火灾的烟雾传感器、防盗用的光电传感器等。在机械制造行业中,通过对机床的加工精度、切削速度、床身振动等许多静态、动态参数进行在线测量,可控制加工质量。在化工、电力等行业中,如果不随时对生产工艺过程中的温度、压力、流量等参数进行自动检测,生产过程就无法控制,甚至产生危险。在交通领域,一辆现代化汽车所用的传感器多达数十种,用以检测车速、方位、转矩、振动、油压、油量和温度等。在国防科研中,检测技术用得更多,许多尖端的检测技术都是因国防工业需要而发展起来的,如研究飞机的强度,就要在机身、机翼上贴几百片应变片,并进行动态特性的测试。

有人把计算机比喻为人的大脑,称之为"电脑",而把传感器比喻为人的感觉器官,称之为"电五官"(视、听、味、嗅、触)。没有"电五官"就不能实现自动化,没有自动检测技术就不能有自动保护、自动报警和自动诊断系统,就不能实现自动计量和自动管理。特别是传感器与微机结合起来,一些带微处理器的新型智能化仪器不断涌现,对生产过程进行自动控制,从而大大提高了劳动生产率,提高了产品质量,减轻了劳动强度和改善了劳动条件。

三、自动检测技术在机电产品中的作用

自动检测与
传感器在国民
经济中的作用

机电一体化技术是科学技术发展的必然产物,它使产品提高了自动化程度,提高了功能,提高了经济效益。作为高科技代表的机电一体化系统一般由机械本体、自动检测技术、控制技术和执行机构四部分组成,如图1-1所示。自动检测技术把代表机械本体的工作状态、生产过程等工业参数通过传感器转换成电量,从而便于采用控制技术使控制对象按给定的规律变化,推动执行机构实时地调整机械本体的各种工业参数,使机械本体处于自动运行状态,并实行自动监视和自动保护。可见,自动检测技术是机械本体与控制技术的"纽带"和"桥梁",在机电一体化系统中起着关键的作用。

图 1-1　机电一体化系统的组成

目前,自动检测技术已成为最重要的热门技术之一,主要原因是它可以促进科学技术

的飞跃发展,并带来巨大的经济效益。可以说,一个国家的现代化水平是用自动化水平来衡量的,而自动化水平是用传感器的种类和数量来衡量的。

单元 2 传感器简述

一、传感器的定义与组成

传感器是能感受规定的被测量并按照一定规律转换成有用输出信号(一般为电信号)的器件或装置,通常由敏感元件、传感元件和测量转换电路组成,如图 1-2 所示。其中,敏感元件是指传感器中能直接感受被测量的部分,传感元件是指传感器中能将敏感元件的输出转换为便于传输和测量的电参量部分。由于传感器输出信号一般都很微弱,需要由信号调节与转换电路将其放大或转换为容易传输、处理、记录和显示的形式,这一部分一般称为测量转换电路。

(非电量) 被测量 → 敏感元件 → 非电量 → 传感元件 → 电参量 → 测量转换电路 → 电量

图 1-2 传感器的组成

传感器输出信号有很多形式,如电压、电流、频率和脉冲等,输出信号的形式由传感器的原理确定。常见的测量转换电路有放大器、电桥、振荡器和电荷放大器等,它们分别与相应的传感器相配合。

有些国家和有些学科领域,将传感器称为变换器、检测器或探测器等。应该说明,并不是所有的传感器都能明显分清敏感元件、传感元件和测量转换电路三个部分的,它们可能是三者合为一体。随着半导体器件与集成技术在传感器中的应用,传感器的测量转换电路可以安装在传感器的壳体里或与敏感元件一起集成在同一芯片上。例如,半导体气体传感器、温度传感器等,这些传感器将感受的被测量直接转换为电信号,没有中间转换环节。

二、传感器的分类及命名

传感器的种类很多,分类不尽相同。常见的分类方法有以下几种:

1. 按工作原理分类

按工作原理,传感器可以分成参量传感器、发电传感器及特殊传感器。其中,参量传感器有触点传感器、电阻式传感器、电感式传感器和电容式传感器等;发电传感器有光电池、热电偶传感器、压电式传感器、霍尔式传感器等;特殊传感器是不属于以上两种类型的传感器,如超声波探头、红外探测器和激光探测器等。

这种分类方法的优点是可以把传感器按工作原理分门别类地归纳起来,避免名目过多,且较为系统。本书将基本按照此分类方法介绍各种传感器,但由于光电式传感器中的光电元件有参量型和发电型两种,故将单列一个模块进行介绍。

2. 按被测量性质分类

● 应用案例

汽车电子
防盗系统

按被测量性质,传感器可以分成机械量传感器、热工量传感器、成分量传感器、状态量传感器和探伤传感器等。其中,机械量有力、长度、位移、速度和加速度等;热工量有温度、压力和流量等;成分量传感器是检测各种气体、液体、固体化学成分的传感器,如检测可燃性气体泄漏的气敏传感器;状态量传感器是检测设备运行状态的传感器,如由干簧管、霍尔元件等做成的各种接近开关;探伤传感器是用来检测金属制品内部的气泡和裂缝、检测人体内部器官的病灶等的传感器,如超声波探头、CT 探测器等。

这种分类方法对使用者比较方便,容易根据测量对象来选择所需的传感器。

3. 按输出量种类分类

按输出量种类,传感器可分成模拟传感器和数字传感器。模拟传感器输出与被测量成一定关系的模拟信号,如果需要与计算机配合或用数字显示,还必须经过模/数转换电路。数字传感器输出的是数字量,可直接与计算机连接或作数字显示,读取方便,抗干扰能力强,可分为光栅式传感器、光电编码器、磁栅式传感器和感应同步器等。本书也将把数字传感器单列一个模块来介绍。

4. 按传感器的信号处理方法分类

按传感器的信号处理方法,传感器可以分成直接传感器、差动传感器和补偿传感器。直接传感器可直接将被测量转换成所需要的输出信号,它的结构最简单,但一般灵敏度低、易受外界干扰。差动传感器可把两个相同类型的直接传感器接在转换电路中,使两个传感器所经受的相同干扰信号相减,而有用的被测量信号相加,从而提高了灵敏度和抗干扰能力,改善了特性曲线的线性度。补偿传感器要求显示装置的指示自动跟随被测量变化而变化,它一般是把输出的电信号通过反向传感器变换成非电量,再与被测量进行比较,产生一个偏差信号。此偏差信号通过正向通路中的传感器变换成电量,再经过测量、放大,然后输出供指示或记录,从而大大提高了测量精度和抗干扰能力。但这类传感器往往结构复杂,价格偏高。本书将介绍前两种结构形式的传感器。

5. 按感知功能分类

按感知功能,传感器可分为热敏传感器、光敏传感器(光电传感器)、气敏传感器、力敏传感器、磁敏传感器、湿敏传感器、声敏传感器、放射线敏感传感器、色敏传感器和味敏传感器等。

传感器常常按工作原理及被测量性质两种分类方式合二为一进行命名,如电感式位移传感器、光电式转速计和压电式加速度计等。这样使被测量与传感器的工作原理一目了然,便于使用者选择与使用。

三、传感器的基本特性

评价传感器的性能指标是多方面的,主要有精度、稳定性、可靠性和输入输出特性等。

1. 精度

精度是评价传感器优良程度的一个指标。精度分为准确度和精密度。准确度是测量值对于真值的偏离程度,为修正这种偏差需要进行校正,完全校正是很麻烦的,因此使用时须尽可能地减小误差。精密度是指即使测量相同对象,每次测量也会得到不同的测量值,即为离散偏差。

2. 稳定性

传感器的稳定性有两个指标:一是系统指示值在一段时间中的变化,以稳定度表示;二是系统外部环境和工作条件变化引起指示值的不稳定,用环境影响系数表示。稳定度指在规定时间内,在测量条件不变的情况下,由检测系统中随机性变动、周期性变动、漂移等引起指示值的变化,一般以精密度数值和时间的长短来表示。例如,某仪表电压指示值每小时变化 1.3 mV,则稳定度可表示为 1.3 mV/h。环境影响系数是指检测系统由外界环境变化引起指示值的变化量。它是由温度、湿度、气压、振动、电源电压及电源频率等一些外加环境影响所引起的。

3. 可靠性

表征传感器可靠性最基本的尺度是可靠度,它是衡量传感器能够正常工作并完成其功能的程度。可靠度的应用亦可体现在传感器正常工作和出现故障两个方面,在传感器正常工作方面由平均无故障时间来体现,在传感器出现故障方面由平均故障修复时间来体现。关于可靠性问题本书将在模块九中简要介绍。

4. 输入输出特性

传感器输入输出特性可分为静态特性和动态特性。静态特性是指输入的被测量不随时间变化或随时间变化很缓慢时,传感器的输出量与输入量的关系。传感器输入输出特性主要有线性度、灵敏度、迟滞、分辨率与分辨力、动态特性等。

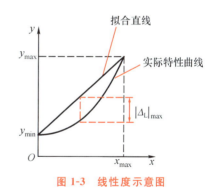

图 1-3　线性度示意图

(1) 线性度　如图 1-3 所示,传感器的线性度是指传感器输出输入的实际特性曲线和拟合直线之间的最大偏差与输出量程范围之比,即

$$\gamma_{\mathrm{L}} = \frac{|\Delta_{\mathrm{L}}|_{\max}}{y_{\max} - y_{\min}} \times 100\% \qquad (1\text{-}1)$$

式中　　　γ_{L}——线性度;

　　　$|\Delta_{\mathrm{L}}|_{\max}$——最大非线性绝对误差;

　　　$y_{\max} - y_{\min}$——输出量程范围。

线性度又称为非线性误差。通常总是希望输出输入特性曲线为直线,但实际的输出输入特性只能接近直线,实际曲线与理论直线之间存在的偏差就是传感器的非线性误差。

动画

线性度的定义

(2) 灵敏度　传感器的灵敏度是指传感器在稳定标准条件下,输出变化量与输入变化量的比值,即

$$K = \frac{\mathrm{d}y}{\mathrm{d}x} \approx \frac{\Delta y}{\Delta x} \qquad (1\text{-}2)$$

式中　K——灵敏度,线性传感器的灵敏度是一个常数;

　　　　Δy——输出量的变化量;

　　　　Δx——输入量的变化量。

（3）迟滞　传感器的迟滞是指传感器的正向特性与反向特性的不一致程度。产生迟滞现象的主要原因是传感器的机械部分不可避免地存在着间隙、摩擦及松动等。

（4）分辨率与分辨力　分辨率和分辨力都是用来表示仪表或装置能够检测被测量最小量值的性能指标。前者以最大量程的百分数来表示,是一个量纲为1的比率量;后者以最小量程的单位来表示,是一个有量纲的量。

（5）动态特性　传感器要检测的输入信号是随时间变化而变化的,传感器的特性应能跟随输入信号的变化而变化,这样才可以获得准确的输出信号。如果变化太快,就可能跟随不上。这种跟随输入信号变化的特性就是响应特性,即为动态特性。动态特性是传感器的重要特性之一。

四、对传感器的要求

对传感器的具体要求因使用条件不同而异,主要从基本特性、使用性能、方便程度等方面提出要求,一般有以下10个方面:

拓展提高

选择传感器时
考虑的因素
和原则

① 输入与输出成比例,并且输出信号大;

② 滞环和非线性误差小;

③ 要有一定的灵敏度和精确度;

④ 特性曲线的稳定性和重复性较好;

⑤ 有较好的动态特性;

⑥ 具有一定的抗干扰能力;

⑦ 内部噪声小,反应速度快;

⑧ 小型、重量轻、动作能量小;

⑨ 使用寿命长,价格低廉;

⑩ 易使用、维修和校准,对环境要求不高。

总之,要求传感器特性好、性能优、使用方便、易维修;体积小、重量轻、价格低廉、寿命长。本书附录一和附录二分别是常用传感器分类表和几种常用传感器性能比较表,供读者选用时参考。

应用案例　　　　　**液位自动控制器**

水位是水文资料的重要参数,水位的自动测量对防止和减少洪涝灾害起到了非常重要的作用。图1-4所示为液位自动控制工作原理图,图中需要控制的液体中放置着两个电容式传感器。当液体即将接触高液位或低液位传感器的感应面时,相应传感器就会发出信号到控制处理器,然后按照一定的程序断开或闭合接触器K,通过接触器K的主触点关闭或者启动水泵电动机M,这样液体储量就可以控制在需要的范围内而不用人去控制,整个系统一直处在自动控制的状态下,大大改善了工作环境,降低了劳动强度。

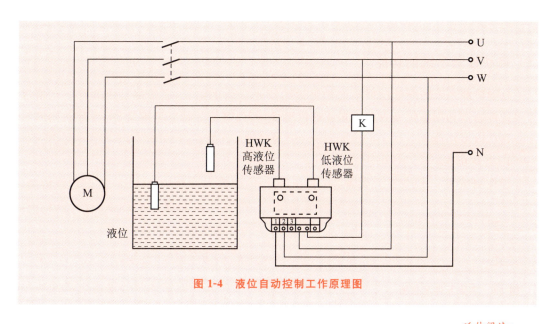

图 1-4　液位自动控制工作原理图

单元 3　自动检测系统的组成与接口技术

延伸阅读 ●----

洪涝灾害的
成因及主要
防治措施

一、自动检测系统的组成

在自动检测系统中,各个组成部分常常以信息流的过程来划分,它包括信息的获得、信息的转换、信息的显示和信息的处理。系统首先要获得被测量的信息,把它变换成电量,然后通过信息的转换,把获得的信息进行变换、放大,再用指示仪或记录仪将信息显示出来,有时还需要数据处理装置。它们之间的关系可用图 1-5 来表示。

图 1-5　自动检测系统的组成

传感器是把被测的非电量变换成电量的装置,因此是一种获得信息的手段,它在自动检测系统中占有重要的位置。转换电路的作用是把传感器输出的电量变换成具有一定功率的电压或电流信号,以推动后级的显示与记录装置、数据处理装置及执行机构。

显示装置把转换来的电信号显示出来,便于人机对话,显示方式有模拟显示、数字显示和图像显示等。记录装置有模拟记录仪和数字采集记录系统等。

数据处理装置用来对检测的结果进行处理、运算、分析,对动态测试结果作频谱分析、幅值谱分析和能量谱分析。完成以上工作需采用计算机技术。

执行机构带动各种设备,为自动控制系统提供控制信号,使控制对象按人们设定的工艺过程进行工作。

二、自动检测系统的功能

　　自动检测系统的测量过程不论是直接比较还是间接比较,通常都是用具有一定精度等级的传感器和测量仪表去对未知量进行测量,其内部往往带有基准量,所有自动检测系统应具有以下功能:

1. 变换功能

　　设被测量为 x,经变换后为输出电量 y,它们的函数关系为 $y = f(x)$,这是理想情况。实际测量系统中,还有许多其他影响因素(u_1,u_2,$\cdots$,u_m)不同程度地影响着输出量 y,故有

$$y = f(x, u_1, u_2, \cdots, u_m) \qquad (1\text{-}3)$$

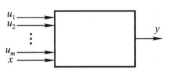

图 1-6　变换元件示意图

　　如图 1-6 所示,变换元件的输入量与输出量之间实际上是一个多变量的函数。

2. 选择功能

　　设计检测系统时,除特定的输入输出关系外,一般不希望 u_1,u_2,$\cdots$,u_m 等影响因素对 y 起作用,即系统应该具有选择有用输入信号、抑制其他一切无用影响因素的功能。

　　以最常用的电阻丝应变片为例,希望把长度的变化测出来,而对温度、湿度等影响有所抑制,即应该具有选择长度应变而抑制一切其他影响因素的功能。

3. 比较功能

　　通常被测量和标准量都要变换到某一中间量才能进行比较。模拟式仪表中标准量通常表示成仪表盘刻度,比较过程由测量者在读数时执行。数字式仪表则将被测量与标准电压或标准时间相比较,然后变换成数码。

4. 显示功能

　　显示是人机联系方法之一。它将测量结果以指针的转角、记录笔的位移、数字值及符号文字或图像显示出来。如果要显示被测量的时间历程,就必须有记录走时机构。

　　由于在前一单元中已经介绍了传感器的基本特性,而自动检测系统的基本特性与传感器的基本特性相似,故这里就不再重复。

三、自动检测的接口技术

　　众所周知,在当代微型计算机已经渗透到各个领域,自动检测技术中更是无不存在着计算机的影子。自动检测技术与计算机进行的有机结合使检测系统成为功能极强、性能可靠的"智能化测量控制系统",传感器与计算机以及计算机输出与执行机构(显示器和打印机)等进行的有效连接称为"智能化测量控制系统"的接口技术,或称为输入/输出接口技术。"智能化测量控制系统"的输出接口技术与相关计算机课程中阐述的没有什么区别,但是其输入接口技术有其特殊性,通常称为数据采集系统。这种含有微型计算机或者微型处理器、拥有对数据的存储运算逻辑判断及自动化操作等功能的"智能化测量控制系

统"通常称为智能仪器。

在用计算机对模拟信号进行测量和控制时,必须把模拟信号转换成数字信号,然后计算机才能按一定的要求对信号进行处理。将模拟信号转换成数字信号的电路系统称为数据采集系统,数据采集系统中最重要的器件是模/数转换器(A/D 转换器,也称 ADC)。可是,由于传感器的输出信号具有种类多、信号微弱、易衰减、非线性、易受干扰等不利于处理的特点,所以对传感器的信号预处理是传感器技术的一个重要环节,这种传感器信号的预处理由信号调理电路负责。传感器信号经预处理后,使其成为可测量、可控制及可输入微型计算机的信号形式。所以智能检测的数据采集系统常由包括放大器和滤波器等在内的信号调理电路、多路模拟开关、采样/保持电路、A/D 转换器、接口电路以及控制逻辑电路组成。图 1-7 给出了数据采集系统的典型构成。各组成部分的功能简要介绍如下:

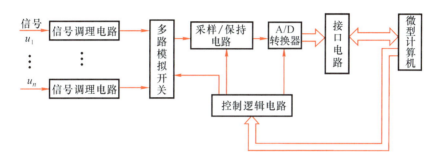

图 1-7 数据采集系统的典型构成

(1)**信号调理电路** 传感器输出的模拟信号往往因其幅值较小、含有不需要的高频分量或其阻抗不能与后续电路匹配等原因,不能直接传送给 A/D 转换器以转换成数字量,而需要对这个信号进行必要的预处理,这些处理电路叫作信号调理电路。信号调理电路是内容极为丰富的各种电路的综合名称。对于一个具体的数据采集系统而言,所采用的信号调理技术及电路,由传感器输出信号的特性和后续采样/保持电路(或 A/D 转换器)的要求或确定的测量要求所决定。这种要求,可能是指要

把信号调整到符合 A/D 转换器工作所需要的数值(如放大、衰减、偏移等),也可能是指要滤除信号中不需要的成分,如低通滤波、带通滤波、高通滤波、带阻滤波等,还可能是指调整信号以满足进一步处理的需要,如线性修正、为了改善信噪比的"相加平均"等。目前,许多传感器生产厂商已经将传感器与相关信号调理电路进行统一设计和制造,形成了输出标准信号(如 4~20 mA 或 0~5 V 直流电等信号)的传感器模块。

(2)**多路模拟开关** 如果有许多独立的模拟信号源都需要转换成数字量,在条件允许的情况下,为了简化电路结构、降低成本、提高可靠性等,常常采用多路模拟开关,让这些信号共享采样/保持电路和 A/D 转换器等。多路模拟开关在控制信号的作用下,按指定的次序把各路模拟信号分时地送至 A/D 转换器以转换成数字信号。

(3)**采样/保持电路(S/H 电路)** 由于 A/D 转换器的转换需要一定的时间,如果在转换过程中输入的信号有改变,则转换结果与转换之初的模拟信号便有较大的误差,甚至是

面目全非。为了保证转换的精度,需要在模拟信号源与 A/D 转换器之间接入采样/保持电路。在 A/D 转换前,首先应使采样/保持电路处于采样模式,采样后使采样/保持电路处于保持模式,即输出电压保持不变,接下来才对这个输出信号进行 A/D 转换。显然,为了提高系统的测量速度,采样时间越短越好;而为了有较好的转换精度,保持时间越长越好。

(4) A/D 转换器   A/D 转换器是数据采集系统的核心器件,它把模拟信号(输入)转换成数字信号(输出)。其实现的技术手段很多,相应地派生出许多种不同类型的 A/D 转换器,这些 A/D 转换器各有特点。目前,自动检测系统中最常用的 A/D 转换器是逐次逼近型和双斜积分型。A/D 转换器的原理在这里就不再赘述了。

(5) 接口电路及控制逻辑电路   由于 A/D 转换器所给出的数字信号无论在逻辑电平方面还是时序要求、驱动能力等方面与计算机的总线信号可能会有差别,因此,把 A/D 转换器的输出直接送至计算机的总线上往往是不行的,必须在两者之间加入接口电路以实现电路参数匹配。当然,对于为某类计算机特别设计的 A/D 转换器来说,这种接口电路已与 A/D 转换芯片集成为一体,无须增加额外的接口电路。

综上所述,一个数据采集系统(智能化测量控制系统的输入接口技术)必须按照规定的动作次序进行工作。例如首先让多路模拟开关接通被测的某路模拟输入,其次让采样/保持电路进入采样模式,待输出跟踪输入到达某一指定误差带内之后再进入保持模式,然后才开始 A/D 转换(此时模拟开关可切换至另一路模拟输入),待 A/D 转换结束后,才允许计算机读取数据。这样必须有一些电路受控于计算机来产生符合一定时序要求的逻辑控制信号,控制逻辑电路便是完成这一功能的电路系统。

应用案例   自动磨削控制系统

当代检测系统越来越多地使用计算机或微处理器来控制执行机构的动作。检测技术、计算机技术与执行机构等配合就能构成某些工业控制系统。图 1-8 所示的自动磨削控制系统就是一个典型的例子。图中的传感器快速检测出工件的直径参数 D,计算机一方面对该参数作一系列的运算、比较、判断等工作,然后将有关参数送到显示器显示出来,另一方面发出控制信号,控制研磨盘的径向位移 x,直到工件加工到规定要求为止。很显然,该系统是一个自动检测和控制的闭环系统。

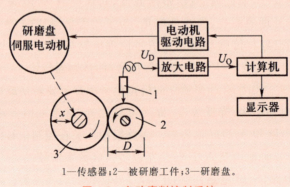

1—传感器;2—被研磨工件;3—研磨盘。

图 1-8   自动磨削控制系统

📖 实践任务

防盗报警器的搭建和调试

1. 任务要求

认识防盗报警器的作用,熟悉防盗报警器的工作原理;会根据设备要求通过网络或电子市场购买相关传感器及有源蜂鸣器;根据任务内容和操作步骤搭建简单的防盗报警器,并且能够熟练调试红外反射传感器的探测灵敏度。

2. 设备与工具

红外反射传感器模块1个;5 V有源蜂鸣器驱动模块报警器1个;5 V直流电源1个;杜邦导线、排针、焊锡若干;一字仪表螺丝刀、电烙铁各1把。

3. 任务内容

红外反射传感器(或称反射式光电传感器)是一种光电传感器,由发送器、接收器和检测电路三部分组成。图1-9所示为红外反射传感器模块的外形及功能示意图。蜂鸣器是一种一体化结构的电子讯响器,采用直流电压供电。图1-10所示为有源蜂鸣器驱动模块报警器的外形图。

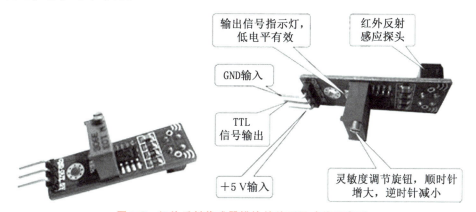

图1-9 红外反射传感器模块的外形及功能示意图

图1-10 有源蜂鸣器驱动模块报警器的外形图

图1-11所示为防盗报警器原理框图。红外反射传感器接收到人体反射的红外光时,TTL信号输出口(OUT)由高电平变为低电平,有源蜂鸣器的I/O输入端接收到低电平信号,发出报警声音。

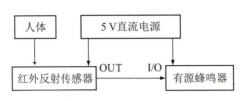

图 1-11 防盗报警器原理框图

• 延伸阅读 •

用科技手段
实现天下无贼、
天下无拐

4. 操作步骤

（1）将 3 根排针用导线和电烙铁焊在一起，一共制作 2 个，用来作为电源正、负极的杜邦导线公共接头。

（2）将 5 V 直流电源正、负极用杜邦导线通过公共接头，分别连接到红外反射传感器和有源蜂鸣器的正、负极。

（3）将红外反射传感器的 OUT 端用杜邦导线与有源蜂鸣器的 I/O 端连接。

（4）用手接近红外反射传感器的红外反射感应探头，听听蜂鸣器是否发出声音。

（5）用一字仪表螺丝刀调节红外反射传感器的灵敏度调节旋钮，观察手与红外反射传感器的感应距离是否发生变化。

单元 4　测量误差与精度

一、测量误差的基本概念

任何测量都不可能绝对准确，都存在误差，只要误差在允许范围内即认为符合标准。自动检测技术也不例外。**测量误差，即测量的输出值与理论输出值的差值**。因此，在设计和制造传感器与自动检测系统时允许有误差，但必须在规定误差的指标之内。为了使其能满足一定的精度要求，必须掌握误差的种类、分析产生误差的原因以及采取减少误差的方法。下面介绍有关测量的部分名词术语。

（1）**真值**　被测量本身所具有的真实值称为真值。量的真值是一个理想的概念，一般是不可知的。但在某些特定情况下，真值又是可知的，例如，一个整圆的圆周角为 $360°$。

（2）**约定真值**　由于真值往往是未知的，所以一般用基准器的量值来代替真值，称为约定真值，它与真值之差可以忽略不计。

（3）**实际值**　误差理论指出，在排除了系统误差的前提下，对于精确测量，当测量次数为无限大时，测量结果的算术平均值接近于真值，因而可将它视为被测量的真值。但是测量次数是有限的，按有限测量次数得到的算术平均值只是统计平均值的近似值。而且由于系统误差不可能完全被排除掉，故通常只能把精度更高一级的标准器具所测得的值作为"真值"。为了强调它并非是真正的"真值"，故把它称为实际值。

（4）**标称值（示值）** 由测量器具读数装置所指示出来的被测量的数值。

（5）**测量误差** 用器具进行测量时，所测量出来的数值与被测量的实际值之间的差值。

二、误差的分类

在测量中由不同因素产生的误差是混合在一起同时出现的。为了便于分析研究误差的性质、特点和消除方法，下面将对各种误差进行分类讨论。

1. 按表示方法分类

（1）**绝对误差** 绝对误差 Δ 是指测量值 A_x 与约定真值 A_0 的差值，即 $\Delta = A_x - A_0$。在计量中常使用修正值 α，$\alpha = A_0 - A_x = -\Delta$。只要得到修正值 α、测量值 A_x，便可得知约定真值 A_0。

（2）**相对误差** 相对误差是针对绝对误差有时不足以反映测量值所偏离约定真值的程度而设定的。在实际测量中，相对误差有下列表示形式：

① **实际相对误差** 实际相对误差 γ_A 用绝对误差 Δ 与约定真值 A_0 的百分比表示，即

$$\gamma_A = \pm \frac{\Delta}{A_0} \times 100\% \tag{1-4}$$

② **标称（示值）相对误差** 标称相对误差 γ_x 用绝对误差 Δ 与测量值 A_x 的百分比表示，即

$$\gamma_x = \pm \frac{\Delta}{A_x} \times 100\% \tag{1-5}$$

③ **满度（或引用）相对误差** 满度（或引用）相对误差 γ_m 用绝对误差 Δ 与仪器量程 A_m 的百分比表示，即

$$\gamma_m = \pm \frac{\Delta}{A_m} \times 100\% \tag{1-6}$$

在式（1-6）中当 Δ 取为 Δ_m 时，满度（或引用）相对误差就被用来确定仪表的精度等级 S，即

$$S = \frac{|\Delta|_{max}}{A_m} \times 100 \tag{1-7}$$

当仪表显示值下限不为零时，精度等级 S 用下式表达：

$$S = \frac{|\Delta|_{max}}{A_{max} - A_{min}} \times 100 \tag{1-8}$$

其中，A_{max} 和 A_{min} 分别为仪表刻度盘的上限与下限。我国电工仪表精度等级分为七级，即 0.1、0.2、0.5、1.0、1.5、2.5 和 5.0 级。

另外，衡量测量结果准确性的重要指标还有允许误差，它是指正常使用条件下测量值与约定真值之间允许的最大差值，既可以通过绝对误差表示，也可以通过相对误差表示。

2. 按误差出现的规律分类

（1）**系统误差** 系统误差是指误差的数值是一个常数或按一定规律

知识链接

误差的来源、
影响和处理

变化的值。它又可分为恒值误差和变值误差。

恒值误差是指在一定条件下,误差的数值及符号都保持不变的系统误差;变值误差是指在一定条件下,误差按某一确切规律变化的系统误差。系统误差主要是由以下因素引起的:材料、零部件及工艺缺陷,环境温度和湿度,压力变化及其他外界干扰。

系统误差表明了一个测量结果偏离真值和实际值的程度。系统误差越小,测量越准确,所以常常用准确度来表征系统误差。系统误差是有规律的,它可以通过实验方法或引入修正值的方法予以修正。

(2) 随机误差　随机误差是由于偶然因素的影响而引起的,其数值大小和正负号不定,而且难以估计。但是总体仍服从一定统计规律,它不能通过实验方法加以消除,但能运用统计处理方法减少其影响。随机误差表现了测量结果的分散性。在误差理论中常用精密度来表征随机误差,随机误差越小,精密度越高。

(3) 粗大误差　粗大误差是指在一定的条件下测量结果显著地偏离其实际值时所对应的误差。从性质上看,粗大误差并不是单独的类别,它本身既具有系统误差的性质,也可能具有随机误差的性质,只不过在一定测量条件下其绝对值特别大而已。粗大误差是由于测量方法不妥、各种随机因素的影响以及测量人员粗心所造成的。

3. 按被测量随时间变化的速度分类

(1) 静态误差　静态误差是指在测量过程中,被测量随时间的延长变化很缓慢或基本不变时的测量误差。

(2) 动态误差　动态误差是在被测量随时间变化时所测得的误差。例如,用笔式记录仪测得的结果,由于记录笔有惯性,输出量在时间上不能与被测量的变化一致而造成的误差就属于动态误差。动态误差是在动态测量时产生的,动态测量的优点是检测效率高和环境影响小。

4. 按使用条件分类

(1) 基本误差　基本误差是指检测系统在规定的标准条件下使用时所产生的误差。标准条件指一般传感器在实验室、制造厂或计量部门标定刻度时所保持的工作条件,如电源电压 220 V（$1 \pm 5\%$）、温度 20 ℃ ± 5 ℃、湿度小于 80%、电源频率 50 Hz ± 1 Hz 等。基本误差是检测仪表在额定条件下工作所具有的误差,检测仪表的精确度是由基本误差决定的。

(2) 附加误差　当使用条件偏离规定标准条件时,除基本误差外还会产生附加误差,如由于温度超过标准引起的温度附加误差以及电源附加误差、频率附加误差等。这些附加误差在使用时应叠加到基本误差上去。

如前所述,仪表精度一般分七个等级,实际上就是取最大满度（或引用）相对误差。数字仪表和光学仪表等具有更高精度的等级。一般而言,七个精度等级在工业仪表中是具有代表性的,而真正反映测量精度的是实际相对误差。从最大满度（或引用）相对误差的定义公式不难看出,被测量的大小越接近量程,相对误差就越接近于最大满度（或引用）相对误差。因此,对于同等级精度的仪表,选择适当的量程,使被测量位于仪表量值的上限附近,将能充分利用仪表精度获得较精确的测量结果。

在检测仪表的技术说明书中,除了给出基本误差外,还给出了工作条件变化时可能产生的附加误差。如果实际工作条件不是仪表规定的标准状态,这时必须考虑到附加误差的影响。

应用案例　　　　不同量程和精度等级仪表的比较选用

聚脲是一种防腐、防水、耐磨的新型高分子材料,制造聚脲的适宜反应温度为 80 ℃。现有 0.5 级的 0～300 ℃ 和 1.0 级的 0～100 ℃ 两个温度计,要测 80 ℃ 的温度,采用哪一个温度计好?

分析:用 0.5 级仪表测量时,最大标称相对误差为

$$\gamma_{x1} = \frac{\Delta_{m1}}{A_x} \times 100\% = \frac{300 \times (\pm 0.5\%)}{80} \times 100\% = \pm 1.875\%$$

用 1.0 级仪表测量时,最大标称相对误差为

$$\gamma_{x2} = \frac{\Delta_{m2}}{A_x} \times 100\% = \frac{100 \times (\pm 1.0\%)}{80} \times 100\% = \pm 1.25\%$$

可见

$$|\gamma_{x2}| < |\gamma_{x1}|$$

显然本例中用 1.0 级仪表比用 0.5 级仪表更合适。因此在选用检测仪表时应兼顾精度等级和量程,通常希望在仪表满度值的 2/3 以上。

应用案例　　　　仪表实际测量误差的估算

上一案例中 1.0 级温度仪表最大标称相对误差为 $\pm 1.25\%$,若电源电压变化为 $\pm 10\%$ 时产生的附加误差 $\leqslant \pm 0.5\%$,试估算实际测量误差。

分析:按最坏的情况考虑,每次误差都达到技术指标规定的极限值,即

$$基本误差\ \gamma_{x1} = \pm 1.25\%$$

$$附加误差\ \gamma_{x2} = \pm 0.5\%$$

若两项误差按相同的符号同时达到上述极限值,则应把上述误差相加,即

$$\gamma_x = \gamma_{x1} + \gamma_{x2} = \pm (1.25\% + 0.5\%) = \pm 1.75\%$$

计算结果和实际校验情况显然不符。这是因为各项误差不可能同时按相同的符号出现最大值,有的甚至互相抵消。实践证明,考虑附加误差的影响时按概率统计的方法将得到比较切合实际的结果,即求得各项误差的均方根值来估算实际测量误差:

$$\gamma_x = \pm \sqrt{\sum \gamma_{xi}^2} = \pm \sqrt{(1.25\%)^2 + (0.5\%)^2} = \pm 1.35\%$$

这样处理的结果比较符合实际情况。实际测量误差 $\gamma_x = \pm 1.35\%$ 也就代表了测量精度。

单元 5　虚拟仪器检测技术简介

　　传统的测量仪器是某一个被测量的传感器连接相应的显示仪表,不同传感器与不同显示仪表是无法通用的,甚至某一量程的仪表也无法用到同一被测量不同量程的仪表中。为了解决这个问题,人们在工程实践中发现可以用一台通用计算机与标准的数据采集硬件(数据采集卡)连接,将各种传感器连接到数据采集硬件上,采用软件编程完成相关测控对象的运算、处理和输出控制,并且用计算机显示器来代替传统的显示装置。这种使用同一个硬件系统,只要运用某种软件进行编程,就可得到的功能完全不同的测量仪器称为虚拟仪器(virtual instrument,VI)。

一、虚拟仪器检测技术的基本概念

1. 虚拟仪器的定义

●视频

虚拟仪器简介

　　虚拟仪器是指在通用计算机上由用户设计定义,利用计算机显示器(CRT)来模拟传统仪器的控制面板,以完成信号的采集、测量、运算、分析、处理等功能的计算机仪器系统。它是通过软件将通用计算机与有关硬件结合起来,用户通过图形界面进行操作的检测方法。

　　虚拟仪器是以计算机为核心,通过最大限度利用计算机的软硬件资源,使计算机不但能完成传统仪器测量控制、数据运算和处理工作,而且可以用强大的软件去代替传统仪器的某些硬件功能,其核心要义就是软件即仪器。

2. 虚拟仪器与传统仪器的比较

　　图 1-12 所示为传统仪器与虚拟仪器测控硬件系统示意图。由图 1-12(a)可见,传统仪器测控系统是由各传感器从测控对象(如机器人、生产流水线等)获取相关测量参数,将信息输送到各自的测控仪表中,测控仪表显示测控参数,并通过相关控制装置带动执行机构控制测控对象,达到测量与控制的目的。由图 1-12(b)可见,虚拟仪器测控系统是由各传感器从测控对象获取相关测量参数,将信息一起输送到 I/O(输入/输出)硬件,I/O 硬件将各信号统一转换为计算机可以识别的数字信号,计算机通过虚拟仪器软件,显示测控参数并将控制信息输送到 I/O 硬件,通过 I/O 硬件带动执行机构控制测控对象,达到测量与控制的目的。

　　由图 1-12 还可以发现,传统仪器测控系统除了测控对象的信息有输入与输出,其余信息都是单向流动的,而虚拟仪器测控系统除测控对象外,I/O 硬件和计算机的信息流动都是双向的;传统仪器测控系统要有许多显示仪表并且要有对应的控制装置,而虚拟仪器测控系统是 I/O 硬件、计算机及显示器,对具有多个测控参数的系统就节约了许多显示仪表和控制装置,当然相关虚拟仪器软件是必不可少的。

　　虚拟仪器检测技术是 20 世纪 80 年代出现的技术。在虚拟仪器软件开发平台 LabVIEW 上,用户可以根据需求组织仪表的前面板,然后通过简单的连线操作,就可以组成一个

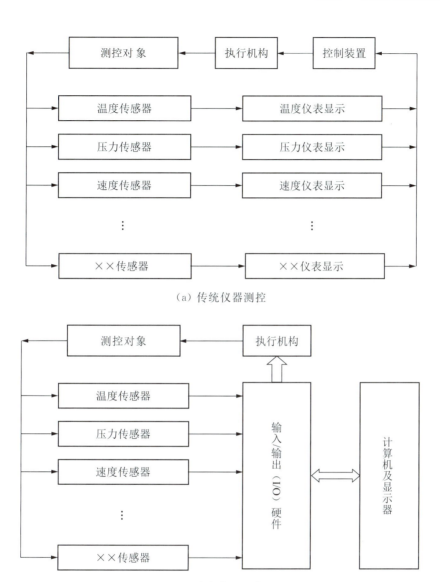

（a）传统仪器测控

（b）虚拟仪器测控

图 1-12　传统仪器与虚拟仪器测控硬件系统示意图

检测与控制系统。虚拟仪器的前面板界面类似于实际仪器的操作面板，前面板界面上的图标都是一些功能模块。虚拟仪器系统就是建立在标准化、系列化、模块化、积木化的硬件与软件平台上的一个完全开放的仪器集成系统。虚拟仪器与传统仪器的比较见表 1-1。

表 1-1　虚拟仪器与传统仪器的比较

传统仪器	虚拟仪器
硬件是关键	软件是关键，软件即仪器
功能由仪表厂家定义	功能由用户定义
只可连接有限的设备	可通过网络方便地联络各仪器
功能固定、单一，不能更改	系统功能可通过软件修改，简单灵活

续　表

传统仪器	虚拟仪器
总体价格高	总体价格低、可再利用、重复配置
技术更新慢、开发周期长	技术更新快、开发周期短
开发和维护费用高	开发和维护费用低
组成智能检测系统繁琐	通过软件方便地组建各种智能检测系统

二、虚拟仪器系统的构成

● 视频

LabVIEW 前面
板和程序框图 ●

　　虚拟仪器由硬件设备与接口、设备驱动软件和虚拟仪器面板组成。其中，硬件设备与接口可以是各种以计算机为基础的内置功能插卡、通用接口总线接口卡、串行口、VXI 总线仪器接口等设备，或者是其他各种可程控的外置测试设备。设备驱动软件是直接控制各种硬件接口的驱动程序，虚拟仪器通过底层设备驱动软件与真实的仪器系统进行通信，并以虚拟仪器面板的形式在计算机显示器上显示与真实仪器面板操作元素相对应的各种控件。

1. 虚拟仪器系统的硬件构成

　　虚拟仪器系统的硬件一般分为计算机硬件平台和测控功能硬件。计算机硬件平台可以是各种类型的计算机，如台式计算机、便携式计算机、工作站、嵌入式计算机等。它管理着虚拟仪器的软件资源，是虚拟仪器的硬件基础。因此，计算机技术在显示、存储能力、处理器性能、网络、总线标准等方面的发展，推动了虚拟仪器系统的快速发展。

　　按照测控功能硬件的不同，可分为 DAQ、GPIB、VXI、PXI 和串口总线五种标准体系结构，它们主要完成被测输入信号的采集、放大、模/数转换。

2. 虚拟仪器系统的软件构成

　　测试软件是虚拟仪器的主心骨。在提出虚拟仪器概念并推出第一批实用成果时，"软件即仪器"就用来表达虚拟仪器的特征，突出了软件在虚拟仪器中的重要位置。利用虚拟仪器开发软件，使用者可以根据不同的测试任务，在虚拟仪器开发软件的提示下编制不同的测试软件，来实现当代科学技术要求的复杂测试任务。在虚拟仪器系统中用灵活强大的计算机软件代替传统仪器的某些硬件，特别是运用计算机直接参与测试信号的产生和测量特性的分析，使仪器中的一些硬件甚至整个仪器从系统中消失，而由计算机的软硬件资源来完成它们的功能。虚拟仪器系统的软件主要分为仪器面板控制软件、数据分析处理软件、仪器驱动软件和通用 I/O 接口软件四个部分。

三、虚拟仪器的分类

　　虚拟仪器的发展随着微型计算机的发展和采用总线方式的不同，可分为以下五种类型：

1. PCI 总线插卡型虚拟仪器

这种类型是插在计算机内的数据采集卡与专用的软件（如 LabVIEW 图形化编程工

具)相结合,用户可以通过各种控件组建各种虚拟仪器。LabWindows/CVI 是基于文本的高效编程工具,它充分利用了计算机总线、机箱、电源及软件集成的便利,但是受计算机机箱和总线限制,存在电源功率不足、机箱内部的噪声电平较高、插槽数目不多、插槽尺寸比较小、机箱内无屏蔽等缺点。此外,ISA 总线的虚拟仪器已经淘汰,PCI 总线的虚拟仪器价格比较高昂。

2. 并行口式虚拟仪器

并行口式虚拟仪器是一系列可连接到计算机并行口的测试装置,把仪器硬件集成在一个采集盒内。仪器软件装在计算机上,通常可以完成各种测量测试仪器的功能,可以组成数字存储示波器、频谱分析仪、逻辑分析仪、任意波形发生器、频率计、数字万用表、功率计、程控稳压电源、数据记录仪、数据采集器。

3. GPIB 总线虚拟仪器

GPIB 技术是 IEEE488 标准的虚拟仪器早期的发展阶段。它的出现使电子测量从独立的单台手工操作向大规模自动测试系统发展,典型的 GPIB 系统由一台计算机、一块 GPIB 接口卡和若干台 GPIB 总线的仪器通过 GPIB 电缆连接而成。在标准情况下,一块 GPIB 接口可带多达 14 台仪器,电缆长度可达 40 m。GPIB 技术可用计算机实现对仪器的操作和控制,替代传统的人工操作方式,可以很方便地把多台仪器组合起来,形成自动测量系统。GPIB 测量系统的结构和命令简单,主要应用于台式仪器,适用于精确度要求高的,但不要求对计算机高速传输的情景。

4. VXI 总线虚拟仪器

VXI 总线是一种高速计算机总线——VME 总线在 VI 领域的扩展,它具有稳定的电源、强有力的冷却能力和严格的 RFI/EMI 屏蔽。由于它有标准开放、结构紧凑、数据吞吐能力强、定时和同步精确、模块可重复利用、受众多仪器厂家支持等优点,很快得到广泛的应用。经过多年的发展,VXI 系统的组建和使用越来越方便,尤其是组建大中规模自动测量系统以及对速度、精度要求高的场合,有其他仪器无法比拟的优势。然而,组建 VXI 系统时要求有机箱、零槽管理器及嵌入式控制器,造价比较高。

5. PXI 总线虚拟仪器

PXI 总线是计算机 PCI 总线面向测试应用的扩展,与计算机总线的发展同步,具有较快的速度,是一种理想的仪器总线。PXI 具有高度的可扩展性,它具有 8 个扩展槽,而台式计算机 PCI 系统只有三四个扩展槽,通过使用桥接器,可扩展到 256 个扩展槽,将台式计算机的性价比和 PCI 总线面向仪器领域的扩展优势结合起来,将形成未来的虚拟仪器平台。

四、虚拟仪器系统的优势

虚拟仪器系统具有四大优势:

1. 性能高

虚拟仪器技术是在计算机技术的基础上发展起来的,所以完全"继承"了以现成即用的计算机技术为主导的商业技术的优点,包括功能卓越的处理器和文件 I/O,使数据高速导入磁盘的同时就能实时地进行复杂的分析。此外,不断发展的因特网和速度越来越快的计算机网络使得虚拟仪器技术展现其强大的优势。

2. 扩展性强

虚拟仪器系统的扩展性强,只需更新计算机或测量硬件,就能以最少的硬件投资和极少的,甚至无须软件升级即可改进整个系统。在利用最新科技的时候,人们可以把它们集成到现有的测量设备中,最终以较低的成本缩短产品上市的时间。

3. 开发时间短

在驱动和应用两个层面上,虚拟仪器系统高效的软件构架能与计算机、仪器仪表和通信方面的最新技术结合在一起,既方便了用户的操作,还提供了灵活性和强大的功能,使人们轻松地配置、创建、发布、维护和修改高性能、低成本的测量和控制解决方案。

4. 无缝集成

虚拟仪器技术从本质上说是一个集成的软硬件概念。随着产品在功能上不断地趋于复杂,工程师们通常需要集成多个测量设备来满足完整的测试需求,而连接和集成这些不同设备总是要耗费大量的时间。虚拟仪器软件平台为所有的 I/O 设备提供了标准的接口,帮助人们轻松地将多个测量设备集成到单个系统中,减少了任务的复杂性。

五、虚拟仪器技术的发展现状

虚拟仪器技术是利用高性能的模块化硬件,结合高效灵活的软件来完成各种测试、测量和自动化的应用。目前虚拟仪器技术已经普遍应用于测试行业,甚至自动化、石油钻探和提炼、各种生产中的机器控制等领域。

●应用案例

虚拟经纱
张力测试仪

传统仪器在测量测试领域发挥着重要作用,但是同时也存在着诸多问题,如灵活性不够、精度不够高。而虚拟仪器解决了这些问题,具有较好的灵活性,同时性能和精度进一步提升,甚至解决了传统仪器无法实现的测量,其可扩展性和低成本让厂商对虚拟仪器越来越重视。使用基于软件配置的模块化仪器很好地解决了资源配置和重复性等问题,是未来仪器发展的主流方向。

虚拟仪器技术采用了快速发展的计算机架构、高性能的半导体数据转换器,以及引入了系统设计软件,因而在改进技术的同时降低了成本。尤其是随着计算机性能的不断提升,虚拟仪器技术也快速发展起来,并实现了更多的新应用。

高性能、低成本的 A/D 转换器和 D/A 转换器的出现和发展,也推动了虚拟仪器技术的发展。虚拟仪器技术硬件可以利用大量生产的芯片作为测量的前端组件。系统设计软件也成为虚拟仪器技术发展的一大动力,而采用图形化的数据流语言的 LabVIEW 目前也被广泛应用在其中。

目前虚拟仪器技术的扩展功能越来越强大,能够在计算机上开发测试程序、在嵌入式处理器和现场可编程门阵列(FPGA)上设计硬件等。这些为用户设计测试系统、定义硬件功能等提供了一个独立环境。因此虚拟仪器以其众多优势逐渐取代传统仪器发挥着重要作用,其应用领域将会越来越广泛。

综上所述,虚拟仪器的发展取决于三个重要因素:①计算机是载体,②软件是核心,

③高质量的 A/D 采集卡及调理放大器是关键。

单元 6　检测系统中的弹性敏感元件

　　物体因外力作用而改变原来的尺寸或形状称为形变，如果在外力去掉后能完全恢复其原来的尺寸和形状，那么这种形变称为弹性形变，具有这类特性的元件称为弹性元件。在传感器中用于测量的弹性元件称为弹性敏感元件。

　　弹性敏感元件是许多传感器及检测系统中的基本元件，它往往直接感受被测物理量（如力、压力等）的变化，并将其转化为弹性元件本身的应变或位移，然后由各种形式的传感元件把它转变为电量。

　　弹性敏感元件从形式上基本分成两大类：将力变换成应变或位移的变换力的弹性敏感元件和将压力变换成应变或位移的变换压力的弹性敏感元件。变换力的弹性敏感元件通常有等截面轴、环状弹性敏感元件、悬臂梁、扭转轴等。变换压力的弹性敏感元件通常有弹簧管、波纹管、等截面薄板、波纹膜片和膜盒、薄壁圆筒和薄壁半球等。

知识链接

弹性敏感元件
的基本特性

一、变换力的弹性敏感元件

1. 等截面轴

　　等截面轴又称柱式弹性敏感元件，可以是实心柱体或空心圆柱体，如图 1-13 所示。实心柱体在力的作用下的位移很小，因此常用它的应变作输出量。其主要的优点是结构简单、加工方便，测量范围宽，可承受数万牛的载荷，但其灵敏度小。空心圆柱体的灵敏度高，在同样的截面积下，轴的直径可加大，可提高轴的抗弯能力，但其过载能力弱，载荷较大时会产生较明显的桶形变形，使工作段应变复杂而影响精度。

动画

等截面弹性
敏感元件

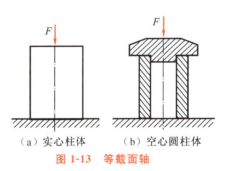

（a）实心柱体　　（b）空心圆柱体

图 1-13　等截面轴

　　设轴的横截面为 A，轴材料的弹性模量为 E，材料的泊松比为 μ，当等截面轴承受轴向拉力或压力时，轴向的应变为

$$\varepsilon_x = \frac{F}{AE} \tag{1-9}$$

与轴线垂直方向上的应变（径向应变）为

$$\varepsilon_y = -\frac{\mu F}{AE} = -\mu\varepsilon_x \tag{1-10}$$

2. 环状弹性敏感元件

环状弹性敏感元件多做成等截面圆环,如图 1-14(a)(b)所示,圆环有较高的灵敏度,因而它多用于测量较小的力。圆环的缺点是加工困难,环的各个部位的应变及应力不相等。当外力 F 作用在圆环上时,环上的 A、B 点处可产生较大的应变。当环的半径比环的厚度大得多时,A 点或 B 点内外表面的应变大小相等、方向(符号)相反。图 1-14(c)所示为变截面圆环,与上述圆环不同之处是增加了中间过载保护缝隙。它的线性较好,加工方便,抗过载能力强,目前应用较多。在该环的 A、B 段可得到较大的应变,且内外表面的应变大小相等、方向相反。

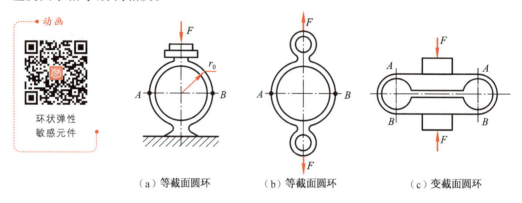

（a）等截面圆环   （b）等截面圆环   （c）变截面圆环

图 1-14　环状弹性敏感元件

> 动画
>
> 环状弹性
> 敏感元件

3. 悬臂梁

悬臂梁是一端固定、另一端自由的弹性敏感元件。按截面形状又可分为等截面矩形悬臂梁和变截面等强度悬臂梁,如图 1-15 所示。悬臂梁的特点是结构简单,易于加工,输出位移(或应变)大,灵敏度高,常用于较小力的测量。

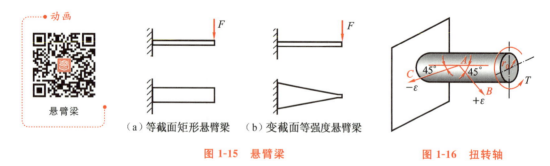

> 动画
>
> 悬臂梁

（a）等截面矩形悬臂梁　（b）变截面等强度悬臂梁

图 1-15　悬臂梁　　　　　**图 1-16　扭转轴**

> 动画
>
> 扭转轴

4. 扭转轴

图 1-16 所示为扭转轴,当自由端受到转矩 T 的作用时,扭转轴的表面会产生拉伸或压缩应变,在轴表面上与轴线成 45°角的方向上(图 1-16 的 AB 方向)的应变为 $+\varepsilon$,而图 1-16 中 AC 方向上所产生的应变与 AB 方向上的应变大小相等,方向相反。

二、变换压力的弹性敏感元件

1. 弹簧管

弹簧管又称波登管,通常是一根弯成 C 形的空心扁管,管子的截面形状有椭圆形、平椭圆形、D 形、8 字形等,如图 1-17 所示。弹簧管的另一端(自由端)密封并与传感器其他部分相连。在压力 p 的作用下,弹簧管的截面有变成圆形截面的趋势,截面的短轴 $2b$ 力图伸长,而长轴 $2a$ 力图缩短,以期增加横截面的面积。截面形状的改变导致弹簧管的弯曲半径变大,直至与压力的作用相平衡为止[如图 1-17(a)中的双点画线所示],结果使弹簧管的自由端产生位移,弹簧管的中心角 γ 也产生一定的变化量 $\Delta\gamma$,中心角的变化量 $\Delta\gamma$ 与压力 p 成正比。另外,还有螺旋形弹簧管[图 1-17(c)]和 C 形组合弹簧管[图 1-17(d)]。

动画
C形弹簧管

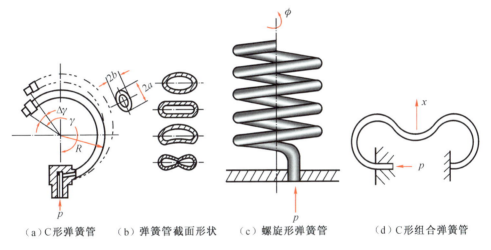

（a）C形弹簧管　　（b）弹簧管截面形状　　（c）螺旋形弹簧管　　（d）C形组合弹簧管

图 1-17　弹簧管

2. 波纹管

波纹管是一种圆柱管状的弹性敏感元件,其表面上有许多与圆柱同心的环状皱纹,如图 1-18 所示,管的一端封闭,另一端开口并与被测压力相通,当被测压力通入波纹管内时能产生伸缩变形,因此可利用它把压力转换成位移。波纹管自由端的位移 x 与压力 p 成正比,亦即具有线性的弹性特性。但应指出,在很大的压力作用下,波纹管的刚度会增加,从而使其线性特性遭到破坏。

动画
波纹管

3. 等截面薄板

等截面薄板又称平膜片,是一种抗弯刚度可以忽略的周边固定的圆形薄膜,能将输入信号(压力或压差)p 转化为位移信号 x。当膜片的两侧面受到不同的压力时,膜片的中心将向压力低的一侧产生一定的位移,如图 1-19 所示。将应变片粘贴在薄板表面可以组成电阻应变式压力传感器,利用薄板的位移可以组成电容式、霍尔式压力传感器。

图 1-18　波纹管　　　　　　　　**图 1-19　等截面薄板**

4. 波纹膜片和膜盒

波纹膜片是一种压有环形同心波纹的圆形薄膜,为了便于与传感器相连接,在膜片的中央留有一个光滑的部分,有时还在中心上焊接一块圆形金属片为膜片的硬心。其波纹的形状有正弦形、梯形、锯齿形等多种形式,如图 1-20 所示。当膜的四周固定、两侧存在压力差时,膜片将弯向压力低的一侧,也就把压力 p 转变成位移量 x。波纹膜片的形状对其输出特性有影响,在一定的压力作用下,正弦波纹膜片给出的位移最大,但线性较差;锯齿波纹膜片给出的位移最小,但线性较好;梯形波纹膜片的特性介于上述两者之间。

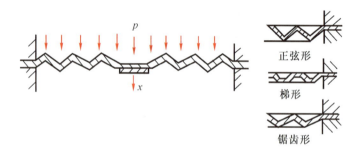

正弦形

梯形

锯齿形

图 1-20　波纹膜片及其截面形状

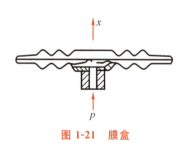

图 1-21　膜盒

为了进一步提高灵敏度,可将两个波纹膜片焊在一起,制成膜盒,如图 1-21 所示。在同样大小的压力 p 作用下,它的中心位移量 x 是单个膜片的两倍。由于膜盒本身是一个封闭的整体,所以周边不需要固定,给安装带来方便,它的应用比波纹膜片广泛得多。

5. 薄壁圆筒和薄壁半球

薄壁圆筒和薄壁半球的应用不是很广泛,原因是这两种弹性敏感元件的灵敏度较低,它们的形状如图 1-22 所示。它们的厚度一般小于直径的 1/20,当被测压力 p 通入薄壁圆筒和薄壁半球的内腔中时,圆筒和半球均匀地向外扩张,产生拉伸应力或应变 ε。它们在轴向的应变和圆周方向上的应变是不相等的。薄壁圆筒和薄壁半球虽然灵敏度较低,但坚固性较好,适用于特殊结构要求的场合。

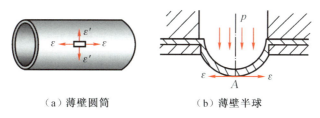

（a）薄壁圆筒　　　　　　　（b）薄壁半球

图 1-22　薄壁圆筒和薄壁半球

综 合 训 练

【认知训练】

1-1　某线性位移测量仪,当被测位移由 4.5 mm 变为 5.0 mm 时,位移测量仪的输出电压由 3.5 V 减至 2.5 V,求该仪器的灵敏度。

1-2　自动检测系统由哪几部分组成? 它有哪几个方面的功能?

1-3　一个数字温度计的测量范围为 $-50 \sim 150$ ℃,精度为 0.5 级。求当其示值分别为 -20 ℃、$+100$ ℃时的绝对误差及示值相对误差。

1-4　欲测 250 V 电压,要求测量示值相对误差不大于 ±0.5%,若选用量程为 250 V 电压表时,其精度为哪级? 若选用量程为 300 V 和 500 V 的电压表时,其精度又分别为哪级?

1-5　已知待测电压为 400 V 左右。现有两个电压表,一个为 1.5 级,测量范围为 $0 \sim 500$ V;另一个为 1.0 级,测量范围力 $0 \sim 1\,000$ V。选用哪一个电压表来测量较好,为什么?

1-6　有一台测量压力的仪表,测量范围为 $0 \sim 10^6$ Pa,压力 p 与仪表输出电压之间的关系为

$$U_0 = a_0 + a_1 p + a_2 p^2$$

式中　$a_0 = 2$ mV, $a_1 = 10$ mV/(10^5 Pa), $a_2 = -0.5$ mV/(10^5 Pa)^2。求:

① 该仪表的输出特性方程;

② 画出输出特性曲线示意图(x 轴、y 轴均要标出单位);

③ 写出该仪表的灵敏度表达式;

④ 画出灵敏度曲线图;

⑤ 分析该仪表的线性度。

1-7　什么叫虚拟仪器? 虚拟仪器由哪几部分组成?

1-8　虚拟仪器有哪些特点? 虚拟仪器有哪些优势?

1-9　弹性敏感元件在传感器中起什么作用?

1-10　变换力的弹性敏感元件有哪些? 各有什么用途?

1-11　变换压力的弹性敏感元件有哪些? 各有什么用途?

模块一
综合训练
参考答案

【能力训练】

　　1-1　你所在学校里哪些地方用到传感器？试列举这些传感器所起的作用，或者说明检测的是什么物理量。

　　1-2　列举日常生活中使用的传感器，并说明这些传感器所起的作用及检测的物理量。

模块二
电阻式传感器

电阻式传感器就是把被测量的变化转换为电阻的变化,然后通过对电阻的测量达到对非电量检测的目的。电阻式传感器有电阻应变式传感器、电位器式传感器、热电阻传感器、热敏电阻传感器、气敏电阻传感器、湿敏电阻传感器等。本模块从应用角度出发,介绍几种常用电阻式传感器的工作原理、测量转换电路及一些应用实例。

模块目标●

模块二
学习目标

单元 1　电阻应变式传感器

电阻应变式传感器是一种电阻式传感器,它主要由弹性敏感元件或试件、电阻应变片和测量转换电路组成。利用电阻应变式传感器可以测量力、位移、形变和加速度等参数。

动画●

电阻应变式
传感器的称重

一、应变效应

导体或半导体材料在外界力作用下产生机械形变,其电阻值发生变化的现象称为应变效应。电阻应变片就是利用这一现象而制成的。使用应变片测试时,将应变片粘贴在试件表面,试件受力变形后应变片上的电阻丝也随之变形,从而使应变片电阻值发生变化,通过测量转换电路转换成电压或电流的变化。电阻丝应变片是最早生产并仍有应用的一种电阻应变片。

图 2-1 所示的是电阻丝应变片结构示意图。它是用直径约为 0.025 mm 的具有高电阻率的电阻丝制成的。为了获得高的电阻值,电阻丝排成栅网状,并粘贴在绝缘基片上,线栅上面粘贴有覆盖层(保护用),电阻丝两端焊有引出线。图 2-1 中 l 称为应变片的标距或工作基长,b 称为应变片基宽,$b \times l$ 为应变片的使用面积。应变片规格一般以使用面积或电阻值来表示,如 3 mm × 10 mm 或 120 Ω。

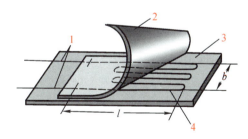

1—引出线;2—覆盖层;3—基底;4—电阻丝。

图 2-1　电阻丝应变片结构示意图

由电工学可知,电阻丝的电阻 R 可表示为

$$R = \rho \frac{l}{A} = \rho \frac{l}{\pi r^2} \tag{2-1}$$

式中　ρ——电阻率,$\Omega \cdot m$;

$\quad\quad l$——电阻丝长度,m;

$\quad\quad A$——电阻丝截面积,m^2。

　　当沿电阻丝的长度方向施加均匀力时,式(2-1)中的ρ、r、l都将发生变化,导致电阻值发生变化。实验证明,电阻应变片的电阻应变 $\varepsilon_R = \Delta R / R$ 与电阻应变片的纵向应变 ε_x 的关系在很大范围内是线性的,即

$$\varepsilon_R = \frac{\Delta R}{R} = K \varepsilon_x \tag{2-2}$$

式中　$\dfrac{\Delta R}{R}$——电阻应变片的电阻应变;

$\quad\quad K$——电阻丝的灵敏度;

$\quad\quad \varepsilon_x$——被测件在应变片处的应变。

　　严格来讲,由于试件与应变片之间存在蠕变等影响,所以应变片与试件这二者的应变是有差异的。但这种差异并不大,工程上允许忽略,因此,后续表述对两者不加以严格区分。

　　电阻丝应变片具有精度高、测量范围大、能适应各种环境、便于记录和处理等一系列优点,但却存在一大弱点,就是灵敏度低,为2.0～3.6。对于半导体材料,它的电阻率很大。因此,半导体应变片的灵敏度比电阻丝应变片高几十倍。

二、应变片的结构类型与粘贴

1. 应变片的结构类型

应变片可分为金属应变片和半导体应变片。前者可分为金属丝式应变片、金属箔式应变片和金属薄膜式应变片等三种。图2-2所示为常见的几种应变片。

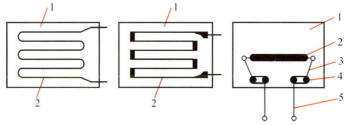

（a）金属丝式应变片　（b）金属箔式应变片　（c）半导体应变片

1—衬底;2—应变丝或半导体;3—引出线;4—焊接电极;5—外引线。

图 2-2　常见的几种应变片

金属丝式应变片使用最早,有纸基和胶基之分。

金属箔式应变片是通过光刻、腐蚀等工艺制成的一种箔栅,箔的厚度一般为0.003～0.01 mm,如图 2-2(b)所示。金属箔式应变片由于有散热好、允许通过较大电流、横向效应小、疲劳寿命长、柔性好,并可做成基长很短或任意形状,在工艺上适于大批生产等优点,因此得到广泛的应用,已逐渐代替了金属丝式应变片。

金属薄膜式应变片主要是采用真空蒸镀技术,在薄的绝缘基片上蒸镀金属材料薄膜,最后加保护层形成的。

半导体应变片是用半导体材料做敏感栅而制成的。其主要优点是灵敏度高,横向效应小;主要缺点是热稳定性差,电阻与应变间非线性严重。在使用时,需要采用温度补偿及非线性补偿措施。

随着半导体工业和集成电路的迅速发展,一种很有发展前途的固态压阻式传感器得到广泛应用。它是利用半导体的压阻效应进行工作的。固态压阻式传感器以单晶硅膜片作为敏感元件,在该膜片上采用集成电路工艺制作成 4 个电阻,并组成惠斯通电桥。当膜片受力后,4 个电阻值发生相应变化,使电桥有输出。根据不同结构,它可用于测量压力、力、压差、加速度等。目前国内外都非常重视对它的研究,以扩大其应用范围。

表 2-1 列出了一些应变片的主要技术参数,仅供参考。表 2-1 中,PZ 型为纸基丝式应变片,PJ 型为胶基丝式应变片,BB、BA、BX 型为金属箔式应变片,PBD 型为半导体应变片。

表 2-1　应变片的主要技术参数

参数名称	电阻/Ω	灵敏度	电阻温度系数/℃$^{-1}$	极限工作温度/℃	最大工作电流/mA
PZ-120 型	120	1.9~2.1	20×10^{-6}	−10~40	20
PJ-120 型	120	1.9~2.1	20×10^{-6}	−10~40	20
BX-200 型	200	1.9~2.2	—①	−30~60	25
BA-120 型	120	1.9~2.2	—	−30~200	25
BB-350 型	350	1.9~2.2	—	−30~170	25
PBD-1K 型	1 000±10%	140±5%	<0.4%	<60	15
PBD-120 型	120±10%	120±5%	<0.2%	<60	25

① 可根据被粘贴材料的线膨胀系数进行自补偿加工,下同。

2. 应变片的粘贴

应变片是通过黏合剂粘贴到试件上的,黏合剂的种类很多,要根据基片材料、工作温度、潮湿程度、稳定性、是否加温加压和粘贴时间等多种因素合理选择黏合剂。

应变片的粘贴质量直接影响应变测量的精度,必须十分注意。应变片的粘贴工艺包括试件贴片处的表面处理,贴片位置的确定,应变片的粘贴、固化等。

动画 ●

应变片的粘贴

应变片引出线的选择取决于电阻率、焊接方便程度、可靠性及耐蚀性。引出线一般多是直径为 0.15~0.3 mm 的镀锡软铜线。使用时,应变片粘贴连接好后,常把引出线与连线电缆用胶布固定起来,防止连线电缆摆动时折断应变片引出线,然后在应变片上涂一层防护层,防止大气对应变片的侵蚀,保证应变片长期工作的稳定性。

三、测量转换电路

常规应变片的电阻变化范围很小,因而测量转换电路应当能精确地测量出这些小的电阻变化。在应变式传感器中,最常用的是桥式电路,按电源性质不同有交流电桥、直流电桥两类,按桥臂工作数量可分为单臂桥、半桥和全桥。下面以直流电桥为例分析其工作原理及特性。

图 2-3 所示为桥式测量转换电路,电桥的一个对角线接入电源电压 u_1。另一个对角线为输出电压 u_O,输出电压 u_O 为

$$u_O = \frac{u_1}{R_1 + R_2}R_1 - \frac{u_1}{R_3 + R_4}R_4 \tag{2-3}$$

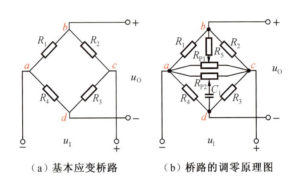

(a) 基本应变桥路　　(b) 桥路的调零原理图

图 2-3　桥式测量转换电路

为了使电桥在测量前的输出为零(电桥平衡),应该选择四个桥臂电阻使 $R_1 R_3 = R_2 R_4$ 或 $R_2/R_1 = R_3/R_4$,通常情况下 $\Delta R_i \ll R_i$,电桥负载电阻为无限大时,电桥输出电压可近似用下式表示:

$$u_O = \frac{R_1 R_2}{(R_1 + R_2)^2}\left(\frac{\Delta R_1}{R_1} - \frac{\Delta R_2}{R_2} + \frac{\Delta R_3}{R_3} - \frac{\Delta R_4}{R_4}\right)u_1 \tag{2-4}$$

通常采用全等臂形式工作,即初始值 $R_1 = R_2 = R_3 = R_4$。这样式(2-4)可变为

$$u_O = \frac{u_1}{4}\left(\frac{\Delta R_1}{R_1} - \frac{\Delta R_2}{R_2} + \frac{\Delta R_3}{R_3} - \frac{\Delta R_4}{R_4}\right) \tag{2-5}$$

当各桥臂应变片的灵敏度 K 都相同时

$$u_O = \frac{u_1}{4}K(\varepsilon_1 - \varepsilon_2 + \varepsilon_3 - \varepsilon_4) \tag{2-6}$$

根据不同的要求,有不同的工作方式。下面讨论几种较为典型的工作方式。

1. 单臂桥工作方式

R_1 为受力应变片,其余各臂为固定电阻,则式(2-5)变为

$$u_O = \frac{u_1}{4}\frac{\Delta R_1}{R_1} = \frac{u_1}{4}K\varepsilon_1 \tag{2-7}$$

2. 半桥工作方式

R_1、R_2 为受力应变片，R_3、R_4 为固定电阻，则式（2-5）变为

$$u_O = \frac{u_1}{4}\left(\frac{\Delta R_1}{R_1} - \frac{\Delta R_2}{R_2}\right) = \frac{u_1}{4}K(\varepsilon_1 - \varepsilon_2) \tag{2-8}$$

3. 全桥工作方式

电桥四个桥臂都为应变片，此时电桥输出电压公式就是式（2-5）。这种方式灵敏度最高。

在使用上面公式时，应注意电阻变化和应变值的符号。ε_1、ε_2、ε_3、ε_4 可以是试件的纵向应变，也可以是试件的横向应变，取决于应变片的粘贴方向。若是压应变，ε 应以负值代入；若是拉应变，ε 应以正值代入。

由上列各式可看出，电桥的输出电压 u_O 与电阻变化值 $\Delta R_i/R_i$ 以及应变值 ε_i 成正比。但上面讨论的各式都是在式（2-4）基础上求得的，而式（2-4）只是一个近似式，对于单臂电桥，实际输出 u_O 与电阻变化值及应变之间存在一定的非线性关系。当应变值较小时，非线性因素可忽略，而对半导体应变片，由于自身的非线性，在测大应变时，非线性效应不可忽略。对于半桥，两应变片处于差动工作状态，即一片感受正应变，另一片感受负应变，经推导可证明理论上不存在非线性问题。全桥电路也是如此。因此实际使用时，应尽量采用这两种方式。采用恒流源作为桥路电源也能减小非线性误差。

实际使用中，R_1、R_2、R_3、R_4 不可能严格相等，所以即使在未受力时，桥路的输出也不一定能为零，因此必须设置调零电路，如图 2-3（b）所示。调节 R_{P1}，最终可以使电桥趋于平衡，u_O 被预调到零位。这一过程称为直流平衡或电阻平衡。图中的 R_5 是用于减小调节范围的限流电阻。

当采用交流电（正弦波或方波）作为桥路电源时，该电桥称为交流电桥。由于应变片引出线电缆分布电容的不一致性将导致电桥的容抗及相位的不平衡。这时即使做到电阻平衡，u_O 仍然无法达到零位，所以还需增设 R_{P2} 及 C_1 来平衡电容的容抗，这称为交流平衡或电容平衡。

四、温度补偿

在实际应用中，除了应变能导致应变片电阻变化外，温度变化也会导致应变片电阻变化，它将给测量带来误差，因此有必要对桥路进行温度补偿。下面介绍较为常用的补偿块补偿法和桥路自补偿法。

1. 补偿块补偿法

如图 2-4 所示，在用单臂桥测量试件上表面某一点的应变时，可采用两片型号、初始电阻值和灵敏度都相同的应变片 R_1 和 R_2，R_1 贴在试件的测试点上，R_2（称为温度补偿片）贴在试件的零应变处（图 2-4 中试件的中线上），或贴在补偿块上。补偿块是指材料、温度与试件相

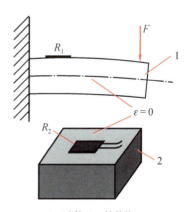

1—试件；2—补偿块。

图 2-4　补偿块温度补偿示意图

同,但不受力的试块。当 R_1 和 R_2 处于相同的温度场中,并按图 2-3 接成半桥形式时,$R_1 = R_0 + \Delta R_{1t} + \Delta R_{1\varepsilon}$,$R_2 = R_0 + \Delta R_{2t}$,$R_3 = R_4 = R_0$,$R_1$ 和 R_2 按图 2-3 方式接入电桥中,根据式(2-8)可得

$$u_O = \frac{u_1}{4}\left(\frac{\Delta R_{1\varepsilon} + \Delta R_{1t}}{R_1} - \frac{\Delta R_{2t}}{R_2}\right) \tag{2-9}$$

式中　　　$\Delta R_{1\varepsilon}$——试件受力后应变片 R_1 产生的电阻增量;

ΔR_{1t}、ΔR_{2t}——由温度变化引起的 R_1、R_2 的电阻增量。

由于初始时 $R_1 = R_2$,且 R_1、R_2 所处的温度场相等,所以 $\Delta R_{1t} = \Delta R_{2t} = \Delta R_t$,故式(2-9)可变为

$$u_O = \frac{u_1}{4}\frac{\Delta R_{1\varepsilon}}{R_1} \tag{2-10}$$

式(2-10)中不包含 ΔR_t,所以 u_O 不受温度的影响,只与被测试件的应变有关。

2. 桥路自补偿法

当测量桥路处于半桥和全桥工作方式时,与上述补偿块补偿法的工作原理相似,电桥相邻两臂受温度影响,同时产生大小相等、符号相同的电阻增量而互相抵消,从而达到桥路温度自补偿的目的。

五、电阻应变式传感器的应用

应变片力的测量

电阻应变式传感器中的各种弹性元件一般为弹性敏感元件,传感元件就是应变片,测量转换电路一般为电桥电路。电阻应变式传感器通常可用来测量应变以外的物理量,例如力、扭矩、加速度和压力等。把应变片粘贴到弹性敏感元件上,使弹性敏感元件的应变与被测量成比例关系。

1. 力和扭矩传感器

中国"杆秤"的发明过程

图 2-5 列出了几种力和扭矩传感器的弹性敏感元件。拉伸应力作用下的细长杆和压缩应力作用下的短粗圆柱体分别如图 2-5(a)和图 2-5(b)所示,都可以在轴向布置一个或几个应变片,在圆周方向上布置同样数目的应变片。圆周方向的应变片获得符号相反的径向应变,从而构成差动式。另一种弯曲悬臂梁和扭转轴上的应变片也可构成差动式,如图 2-5(c)和图 2-5(d)所示。另外,用环状弹性敏感元件测拉(压)力也是比较普遍的,如图 2-5(e)所示。目前,应用在电子秤上的传感器就是应变式力传感器。

2. 压力传感器

应变式压力传感器主要用于液体、气体压力的测量,测量压力范围是 $10^4 \sim 10^7$ Pa。图 2-6 给出了组合式压力传感器示意图。图中应变片 R 粘贴在悬臂梁上,悬臂梁的刚度应比

压力敏感元件更高,这样可降低这些元件所固有的不稳定性和迟滞。

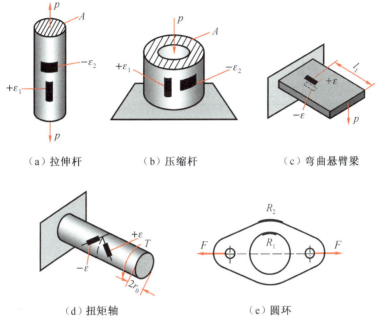

（a）拉伸杆　　　　　（b）压缩杆　　　　　（c）弯曲悬臂梁

（d）扭矩轴　　　　　　（e）圆环

图 2-5　力和扭矩传感器的弹性敏感元件

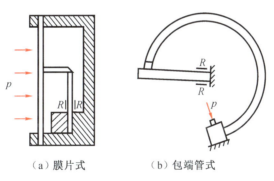

（a）膜片式　　　　　（b）包端管式

图 2-6　组合式压力传感器示意图

　　图 2-7 所示为筒式压力传感器。被测压力 p 作用于筒内腔,使筒发生形变,工作应变片 1 贴在空心的筒壁外感受应变,补偿应变片 2 贴在不发生形变的实心端作为温度补偿用。一般可用来测量机床液压系统压力和枪、炮筒腔内压力等。

动画●

应变片压力
的测量

3. 加速度传感器

　　加速度传感器实质上是一种测量力的装置,如图 2-8 所示。测量时,将基座固定在被测对象上,当被测物体以加速度 a 运动时,质量块 3 受到一个与加速度方向相反的惯性力而使悬臂梁 4 形变。通过应变片 1 检测出悬臂梁 4 的应变量,而应变量是与加速度成正比的。

应变片加速度
的测量

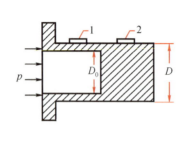

图 2-7　筒式压力传感器

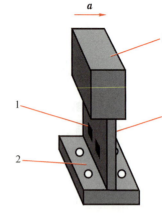

1—应变片；2—基座；3—质量块；4—悬臂梁。

图 2-8　加速度传感器

六、信号调制与解调

传感器输出的信号通常是一种频率不高的弱小信号，要进行放大后才能继续传输。从信号放大角度来看，直流信号（传感器传出的信号有许多是近似直流的缓变信号）的放大比较困难。因此，需要把传感器输出的缓变信号先变成具有高频率的交流信号，再进行放大和传输，最后将放大的信号还原成原来的频率，这样一个过程称为信号调制和解调。

调制是利用信号来控制高频振荡的过程。 即人为地产生一个高频信号（它由频率、幅值、相位三个参数而定），使这个高频信号的三个参数中的一个随着需要传输的信号变化而变化。这样，原来变化缓慢的信号，就被这个受控制的高频振荡信号所代替，并进行放大和传输，以期得到最好的放大和传输效果。

解调是从已被放大和传输的且有原来信号信息的高频信号中，把原来信号提取出的过程。

调制的过程有三种：

① 高频振荡的幅度受缓变信号控制时，称为调幅，以 AM 表示；

② 高频振荡的频率受缓变信号控制时，称为调频，以 FM 表示；

③ 高频振荡的相位受缓变信号控制时，称为调相，以 PM 表示。

控制高频振荡的缓变信号称为调制信号；载送缓变信号的高频振荡信号称为载波；已被缓变信号调制的高频振荡称为调制波，调制波相应地有调幅波、调频波和调相波三种，常见的是调幅和调频两种。

应用案例　Y6D-3 型动态应变仪

Y6D-3 型动态应变仪是利用电桥调幅和相敏解调的典型例子。它的调制过程中各环节的输出波形如图 2-9 所示。

图 2-9 中的电桥由载波发生器供给高频等幅电压 u_1（3 V、10 kHz），被测参数（力、应变等）通过电阻应变片转换成电阻应变后，作为调制信号通过电桥对载波 u_1 进行调

制。调制波 u_O 从电桥输出后,进入交流放大器进行放大,放大后的调制波由二极管相敏检波器进行解调,再通过低通滤波器将高频成分滤去而取得被测信号被放大后的模拟电压(电流),最后由光线示波器进行记录。

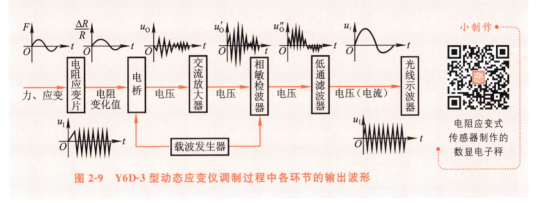

图 2-9　Y6D-3 型动态应变仪调制过程中各环节的输出波形

单元 2　电位器式传感器

一、电位器式传感器的工作原理

电位器是一种常用的电子元件,广泛应用于各种电器和电子设备中。它做成传感器后,是把机械的线位移和角位移输入量转换为与它成一定函数关系的电阻和电压并输出。

直线电位器式电阻传感器的工作原理,可用图 2-10 来说明。图中 U_I 是电位器工作电压,R 是电位器电阻,R_L 是负载电阻(例如表头的内阻),R_x 是对应于电位器滑臂移动到某位置时的电阻值,U_O 是负载两端的电压,即电位器式传感器的输出电压。

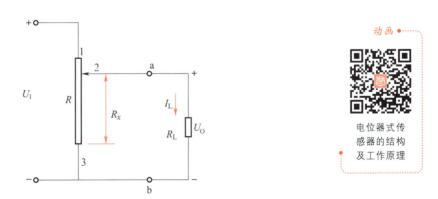

图 2-10　直线电位器式电阻传感器的工作原理

被测位移量的变化通过机械结构,使电位器的滑臂产生相应的位移,改变了电路的电阻值,引起输出电压的改变,从而达到测量位移的目的。

在均匀绕制的线性电位器(单位长度上的电阻是常数)中,设 $m = R/R_L$,$x = R_x/R =$

l/L（相对位移量），其中 l 为 R_x 两端间的距离，L 为 R 两端间的总距离，经推导可得

$$U_\text{O} = \frac{x}{1 + mx(1 - x)} U_\text{I} \tag{2-11}$$

由式（2-11）可见，电位器的输出电压 U_O 与滑臂的相对位移量 x 是非线性关系，只有当 $m = 0$，即 $R_\text{L} \to \infty$ 时，U_O 与 x 才满足线性关系，所以这里的非线性关系完全是由负载电阻 R_L 的接入而引起的。

二、电位器式传感器的应用场合

●知识链接

位移测量的
基本概念

电位器式传感器的应用场合非常广泛，常应用于注射机、压铸机、吹瓶机、制鞋机、木工机械、印刷机械、包装机械、纸制品机械、机械手、飞机操舵、船舶操舵、IT 设备等自动化控制领域。一般此类传感器行程从 10 mm 至 2 500 mm。根据使用场合电位器式传感器可分为 KTC、KTF、KPC、KPM、KTM、KTR 和 KFM，下面进行简要说明。

KTC 是一般通用型，适合各类型设备的位置检测，如注射机、压铸机、橡胶机、制鞋机、EVA 注射机、木工机械、液压机械等。

KTF 是通用型的安装小型化滑块式直线位移传感器，特别适应减少机械长度方向的安装尺寸，适合于较大行程的应用，如大型注射机合模行程、橡胶机合模行程、木工机械、液压机械等。

KPC 是两端带绞接安装方式，适用于较大机械行程且有摆动的位置检测，安装时无对中性要求，如机器人、取出机、砖机、陶瓷机械、水闸控制、木工机械、液压机械等。

●知识链接

电位器式传感
器的结构、
类型及特点

KPM 是微型绞接式结构，适合于较小机械行程且有摆动的位置检测，对安装的对中性无任何要求，如机器人、制砖机、陶瓷机械、水闸等。

KTM 是微型拉杆系列，特别适合空间狭小的应用场合，如飞机操舵、船舶操舵、制鞋机械（前帮机、后帮机）、注射机的顶针位置控制、印刷机械、纸品包装机械等。

KTR 是微型自恢复式，特别适合空间狭小安装不便的场合，如真空吹瓶机、IT 设备、张力调节、速度调节、印刷机械、纸品包装机械等。

KFM 是微型滑块式，是最小尺寸的最小型化结构，特别适合安装空间狭小、不便于对中的场合，如医疗设备、大厦自动门、列车自动门、轻工设备等。

应用案例　　　　电子油门控制系统

电子油门控制系统如图 2-11 所示，主要由油门踏板、踏板电位器角位移传感器、ECU（电控单元）、数据总线、伺服电动机和节气门执行机构组成。角位移传感器安装在油门踏板内部，随时检测油门踏板的位置。当检测到油门踏板高度位置有变化时，会瞬间将此信息送往 ECU，ECU 对该信息和其他系统传来的数据信息进行运算处理，计算出一个控制信号，通过线路送到伺服电动机控制绕组，伺服电动机驱动节气门执行机构，

数据总线则是负责系统 ECU 与其他 ECU 之间的通信。由于电子油门控制系统是通过 ECU 来调整节气门的,因此,电子油门控制系统可以设置各种功能来改善驾驶的安全性、舒适性、油耗及尾气排放质量。

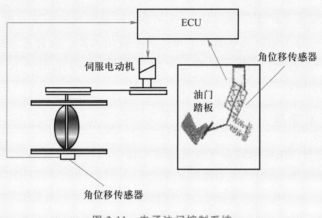

图 2-11 电子油门控制系统

应用案例   电位器式压力传感器

线绕电位器式压力传感器是利用弹性敏感元件把被测的压力变换为位移,并使此位移变为电刷触点的移动。从而引起输出电压或电流相应的变化。图 2-12 为 YCD-150 型远程压力传感器原理图。它是由一个弹簧管和线绕电位器组成的压力传感器。线绕电位器固定在壳体上,而电刷与弹簧管的传动机构相连接。当被测压力变化时,弹簧管的自由端移动,通过传动机构,一面带动压力表指针转动,一面带动电刷在线绕电位器上滑动,从而将被测压力值转换为电阻变化,因而输出一个与被测压力成正比的电压信号。

拓展提高

电位器式传感器的使用要求

图 2-13 所示为膜盒电位器式压力传感器原理图。弹性敏感元件膜盒的内腔通入被测流体的压力,在此压力作用下,膜盒产生位移,推动连杆上移,使曲柄轴带动电刷在电位器电阻丝上滑动,同样输出一个与被测压力成正比的电压信号。

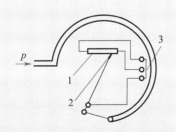

1—线绕电位器;2—电刷;3—输出端子。

图 2-12 YCD-150 型远程压力
传感器原理图

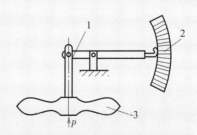

1—连杆;2—电位器;3—膜盒。

图 2-13 膜盒电位器式压力
传感器原理图

单元 3　热电阻传感器

热电阻传感器主要用于对温度或与温度有关的参量进行检测。在工业上广泛用来测量$-200\sim500\ ^\circ\text{C}$范围内的温度。按热电阻性质不同可分为金属热电阻和半导体热电阻两大类。前者通常称为热电阻，后者称为热敏电阻。本单元介绍热电阻，热敏电阻将在下一单元中进行介绍。

一、热电阻的测温原理

热电阻主要是利用电阻值随温度变化而变化这一特性来测量温度的。目前广泛应用的热电阻材料是铂和铜，它们的电阻温度系数在$(3\sim6)\times10^{-3}/^\circ\text{C}$范围内。对于测温用的热电阻材料，希望它具有电阻温度系数大、线性好、性能稳定、使用温度范围宽、加工容易等特点。铂的性能最稳定，采用特殊的结构可制成标准铂电阻温度计，它的适用范围为$-200\sim960\ ^\circ\text{C}$。铜电阻价廉并且线性好，但温度高时易氧化，故用于温度较低的环境（$-50\sim150\ ^\circ\text{C}$）中。

由理论计算可知，热电阻的阻值R_t不仅与温度t有关，还与温度在$0\ ^\circ\text{C}$时的热电阻值R_0有关。即在同样的温度下，R_0取值不同，R_t也不相同。目前国内统一设计的工业用铂电阻的R_0值有$10\ \Omega$、$100\ \Omega$等几种，将R_t与t相应的关系列成表格，称其为铂电阻分度表，分度号分别用Pt10、Pt100等表示；铜电阻R_0值为$50\ \Omega$、$100\ \Omega$两种，分度号分别用Cu50、Cu100表示。铂、铜电阻分度表见本书附录四。

二、热电阻的接线方式

热电阻是把温度变化转换为电阻值变化的元件，通常需要把电阻信号通过引线传递到计算机控制装置或者热电阻的相应仪表上。工业用热电阻安装在生产现场，与控制室之间存在一定的距离，由于测温的金属热电阻本身阻值很小，因此热电阻的引线电阻对测量结果会有较大的影响。目前热电阻的引线主要有二线制、三线制和四线制三种接线方式，其中二线制接线方式的引线电阻对测量结果的影响较大。为了减少或消除引线电阻的影响，热电阻通常采用三线制接线方式（恒压源供电）和四线制接线方式（恒流源供电）。

1. 二线制接线方式

在热电阻的两端各连接一根导线来引出电阻信号的方式叫二线制接线方式。这种引线方法很简单，但由于连接导线存在引线电阻，引线电阻值与导线的材质和长度等因素有关，因此这种引线方式只适用于引线很短（如一体化温度仪表）或测量精度较低的场合。

2. 三线制接线方式

在热电阻的一端连接一根引线，另一端连接两根引线的方式称为三线制接线方式。

图 2-14 所示为采用恒压源供电的热电阻三线制接线方式,这种方式与电桥配套使用,可以较好地消除引线电阻的影响,是工业过程控制中最常用的。这是因为测量热电阻的电路一般是不平衡电桥,热电阻作为电桥的一个桥臂电阻,其连接导线(从热电阻到中控室)也成为桥臂电阻的一部分,这一部分电阻是未知的且随环境温度变化,造成测量误差。采用三线制接线方式,将导线一根接到电桥的电源端,其余两根分别接到热电阻所在的桥臂及与其相邻的桥臂上,引线电阻为图 2-14 中的 R'_2、R'_3 和 R_E,由于 R_E 上的电流很小,其压降可以忽略,而 R'_2 和 R'_3 分别在相邻两个桥臂上,这样就消除了引线电阻带来的测量误差。

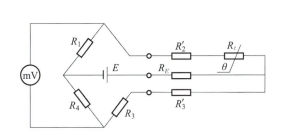

图 2-14 采用恒压源供电的
热电阻三线制接线方式

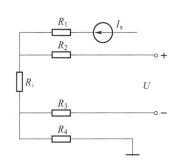

图 2-15 采用恒流源供电的
热电阻四线制接线方式

3. 四线制接线方式

在热电阻根部的两端各连接两根导线的方式称为四线制接线方式。图 2-15 所示为采用恒流源供电的热电阻四线制接线方式,其中两根引线为热电阻提供恒定电流 I_s,把热电阻 R_t 转换成电压信号 U,再通过另两根引线把 U 引至二次仪表。图 2-15 中 R_1、R_2、R_3、R_4 是引线电阻,由于输出电流可以忽略不计,可见这种引线方式可完全消除引线的电阻影响,主要用于引线较长的高精度温度测量。

二线制配线简单,但要带进引线电阻的附加误差,因此不适用于制造 A 级精度的热电阻,且在使用时引线及导线都不宜过长。三线制和四线制可以消除引线电阻的影响,测量精度高于二线制,作为过程检测元件,其应用最广。在高精度测量时,要采用四线制接线方式。

三、热电阻温度变送器模块

被测温度变化经热电阻转换为电阻变化信号,再由热电阻温度变送器模块转换为直流标准电压或电流输出信号。图 2-16 所示为某公司生产的热电阻温度变送器模块,其产品型号为 BD-801,是专为热电阻 (Pt100、Pt1000、Cu50、Cu100)温度传感器配套的 4~20 mA 直流输出模块。该模块带电源反接保护及温度传感器开路报警输出功能,其主要技术参数为:①输入信号为二线制或三线制的 Pt100、Pt1000、Cu50、Cu100信号;②输出信号为 4~20 mA 直流信号(二线制);③工作电压为 24 V

拓展提高

热电阻的选择、
安装与使用

(12～30 V)直流电压;④负载能力为0～500 Ω;⑤工作环境温度范围为−20～80℃;⑥最大保护性输出电流≤27 mA,最小保护性输出电流≤3.6 mA;⑦外形尺寸为直径 45 mm、高度22 mm;⑧安装孔距为 36 mm。

图 2-16　热电阻温度变送器模块

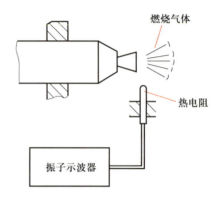

图 2-17　燃烧气体温度的测量原理

应用案例　　　　　**燃烧气体温度的测量**

　　图 2-17 所示为燃烧气体温度的测量原理。其中温度传感器选用 Pt100 热电阻,该热电阻可测量的最高温度为 600 ℃。为防止燃烧气体损坏传感器,传感器应予以良好的固定并距气体喷口有一定的距离。传感器测试前应进行标定。由振子示波器测得的燃烧气体的温度曲线如图 2-18 所示。

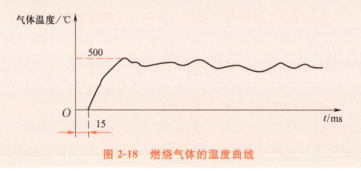

图 2-18　燃烧气体的温度曲线

 实践任务

热电阻温度数字仪表的调试

1. 任务要求

　　熟悉温度测量仪表回路的构成,完成热电阻温度数字仪表的调试工作,掌握万用表在热电阻温度数字仪表中的使用。

2. 设备与工具

　　DY 系列数字仪表一台;WZP-230 Pt100 热电阻一个;水银温度计一支;万用表一个;盛水容器一个;三芯电缆、导线若干。

3. 任务内容

（1）外观技术要求：热电阻外观应良好；标志清晰，接线盒接线无松动，套管无漏点；数字仪表外观应良好；标志清晰、无松动、无破损、无读数缺陷、仪表示值清晰等。

（2）热电阻与数字仪表连接原理如图 2-19 所示。

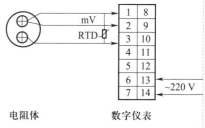

图 2-19　热电阻与数字仪表连接原理

4. 操作步骤

（1）仪表外观检查

按外观技术要求对仪表外观进行检查。

（2）热电阻的测试

① 查看水银温度计温度，对照 Pt100 热电阻分度表，得到室温对应的 Pt100 电阻值。

② 拆开电阻体接线盒，用万用表电阻挡测量电阻体接线端，电阻体阻值约等于室温电阻值，则电阻体合格，可用；电阻体阻值为无穷大，电阻体断路，不可用；电阻体阻值约等于 0，电阻体短路，不可用。

（3）热电阻与数字仪表的连接测试

① 按图 2-19 和数字仪表说明书来检查接线线路是否正确。

② 确认接线无误时，数字仪表接通电源，按厂家规定时间预热。

③ 数字仪表按说明书设定输入信号为 Pt100，量程范围为 0～100 ℃。

④ 将电阻体放置于盛有少许冷水的容器内，慢慢加入热水，观察数字仪表的变化。

⑤ 当数字仪表显示温度为 50 ℃时，停止加入热水，温度稳定后将水银温度计插入容器，温度稳定后，观察水银温度计显示的温度是否与数字仪表显示的一致；记录数字仪表显示的温度，给数字仪表断电，用万用表测量此时电阻体的电阻值，与 Pt100 热电阻分度表对照，观察所测得电阻值对应的温度是否与数字仪表显示的温度一致。

⑥ 给数字仪表接通电源，拆开电阻体接线盒，拆掉一根电线，观察此时数字仪表显示的数值。

⑦ 给电阻体接好线，在电阻体套管内加入一些冷水，观察此时数字仪表显示的数值。

5. 数据处理及思考

（1）记录和处理实践操作中的数据，分析操作中出现的现象，得出结论。

（2）思考：水银温度计显示的温度如果与数字仪表（配 Pt100）显示的温度相差 3～5 ℃，分析造成误差的原因。

单元 4　热敏电阻传感器

一、热敏电阻的基本特点

热敏电阻是利用半导体电阻与温度存在着某种关系的一种新型半导体测温元件,它主要具有以下特点:①灵敏度较高,其电阻温度系数要比金属大 10～100 倍以上,能检测出小至 10^{-6} ℃的温度变化;②工作温度范围宽,常温器件适用于－55～315 ℃,高温器件适用温度高于 315 ℃(目前最高可达到 2 000 ℃),低温器件适用于－273～55 ℃;③体积小,能够测量其他温度计无法测量的空隙、腔体及生物体内血管的温度;④使用方便,电阻值可在 0.1～100 kΩ 间任意选择;⑤易加工成复杂的形状,可大批量生产;⑥稳定性好、过载能力强。因此被广泛应用于各种温控设备进行温度的检测。

二、热敏电阻的分类

根据选择的半导体材料不同,热敏电阻的电阻温度系数有－6％/℃～60％/℃范围内的各种数值。热敏电阻可按电阻的温度特性、工作温度范围、外形结构形式等进行分类。

1. 按温度特性分类

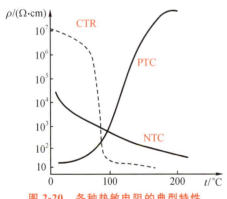

图 2-20　各种热敏电阻的典型特性

一般按温度特性可分为负温度系数热敏电阻(NTC)、正温度系数热敏电阻(PTC)和临界温度系数热敏电阻(CTR)三类。这三类热敏电阻的电阻率 ρ 与温度 t 的变化曲线如图 2-20 所示。从图中可以看出这些曲线都呈非线性变化。

NTC 生产最早,最成熟,使用范围也广。最常见的是由金属氧化物组成的,如由锰、钴、铁、镍、铜等中的两三种氧化物混合烧结而成,广泛应用于自动控制及电子线路的热补偿线路中;

PTC 最常用的是在钛酸陶瓷中加入施主杂质,以增大电阻温度系数,其用途主要作为电气设备的过热保护、发热源的定温控制、彩电的消磁,还用作加热元件等;CTR 是一种具有开关特性的负温度系数热敏电阻,当外界温度达到阻值急剧转变的温度时,引起半导体与金属之间的相变,利用这种特性可制成热保护开关,因此主要用作温度开关。

2. 按工作温度范围分类

按工作温度范围可分为常温热敏电阻(－55～315 ℃)、高温热敏电阻(＞315 ℃)和低温热敏电阻(－273～55 ℃)三类。

3. 按外形结构形式分类

热敏电阻按外形结构形式可分为体型、薄膜型、厚膜型三种。热敏电阻可根据使用要求封装加工成各种形状的探头，如片形、柱形、珠形、锥形、针形等，如图 2-21 所示。

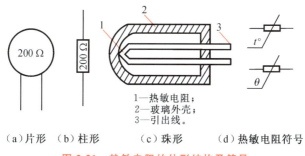

1—热敏电阻；
2—玻璃外壳；
3—引出线。

（a）片形　（b）柱形　　　（c）珠形　　　（d）热敏电阻符号

图 2-21　热敏电阻的外形结构及符号

4. 其他分类

热敏电阻还可按工作方式分为直热式、旁热式、延迟电路三种，按使用的材料分为陶瓷、塑料、金刚石、单晶、非晶热敏电阻等。

应用案例　　　　　　　　　**谷物温度的测量**

在粮食存储和运输过程中，常常把谷物装在麻袋中，为检查谷物的情况，需要对袋内谷物的温度进行测量，因此会使用一个专门用于袋内谷物温度测量的简单测量仪器，其温度测量范围为 $-10 \sim 70$ ℃，精度为 ± 2 ℃。

该测量仪器由探针、电桥及电源组成，其结构如图 2-22 所示。作为温度传感器的热敏电阻装在探针的头部，由铜保护帽将被测谷物的温度传给热敏电阻，为保证测量的精度，在探针的头部还装有绝热套。热敏电阻通过引线和连接件与测温直流电桥进行电路连接。电桥和电池装在一个不大的电路盒内，电路盒和探针通过连接件组合在一起。

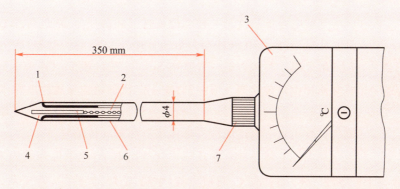

1—绝热套；2—引线；3—电路盒；4—铜保护帽；5—热敏电阻；6—护套；7—连接件。
图 2-22　谷物温度测量仪器的结构

测量仪器的基本工作原理是：在温度改变时，接在电桥一个臂中的热敏电阻的阻值将发生变化，使电桥失去平衡，接于电桥一个对角线上的直流微安表即指示出相应的温度。

谷物温度测量仪器的电路如图 2-23 所示。热敏电阻 R_T 构成测量电桥的一个臂（开关置于测量位置），在其他桥臂中接入电阻 R_3、R_4、R_2 和 R_{P1}。电桥的一个对角线接入电流表，另一对角线经电阻 R_5 和 R_{P2} 和开关 S_1 接入电源。可变电阻 R_{P1} 的作用是在 $-10\ ℃$ 时调整电桥的平衡。电阻 R_1 的阻值等于 $70\ ℃$ 时热敏电阻 R_T 的阻值，用于校准仪器。校准时将开关 S_2 放置在校准挡，调节电位器 R_{P2}，使表头指针对准 $70\ ℃$ 的刻度。

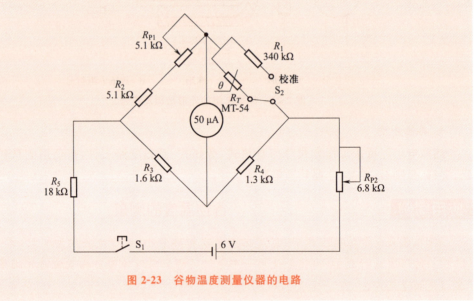

图 2-23　谷物温度测量仪器的电路

单元 5　气敏电阻传感器

一、气敏电阻传感器的工作原理

·动画

气敏电阻工作
的原理

气敏电阻传感器是一种能把某种气体的成分、浓度等参数转换成电阻变化量，经测量电路转换为电流或电压信号的传感器，它的传感元件是气敏电阻。气敏电阻一般是用 SnO_2、ZnO 或 Fe_2O_3 等金属氧化物粉料并添加少量催化剂及添加剂，按一定比例烧结而成的半导体器件。

气敏电阻形式繁多，可以检测各种特定对象的气体。气敏电阻按被测气体性质可分为还原性气体传感器和氧气传感器。

还原性气体是在化学反应中能给出电子，化学价升高的气体。还原性气体多数属于可燃性气体，如石油气、酒精蒸气、甲烷、乙烷、天然气、氢气等。测量还原性气体的气敏电阻一般是用 SnO_2、ZnO 或 Fe_2O_3 等金属氧化物粉料添加少量铂催化剂、激活剂和其他添加剂，按一定比例烧结而成的半导体器件。

气敏电阻的工作原理十分复杂，涉及材料的微晶结构、化学吸附及化学反应，有不同的解释方式。一般认为，对于气敏半导体陶瓷材料，当有气体吸附时，如果材料的功函数小于吸附分子的电子亲和力,则气体分子得到电子,为负离子吸附,阻值变大;反之气体分子失去电子,为正离子吸附,阻值变小。

拓展提高

氧浓度传感器和电化学气体传感器简介

气敏电阻使用时应尽量避免置于油雾、灰尘环境中,以免老化。气敏半导体的灵敏度较高,它适用于气体的微量检漏、浓度检测或超限报警。控制烧结体的化学成分及加热温度,可以改变它对不同气体的选择性。例如,制成燃气报警器,可对居室或地下数米深处的管道漏点进行检漏。还可制成酒精检测仪,以控制酒后驾车。目前,气敏电阻传感器已广泛用于石油、化工、电力、家居等各种领域。

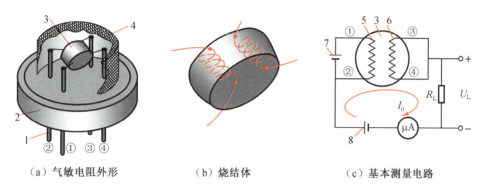

（a）气敏电阻外形　　　　（b）烧结体　　　　（c）基本测量电路

1—引脚;2—塑料底座;3—烧结体;4—不锈钢网罩;5—加热电极;
6—工作电极;7—加热回路电源;8—测量回路电源。

图 2-24　MQN 型气敏电阻的外形、结构及测量电路

图 2-24 所示是 MQN 型气敏电阻的外形、结构及测量电路。MQN 型气敏半导体器件是由塑料底座、引脚、不锈钢网罩、气敏烧结体以及包裹在烧结体中的两组铂丝组成的。一组铂丝为工作电极,另一组铂丝为加热电极兼工作电极。气敏电阻工作时必须加热到 $200\sim300\ ℃$,其目的是加速被测气体的化学吸附和电离过程并烧去气敏电阻表面的污物(起清洁作用),提高器件的灵敏度和响应速度。

二、矿灯瓦斯报警器

气敏元件将被测气体浓度转换成自身阻值变化,经转换电路变成电压信号,再经处理电路送至显示器显示被测气体的浓度值,或驱动报警电路工作,产生声光报警信号。

知识链接

瓦斯气体及其检测的基本概念

图 2-25 所示为矿灯瓦斯报警电路原理图。瓦斯探头由 QM-N5 型气敏元件 R_Q 及 4 V 矿灯蓄电池等组成。R_P 为瓦斯报警点的设定电位器。当瓦斯超过某一设定点时,R_P 输出信号通过二极管 VD1 加到 VT2 基极上,VT2、VT1 导通,VT3、VT1 开始工作,VT3、VT1 组成互补式自激多谐振荡器,使继电器 K 吸合与释放,信号灯闪光报警。工作时开关 S_1、S_2 闭合。

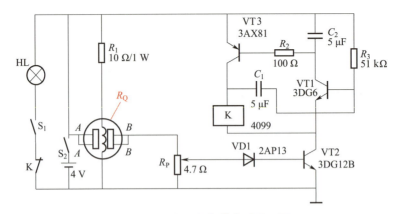

图 2-25　矿灯瓦斯报警电路原理图

　　　　　　　　　　酒精测试仪

　　酒精测试仪可用于交通中酒驾事故的认定,也可以用在其他场合检测人体呼出气体中的酒精含量,避免人员伤亡和财产的重大损失,或使用于高危领域禁止酒后上岗的特殊作业。

　　酒精测试仪的工作原理为:利用对酒精气体敏感的气敏元件探测酒精气体,并经测量电路转换为电压信号,经放大、分析处理后显示或产生报警信号。图 2-26 所示为酒精传感器及酒精测试仪。

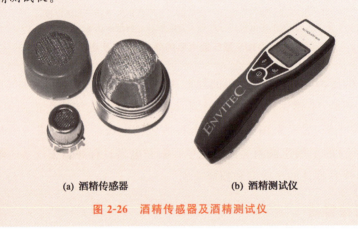

(a) 酒精传感器　　　　　　　　　　(b) 酒精测试仪

图 2-26　酒精传感器及酒精测试仪

　　　　　　　　　　燃气泄漏报警器

　　燃气泄漏报警器(图 2-27)是非常重要的燃气安全设备,广泛应用在城市安防、小区、工矿企业、学校、家庭、别墅、仓库、石油、化工、燃气输配等众多领域。燃气泄漏报警器由探测器与报警控制主机构成,用以检测室内外危险场所的泄漏情况。当被测场所存在可燃性气体时,探测器将气体浓度信号转换成电压信号或电流信号传送到报警仪表,仪器显示出可燃性气体爆炸下限的百分比浓度值。当可燃性气体浓度超过报警设定值时,控制器通过执行器或执行电路发出报警信号或执行关闭燃气阀门等动作。

　　探测可燃性气体的敏感元件主要有氧化物半导体型、催化燃烧型、热线型气体传感

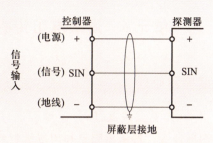

延伸阅读●······

燃气泄漏、爆炸
的主要原因
与防范措施

图 2-27　燃气泄漏报警器　　图 2-28　控制器与探测器连接示意图

器,还有少量的其他类型,如化学电池类传感器。这些传感器都是通过对周围环境中的可燃气体的吸附,在传感器表面产生化学反应或电化学反应,造成传感器的电物理特性的改变。

控制器采用三芯屏蔽线与探测器连接(注:单芯线径不低于0.75 mm国标线,依实际距离而定),将屏蔽层与控制器机壳相连并可靠接地。当采用RVV线缆时,应穿金属管并将金属管可靠接地,如图2-28所示。

 ## 实践任务

矿灯瓦斯报警电路的制作

1. 任务要求

认识气敏元件,通过矿灯瓦斯泄漏报警电路的制作,掌握气敏电阻传感器的特性、原理及基本应用。

2. 设备与工具

数字万用表、直流稳压电源或电池组;气敏元件QM-N5;继电器;电阻、电容、电位器、二极管、三极管、开关、指示灯等若干,打火机、甲烷气瓶;常用电子组装工具一套。

3. 任务内容

根据设备工具搭建瓦斯泄漏报警电路,通过打火机释放的可燃性气体,调试完成瓦斯泄漏报警的任务。

4. 操作步骤

(1)按图2-25制作矿灯瓦斯报警电路。

(2)电路检查无误后接通稳压电源或电池组,接通电源开关。

(3)打开打火机并吹熄,使之向外释放甲烷气体,并靠近气敏元件,同时调节电位器,使之产生报警信号。

(4)将报警电路安置于一较小空间,轻旋气瓶阀门,并调节减压阀至合适压力,产生微弱泄漏,观察报警电路工作情况。

(5)分析系统工作原理、信号特点并总结制作、调试心得。

思考:如果想实现瓦斯浓度检测,如何修改此电路?

单元 6　湿敏电阻传感器

一、湿敏电阻及湿度检测原理

　　检测湿度的手段很多,如毛发湿度计、干湿球湿度计、石英振动式湿度计、微波湿度计、电容湿度计、电阻湿度计等。湿敏电阻是利用湿敏材料吸收空气中的水分而使其电阻值发生变化这一原理制成的。本单元着重介绍陶瓷湿敏电阻传感器。图 2-29 是陶瓷湿敏电阻传感器的结构、外形及测量转换电路框图,它主要用于测量空气的相对湿度。

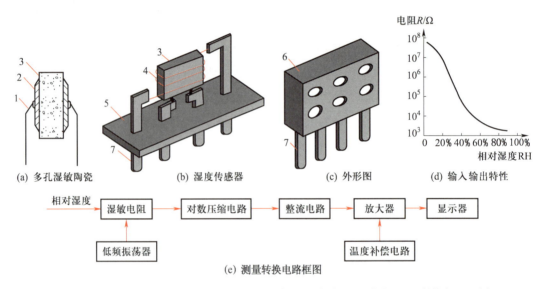

(a) 多孔湿敏陶瓷　　　　(b) 湿度传感器　　　　(c) 外形图　　　　(d) 输入输出特性

相对湿度 → 湿敏电阻 → 对数压缩电路 → 整流电路 → 放大器 → 显示器
低频振荡器 → 湿敏电阻
温度补偿电路 → 放大器

(e) 测量转换电路框图

1—引线;2—多孔性电极;3—多孔陶瓷;4—加热丝;5—底座;6—塑料外壳;7—引脚。

图 2-29　陶瓷湿敏电阻传感器的结构、外形及测量转换电路框图

知识链接

湿敏电阻的种类与测量电路

动画

湿敏电阻湿度检测

　　陶瓷湿敏电阻传感器的核心部分是用铬酸镁-氧化钛（$MgCr_2O_4$-TiO_2）等金属氧化物以高温烧结工艺制成的多孔陶瓷半导体。它的气孔率高达 25% 以上,具有 $1\ \mu m$ 以下的细孔分布。与日常生活中常用的结构致密的陶瓷相比,其接触空气的表面显著增大,所以水蒸气极易被吸附于其表层及其孔隙之中,使其电导率下降。当相对湿度从 $1\%RH$ 变化到 $95\%RH$ 时,其电阻率变化高达 4 个数量级以上,所以在测量电路中必须考虑采用对数压缩手段。

　　多孔陶瓷置于空气中易被灰尘、油烟污染,从而使感湿面积下降。如果将湿敏陶瓷加热到 $400\ ℃$ 以上,就可使污物挥发或烧掉,使陶瓷恢复到初期状态,所以必须定期给加热丝通电。陶瓷湿敏电阻传感器吸湿快（$10\ s$ 左右）,而脱湿要慢许多,从而产生滞后现象,称为湿滞。当吸附的水分子不能全部脱出时,会造成重现性误差及测量误差。有时可用重新加热脱湿的办法来解决。陶瓷湿敏电阻传感器的湿度电阻的标定比温度传感器的标定困难得多,误差大,稳定性也较差,使用时还应考虑温度补偿(温度每上升1℃,电阻下降引起的误差约为0.1%RH)。陶瓷湿敏电阻应采用交流供电,若长期采用直流供电,会使湿敏材料极化,吸附的水分子电离,导致灵敏度降低,性能变差。

应用案例 汽车后窗玻璃自动除湿装置

图 2-30 为汽车后窗玻璃自动除湿电路及除湿装置安装示意图。图中 R_L 为嵌入玻璃的加热电阻,R_H 为设置在后窗玻璃上的湿敏电阻传感器。由三极管 VT1 和 VT2 接成施密特触发电路,在 VT1 的基极接有由 R_1、R_2 和湿敏电阻传感器 R_H 组成的偏置电路。在常温常湿条件下,由于 R_H 较大,VT1 处于导通状态、VT2 处于截止状态,继电器 J 不工作,加热电阻无电流流过。当室内外温差较大且湿度过大时,湿敏电阻传感器 R_H 的阻值减小,使 VT1 处于截止状态、VT2 翻转为导通状态,继电器 J 工作,其动合触点 J_1 闭合,加热电阻 R_L 开始加热,后窗玻璃上的潮气被驱散。

拓展提高
湿敏电容、结露和水分传感器

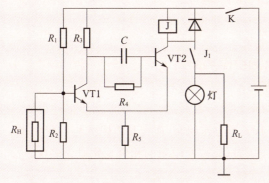
(a)自动除湿电路

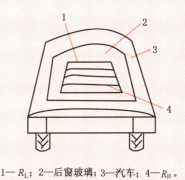
1—R_L;2—后窗玻璃;3—汽车;4—R_H。
(b)除湿装置安装示意图

图 2-30 汽车后窗玻璃自动除湿电路及除湿装置安装示意图

二、温湿度传感器

拓展提高
HR202 湿敏电阻传感器模块的工作原理

温湿度一体化传感器是一种装有湿敏和热敏元件、能够用来测量温度和湿度的传感器装置,有的带有现场显示,有的不带有现场显示。温湿度传感器由于体积小,性能稳定等特点,被广泛应用在生产生活的各个领域。

1. 温湿度传感器的分类

温湿度传感器可分为模拟量型、485 型和网络型三种。

模拟量型温湿度传感器是采用数字集成传感器做探头,配以数字化处理电路,从而将环境中的温度和相对湿度转换成与之相对应的标准模拟信号:4~20 mA、0~5 V 或者

0～10 V。它具有体积小、重量轻、量程宽等特点,广泛应用于气象、国防、科研、邮电、化工、环保、医药、宾馆、物资仓储、暖通空调等各种需要对空气中的温湿度进行测量和控制的领域。

485 型温湿度传感器的电路采用微处理器芯片,确保产品的可靠性、稳定性和互换性。采用颗粒烧结探头护套,探头与壳体直接相连。输出信号类型为 RS485,能可靠地与上位机系统等进行集散监控,最远可通信 2 000 米,支持二次开发。

网络型温湿度传感器可采集温湿度数据并通过以太网/Wi-Fi/GPRS 方式上传到服务器,充分利用已架设好的通信网络实现远距离的数据采集和传输,实现温湿度数据的集中监控。可大大减少施工量,提高施工效率和维护成本。

2. 温湿度传感器的安装说明

根据物联网相关职业技能等级标准中的要求,提出如下安装说明。

(1) 葫芦孔安装方式　在墙面固定位置打入自攻螺丝及膨胀螺丝,壁挂方式挂接到葫芦孔。

(2) 壁挂扣安装方式　挂钩一面使用沉头螺钉安装到墙壁上,另一面使用螺丝钉安装到设备上,然后将两部分挂到一起即可。

综 合 训 练

【认知训练】

2-1　什么叫应变效应? 应变片有哪几种结构类型?

2-2　简述电阻应变式传感器的温度补偿。

2-3　电阻应变片灵敏系数 $K=2$,沿纵向粘贴于直径为 0.05 m 的圆形钢柱表面,钢材的 $E=2\times10^{11}$ N/m², $\mu=0.3$。求钢柱受 10 t 拉力作用时,应变片电阻的相对变化量。若应变片沿钢柱圆周方向粘贴,受同样拉力作用时,应变片电阻的相对变化量为多少?

2-4　电位器式传感器有哪些种类? 它能测量哪些物理量?

2-5　电位器式传感器线圈电阻为 10 kΩ,电刷最大行程为 4 mm。若允许最大消耗功率为 40 mW,传感器所用的激励电压为允许的最大激励电压,试求当输入位移量为 1.2 mm 时,输出电压是多少?

2-6　铜电阻的阻值 R_t 与温度 t 的关系可用 $R_t=R_0(1+\alpha t)$ 表示。已知铜电阻的 R_0 为 50 Ω,温度系数 α 为 4.28×10^{-3}℃$^{-1}$,求当温度为 100 ℃时的铜电阻值。

2-7　热电阻有哪几种接线方式? 哪些接线方式可以消除引线电阻带来的测量误差? 画出其接线图。

2-8　热敏电阻按照温度特性可分为哪些类型? 各有什么特点?

2-9　试举 3 个例子说明热敏电阻的应用场合。

2-10　气敏电阻传感器按照被测气体性质可分为哪几种? 分别应用在哪些场合?

2-11　图 2-31 所示为浴室镜面水汽清除器。它主要由电热丝、结露传感器、控制电路等组成,其中电热丝和结露传感器安装在玻璃镜子的背面,用导线将它们和控制电路连接。控制电路图如图 2-31(b)所示。B 为结露传感器,试分析其工作原理。

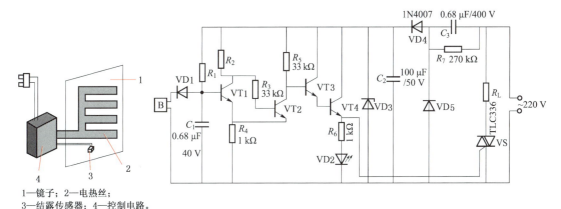

1—镜子；2—电热丝；
3—结露传感器；4—控制电路。

(a) 整体结构图　　　　　　　　(b) 控制电路图

图 2-31　浴室镜面水汽清除器

【能力训练】

2-1　现有数显扭力扳手一把（图 2-32）、电工螺丝刀一套、数码相片拍摄工具一个（如手机、相机等），完成下列任务：

① 对数显扭力扳手进行拆装，拍数码照片并指出各功能模块的位置及功能（注意：拆卸的零件按顺序摆好，安装顺序与拆卸顺序相反）。

② 根据各功能模块分析其工作原理。

③ 用数显扭力扳手扳动一个螺钉，说明数显扭力扳手与普通扳手有何区别。

2-2　根据料位测控系统功能示意图（图 2-33）说明其工作原理。图中的传感器是应变式拉力传感器，M 为变频调速电动机。

图 2-32　数显扭力扳手

文本

模块二
综合训练
参考答案

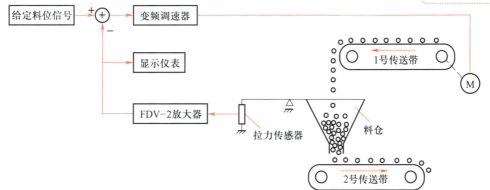

图 2-33　料位测控系统功能示意图

模块三
电感式及电容式传感器

● 模块目标 ●

模块三
学习目标

电感式或电容式传感器就是把被测量的变化转换为电感或电容的变化,然后通过对电感或电容的测量达到对非电量检测的目的。电感式传感器有自感式传感器、互感式传感器、电涡流式传感器等。本模块从应用角度出发,介绍差动变压器式传感器、电涡流式传感器和电容式传感器的工作原理、测量转换电路及一些应用实例。

单元 1　差动变压器式传感器

● 图片 ●

电感式传感器
实物图

电感式传感器是利用线圈的自感、互感或阻抗的变化来实现非电量检测的一种装置。差动变压器式传感器是一种电感式传感器,它是根据互感的变化来感知被检测量的。

一、电感式传感器简述

电感式传感器具有结构简单、分辨力好和测量精度高等一系列优点。它的主要缺点是响应较慢,不宜作快速动态测量。它应用很广,可用来测量位移、压力和振动等参数。

电感式传感器可分为自感式、互感式和电涡流式三大类。自感式传感器是把被测位移量转换为线圈的自感变化;互感式传感器是把被测位移量转换为线圈间的互感变化;电涡流式传感器是把被测位移量转换为线圈的阻抗变化。习惯上,电感式传感器通常指自感式传感器,而互感式传感器由于利用了变压器原理,又往往做成差动形式,故常称为差动变压器式传感器。由于篇幅所限,本模块仅介绍差动变压器式传感器和电涡流式传感器这两种电感式传感器,下面先介绍差动变压器式传感器。

二、差动变压器式传感器的工作原理

● 动画 ●

差动变压器
工作原理

差动变压器的结构示意图如图 3-1 所示,它主要由一个线框和一个铁芯组成。在线框上绕有一组一次侧线圈作输入线圈(或称初级线圈)。在同一线框上另绕两组完全对称的二次侧线圈作输出线圈(或称次级线圈),它们反向串联组成差动输出形式。理想差动变压器的原理图如图 3-2 所示。

当一次侧线圈加入励磁电源后,其二次侧线圈 N_{21}、N_{22} 产生感应电动势 $\dot{E}_{21}$、$\dot{E}_{22}$,输出电压分别为 $\dot{U}_{21}$、$\dot{U}_{22}$,经推导,输出电压 $\dot{U}_{o}$ 为

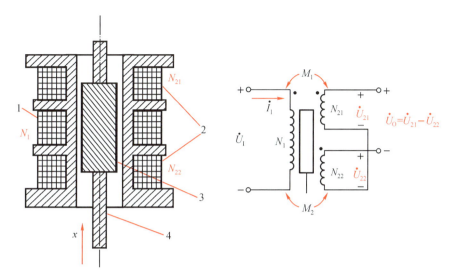

1—一次侧线圈；2—二次侧线圈；3—衔铁；4—测杆。

图 3-1　差动变压器的结构示意图　　**图 3-2　理想差动变压器的原理图**

$$\dot{U}_{\mathrm{O}} = \pm 2\mathrm{j}\omega \Delta M \dot{I}_1 \tag{3-1}$$

式中　ω——励磁电源角频率；

　　　ΔM——线圈互感的增量；

　　　$\dot{I}_1$——励磁电流。

理论和实践证明，线圈互感的增量 ΔM 与衔铁位移量 x 基本成正比关系，所以输出电压的有效值为

$$U_{\mathrm{O}} = K \mid x \mid \tag{3-2}$$

式中，K 是差动变压器的灵敏度，它是与差动变压器的结构及材料有关的量，在线性范围内可近似看作常量。差动变压器的输出特性如图 3-3 所示。图中 E_0 称为零点残余电压，其数值为零点几毫伏，有时甚至可达几十毫伏，并且无论怎样调节衔铁的位置均无法消除。当差动变压器的结构及电源电压一定时，互感 M_1、M_2 的大小和衔铁的位置有关。差动变压器式传感器除以上结构形式外，还有其他结构形式，例如变气隙式差动变压器，由于其自由行程小，应用不如螺管式差动变压器广泛。

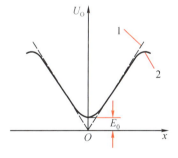

1—理想特性；2—实际特性。

图 3-3　差动变压器输出特性

产生零点残余电压的主要原因是：①差动变压器两个二次侧线圈的电气参数、几何尺寸或磁路参数不完全对称；②存在寄生参数，如线圈间的寄生电容、引线与外壳间的分布电容；③电源电压含有高次谐波；④磁路的磁化曲线存在非线性。减小零点残余电压的方法通常有：①提高框架和线圈的对称性；②减少电源中的谐波成分；③正确选择磁路材料，同时适当减少线圈的激磁电流，使衔铁工作在磁化曲线的线性区；④在线圈上并联阻容移相网络，补偿相位误差；⑤采用相敏检波电路，可以使零点残余电压减小到能够被忽略的程度。

三、差动变压器式传感器的基本特性

1. 灵敏度

　　差动变压器的灵敏度是指差动变压器在单位电压励磁下,铁芯移动一单位距离时的输出电压,以 mV/mm 表示。一般差动变压器的灵敏度大于 50 mV/mm。

　　影响灵敏度的因素有:电源电压和频率,差动变压器一次、二次侧线圈的匝数比,衔铁直径与长度、材料质量,环境温度,负载电阻等。为了获得高的灵敏度,在不使一次侧线圈过热的情况下,尽量提高励磁电压,电源频率以 400 Hz～10 kHz 为佳。此外,还可以提高线圈的品质因素 Q 值($Q=20L/R$);活动衔铁的直径在尺寸允许的条件下尽可能大些,这样有效磁通较大;选用导磁性能好、铁损小和涡流损耗小的导磁材料等。

2. 线性范围

　　理想的差动变压器输出电压应与衔铁位移呈线性关系,实际上衔铁的直径、长度、材质和线圈骨架的形状、大小的不同等均对线性有直接影响。**差动变压器一般线性范围为线圈骨架长度的 $1/10$～$1/4$。**由于差动变压器中间部分磁场是均匀的且较强,所以只有中间部分线性较好。

四、差动变压器式传感器的测量转换电路

　　差动变压器的电压是交流电压,它与衔铁位移成正比,其输出电压如用交流电压表来测量,同样无法判别衔铁移动方向。所以在差动变压器测量转换电路中常采用差动整流电路,几种典型差动整流电路如图 3-4 所示。

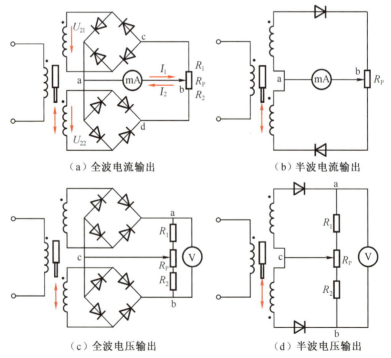

（a）全波电流输出　　　（b）半波电流输出

（c）全波电压输出　　　（d）半波电压输出

图 3-4　差动整流电路

　　差动整流电路可分为全波电流输出差动整流电路、半波电流输出差动整流电路、全波电压输出差动整流电路和半波电压输出差动整流电路四种。其中图 3-4(a)和图 3-4(b)用于连接低阻抗负载的场合，是电流输出型。图 3-4(c)和图 3-4(d)用于连接高阻抗负载的场合，是电压输出型。由于整流部分在差动变压器输出一侧，所以只需两根直流输送线即可，而且可以远距离输送，因而得到广泛应用。下面以全波电流输出差动整流电路为例来分析其工作原理。

　　(1) 铁芯在中心位置时 ($U_{21} \approx U_{22}$)

　　若 $U_{ac} = U_{da}$，可调节 R_P，使 $R_1 = R_2$，

　　则
$$I_{mA} = \frac{U_{ac}}{R_1 + R_D} - \frac{U_{da}}{R_2 + R_D} = I_1 - I_2 = 0$$

式中 R_D 为桥式整流的正向电阻。

　　若 $U_{21} \neq U_{22}$（存在零点残余电压），则 $U_{ac} \neq U_{da}$，可调节 R_P，使 $R_1 \neq R_2$，可调整到 $I_{mA} = I_1 - I_2 = 0$，从而消除零点残余电压。

　　(2) 铁芯上移 ($U_{21} > U_{22}$)

$$U_{ac} > U_{da} \qquad 则\ I_{mA} = I_1 - I_2 > 0$$

　　(3) 铁芯下移 ($U_{21} < U_{22}$)

$$U_{ac} < U_{da} \qquad 则\ I_{mA} = I_1 - I_2 < 0$$

　　从而判别了位移的大小和方向。

　　通过以上分析可知，全波电流输出差动整流电路可消除零点残余电压，也可判别位移的大小和方向。

　　半波电流输出型差动整流电路、全波电压输出差动整流电路和半波电压输出差动整流电路经过分析（注意：只有在二极管正向电阻不能忽略的情况下可调电阻才能在电压输出型中调零），同样可以得到以上结论，这里就不再赘述了，读者可以自行分析。

应用案例　　差动变压器式压力变送器

　　图 3-5 所示为 YST-1 型差动变压器式压力变送器。其结构示意图如图 3-5(a)所示，当被测压力未导入传感器时，膜盒 2 无位移，这时衔铁在差动线圈中间位置，因而输出为零。当被测压力从输入口导入膜盒 2 时，膜盒在被测介质的压力作用下，其自由端产生一正比于被测压力的位移，测杆使衔铁向上移动，在差动变压器的二次侧线圈中产生的感应电动势发生变化而有电压输出，此电压经过安装在印制线路板 4 上的电子线路处理后，送给二次侧仪表，加以显示。

　　此压力变送器的线路原理图如图 3-5(b)所示，220 V 交流电通过变压、整流、滤波和稳压后，由三极管 V1、V2 组成的多谐振荡器转变为 6 V、1 000 Hz 的稳定交流电压，作差动变压器的励磁电压。差动变压器二次侧输出电压通过差动整流电路、滤波电路后，作为变送器输出信号，可接入二次侧仪表加以显示。线路中 R_9 是调零电位器，R_{10} 是调量程电位器。图 3-6 展示了差动变压器式压力变送器的另外两种结构，其中，(a)图是弹簧管式，(b)图是波纹膜片式。

动画

差动变压器的
厚度测量

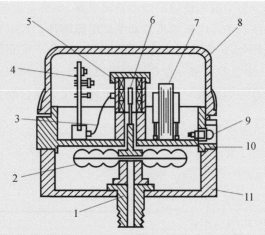

1—接头；2—膜盒；3—导线；4—印制线路板；5—差动线圈；6—衔铁；
7—电源变压器；8—罩壳；9—指示灯；10—安装座；11—底座。

（a）结构示意图

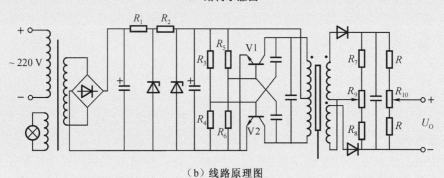

（b）线路原理图

图 3-5　YST-1 型差动变压器式压力变送器

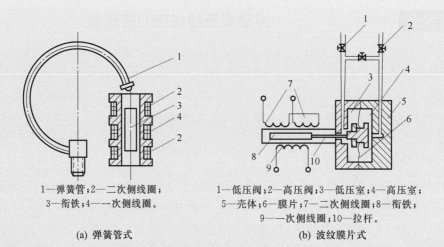

1—弹簧管；2—二次侧线圈；
3—衔铁；4——次侧线圈。

(a) 弹簧管式

1—低压阀；2—高压阀；3—低压室；4—高压室；
5—壳体；6—膜片；7—二次侧线圈；8—衔铁；
9——次侧线圈；10—拉杆。

(b) 波纹膜片式

图 3-6　差动变压器式压力变送器的另外两种结构

电感式位移检测在滚珠直径自动分选机中的应用

（1）轴承滚珠直径自动分选的要求

某轴承公司希望对本厂车间生产的汽车用滚珠的直径进行自动测量和分选，技术指标及具体要求如下：

① 滚珠的标称直径为 10.000 mm，允许公差范围为 ±3 μm，超出公差范围的均予以剔除（分别落入正偏差和负偏差两个废料箱中）。

② 在公差范围内，根据滚珠的直径 9.997～10.003 mm，分为 A～G 共 7 个等级，分别落入对应的 7 个落料箱中。

③ 滚珠的分选速度为 60 个/min，分选结果在 LCD 屏上显示。

（2）轴承滚珠直径自动分选的基本工作原理

如图 3-7 所示是滚珠直径自动分选机的工作原理示意图。其工作原理可以从以下几方面进行分析：

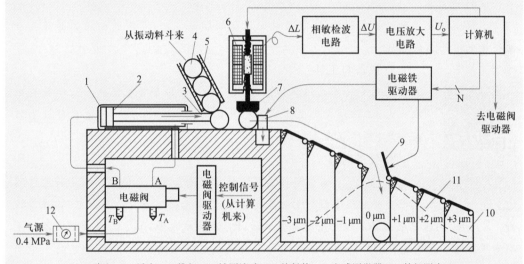

1—气缸；2—活塞；3—推杆；4—被测滚珠；5—给料管；6—电感测微器；7—钨钢测头；
8—限位挡板；9—电磁翻板；10—滚珠的公差分布；11—落料箱；12—气源处理三联件。

图 3-7　滚珠直径自动分选机的工作原理示意图

① 滚珠的推动与定位　几千个滚珠放入图 3-7 上端的"振动料斗"中，在电磁振动力的作用下，自动排成队列，从给料管中下落到气缸的推杆右端。气缸的活塞在高压气体的推动下，将滚珠快速推至电感测微器的测杆下方的限位挡板位置，为了延长测端的使用寿命，保证测杆压在滚珠的最高点上，可在图 3-7 测杆的末端加装一个钨钢测头。

② 气缸的控制　气缸有后进/出气口 B 和前进/出气口 A。当 A 向大气敞开、高压气体从 B 口进入时，活塞向右推动，气缸前室的气体从 A 口排出。反之，活塞后退，气缸后室的气体从 B 口排出。气缸 A 口与 B 口的开启由电磁阀控制。

③ 轴承滚珠直径自动检测　由于被测滚珠的公差变化范围只有 6 μm，传感器所需要的行程较短，这里选择线圈骨架较短、直径较小的电感测微器（图 3-7 的 6）进行滚珠直径的自动测量，它与钨钢测头连接后，压在滚珠的最高点。由于滚珠直径大小的不同，

电感测微器产生位移变动,通过相敏检波电路、电压放大电路输入到计算机,经计算机输出信号带动电磁阀驱动器、电磁铁驱动器。其中,电磁阀驱动器控制电磁阀带动气缸活塞运动,电磁铁驱动器控制限位挡板和电磁翻板使滚珠落入相应的落料箱中。

④ **落料箱翻板的控制** 按设计要求,落料箱共 9 个,分别是 $-3\,\mu m$、$-2\,\mu m$、$-1\,\mu m$、$0\,\mu m$、$+1\,\mu m$、$+2\,\mu m$、$+3\,\mu m$ 落料箱以及"偏大""偏小"废料箱(图 3-7 中未画出)。它们的翻板分别由 9 个交流电磁铁控制。当计算机计算出测量结果的误差值后,对应的翻板继电器驱动电路导通,翻板打开(见图 3-7 中的 $0\,\mu m$ 翻板)。

实践任务

差动变压器式位移传感器的调试

1. 任务要求

了解差动变压器的基本结构;掌握差动变压器的调试方法;掌握差动变压器及其差动整流电路的工作原理。

• 小制作

感应式传感器制作的感应式讯响器

2. 设备与工具

差动变压器式位移传感器(如 WY-5D 位移传感器)一个;螺旋测微仪一台;正弦信号发生器($U_O = 0 \sim 5\,V$, $f = 1\,kHz$)一台;差动整流电路板一块;数字电压表一块。

3. 任务内容

差动变压器式位移传感器工作原理图如图 3-8 所示。测量转换电路采用全波电压输出型差动整流电路,这个电路零点没有残余电压,性能较好。R_1、R_2 为限流电阻,R_P 为电气调零电位器,R_L 为负载电阻,R_3、C 组成滤波器。差动变压器的一次侧线圈和二次侧线圈之间的互感随铁芯的移动而变化,当铁芯处于中间位置时,两个二次侧线圈的互感系数相等。经两个全波电桥整流后的输出直流电压方向相反、大小相等,所以输出到负载 R_L 上的电压为零。当铁芯移动时,两个二次侧线圈的感应电压不同,输出就不为零。通过测量输出电压的大小和正负,可以反映铁芯位移的大小和方向。

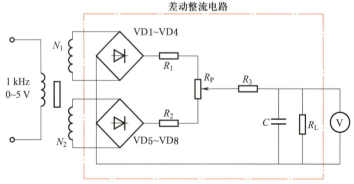

图 3-8 差动变压器式位移传感器工作原理图

4.操作步骤

(1) 将螺旋测微仪用两个螺母固定在如图 3-9 所示的支架上并将铁芯插入传感器螺线管内。

(2) 按图 3-8 接线。

(3) 系统零位、满度调节。

① 系统调零：调节 R_P，使其基本位于中间位置。旋动测微仪，使铁芯基本位于机械零点(两线圈中间)。调节 R_P 使输出电压为零。

② 系统调满：旋动测微仪，使铁芯上移(或下移) 5 mm(满量程值)，调信号发生器输出电压，使表头指示 200 mV(相当于 200 mV 挡的满量程值)。

③ 微调：重复步骤①②。

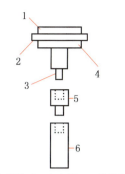

1—上螺母；2—上支架；3—测微头；4—下螺母；5—连接铜棒；6—铁芯。

图 3-9　安装示意图

(4) 表头读数为零时作为起点，分别上旋、下旋测微仪各 5 mm，每次移动 1 mm，分别将位移量 x 和对应的输出电压 U_O 填入表 3-1 中。

表 3-1　输出满量程电压为 0.2 V 时位移 x 与输出电压 U_O 的关系表

x/mm	5	4	3	2	1	0	−1	−2	−3	−4	−5
U_O/mV						0					

(5) 将正弦信号发生器输出电压提高到 5 V，重复步骤(4)，并将数据填入表 3-2 中。

表 3-2　正弦信号发生器输出电压为 5 V 时位移 x 与输出电压 U_O 的关系表

x/mm	5	4	3	2	1	0	−1	−2	−3	−4	−5
U_O/mV						0					

5.数据处理及思考

(1) 分别根据表 3-1 和表 3-2 进行数据处理，绘出相应的输入输出特性曲线，并计算出灵敏度。

(2) 对实践任务实施中出现的现象进行分析。

(3) 在差动整流电路中设置 R_P 的目的是什么？

单元 2　电涡流式传感器

电涡流式传感器结构简单，其最大特点是既可以实现非接触测量，又具有灵敏度高、抗干扰能力强、频率响应宽和体积小等优点，因此在工业测量中得到了越来越广泛的应用。

一、基本工作原理

金属导体置于变化的磁场中，导体内就会有感应电流产生，这种电流在金属体内自行

闭合,通常称为电涡流。 电涡流的产生必然要消耗一部分磁场能量,从而使激励线圈的阻抗发生变化。电涡流式传感器的原理就是基于这种涡流效应。

电涡流式传感器基本原理示意图如图 3-10 所示。一个通有交变电流 $\dot{I}_1$ 的传感线圈,由于电流的周期性变化,在线圈周围就产生一个交变磁场 $\dot{H}_1$。如被测导体置于该磁场范围之内,被测导体便产生涡流 $\dot{I}_2$,电涡流也将产生一个新的磁场 $\dot{H}_2$,$\dot{H}_2$ 和 $\dot{H}_1$ 方向相反,由于磁场 $\dot{H}_2$ 的反作用使通电线圈的有效阻抗发生变化。

当金属导体靠近线圈时,金属导体产生涡流的大小与金属导体的电阻率 ρ、磁导率 μ、厚度 t、线圈与金属导体的距离 s 以及线圈激励电流大小和激励源角频率 ω 等参数有关。如固定其中某些参数,就能按涡流的大小测量出另外一些参数。为了使问题简化,可把金属导体理解为一个短路线圈,并用 R_2 表示这个短路线圈的电阻;用 L_2 表示它的电感;用 M 表示它与空心线圈之间的互感;再假设空心线圈的电阻与电感分别为 R_1 和 L_1,就可画出如图 3-11 所示的等效电路。

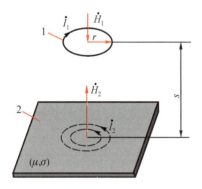

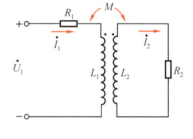

1—传感线圈;2—金属导体。

图 3-10　电涡流式传感器基本原理示意图　　**图 3-11　等效电路**

经推导,电涡流线圈受被测金属导体影响后的等效阻抗为

$$Z = \frac{\dot{U}_1}{\dot{I}_1} = \left(R_1 + R_2 \frac{\omega^2 M^2}{R_2^2 + \omega^2 L_2^2}\right) + \mathrm{j}\left(\omega L_1 - \frac{\omega^2 M^2}{R_2^2 + \omega^2 L_2^2}\omega L_2\right) = R + \mathrm{j}\omega L \tag{3-3}$$

式中　R——电涡流线圈工作时的等效电阻;

　　　　L——电涡流线圈工作时的等效电感。

从式(3-3)可知,等效电阻、等效电感都是此系统互感平方的函数。因此,只有当测距范围较小时才能保证一定的线性度。凡是能引起涡流变化的非电量,如金属的电导率、磁导率、几何形状、线圈和导体的距离等,均可通过测量线圈的等效电阻、等效电感和等效阻抗来获得,这就是电涡流式传感器的工作原理,电磁炉就是利用涡流效应发明的一种家用电器。

二、结构与测量转换电路

1. 电涡流式传感器的结构

电涡流式传感器的结构比较简单,图 3-12 所示为 CZF-1 型电涡流式传感器的结构。它主要是一个固定在框架上的扁平圆线圈,线圈的导线要求选用电阻率小的材料,一般由多股漆包铜线或银线绕制而成,放在传感器的端部。框架材料要求损耗小、电性能好、热膨胀系数小,一般可选用聚四氟乙烯、高频陶瓷等制成。

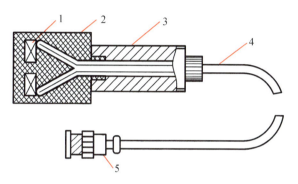

1—线圈;2—线圈框架;3—壳体;4—输出电缆;5—接插件。

图 3-12　CZF-1 型电涡流式传感器的结构

电涡流式传感器的线圈外径越大,线性范围也越大,但灵敏度也越低。线圈阻抗变化与金属导体的电导率、磁导率等有关。对于非磁性材料,被测体的电导率越高,则灵敏度越高。但被测体为磁性材料时,其效果则相反。因此,与非磁性材料相比,磁性材料的灵敏度低。为了充分利用电涡流效应,被测体的半径应大于激励线圈半径的 1.8 倍,否则将导致灵敏度降低。被测体为圆柱体时,它的直径必须为线圈直径的 3.5 倍以上才不影响测量结果。而且被测体的厚度也不能太薄,一般情况下,只要厚度在 0.2 mm 以上测量就不受影响。另外,在测量时传感器线圈周围除被测导体外,应尽量避开其他导体,以免干扰磁场,引起线圈的附加损失。

知识链接

电涡流式
传感器的分类

2. 测量转换电路

电涡流式传感器测量转换电路的工作原理有电桥法、调幅法和调频法三种。下面简要介绍一下调频法,其转换电路原理框图如图 3-13 所示。

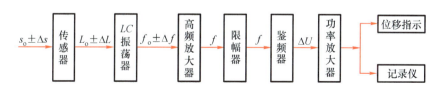

图 3-13　调频法转换电路原理框图

已知并联谐振回路的谐振频率为

$$f = \frac{1}{2\pi\sqrt{LC}} \tag{3-4}$$

当电涡流线圈与被测体的距离 s 改变时,电涡流线圈的电感量 L 也随之改变,引起 LC 振荡器的输出频率改变,此频率可直接用频率计测量。但多数情况下是通过鉴频器将频率的变化转换为输出电压的变化。调频法的特点是受温度、电源电压等外界因素的影响较小。

三、电涡流式传感器的应用

电涡流式传感器能实现非接触式测量,而且是根据与被测导体的耦合程度来测量的,因此可以通过灵活设计传感器的构造和巧妙安排它与被测导体的布局来达到各种应用的目的。另外,电涡流测温是非接触式测量,适用于测低温到常温的范围,且有不受金属表面污物影响和测量快速等优点。

1. 位移测量

如图 3-14 所示,电涡流式传感器可用来测量各种形状金属导体试件的位移量,如测量轴的轴向振动、磨床换向阀及先导阀的轴位移和金属试件的热膨胀系数等。测量位移范围为 $1\sim30\,\text{mm}$,分辨率为满量程的 0.1%。

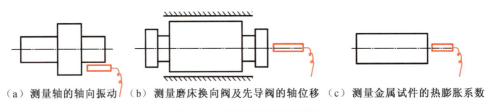

（a）测量轴的轴向振动　（b）测量磨床换向阀及先导阀的轴位移　（c）测量金属试件的热膨胀系数

图 3-14　位移计的几种实例

2. 振幅测量

如图 3-15 所示,电涡流式传感器可以无接触地测量旋转轴的径向振动,如图 3-15(a)所示;也可以测量汽轮机涡轮叶片的振幅,如图 3-15(b)所示;有时为了知悉轴的振动形状,可用数个电涡流式传感器并排地安置在附近测量,如图 3-15(c)所示。

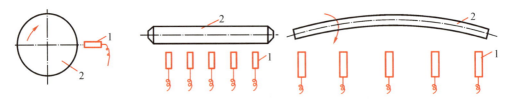

（a）测量旋转轴的径向振动　（b）测量汽轮机涡轮叶片的振幅　　　（c）测量轴的振动形状

1—传感器;2—被测体。

图 3-15　振幅测量

3. 转速测量

在旋转体上开一条或数条槽或做成齿状,旁边安装一个电涡流式传感器,如图 3-16 所示,当转轴转动时,传感器周期地改变着与转轴之间的距离,于是它的输出也周期性地发生变化。此输出信号经放大、变换后,可以用频率计测出其变化频率,从而测出转轴的转速。若转轴上开 Z 个槽,频率计读数为 f(单位为 Hz),则转轴的转速 n(单位为 r/min)的数值为

动画 ●
电涡流式传感器的转速测量

$$n = \frac{60f}{Z} \tag{3-5}$$

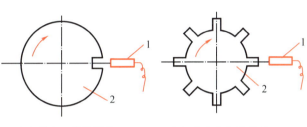

（a）带有凹槽的转轴　　　（b）带有凸齿的转轴

1—传感器；2—被测体。

图 3-16　转速测量

4. 电涡流探伤

利用电涡流式传感器可以检查金属表面裂纹、热处理裂纹,以及焊接处的缺陷等。在探伤时,传感器应与被测导体保持距离不变。检测时,由于裂陷出现,将引起导体的电导率、磁导率的变化,即涡流损耗改变,从而引起输出电压的突变,达到探伤的目的。

动画 ●
电涡流式传感器的无损检测

此外,电涡流式传感器还可以探测金属表面温度、表面粗糙度、硬度,进行尺寸检测等,同时也可以制成开关量输出的检测元件,如接近开关及用于金属零件计数的传感器等。

应用案例　　　**机械轴的偏心测量**

机械轴的弯曲可由下列情况引起:原有的机械弯曲,临时温升导致的弯曲,重力弯曲(在静止状态下,受重力影响的向下弯曲)和外力造成的弯曲等。机械轴的偏心测量就是在低转速的情况下,利用电涡流式传感器系统对轴弯曲程度进行测量。

偏心测量对于评价旋转机械的机械状态,是非常重要的,特别是对于装有监测仪表系统的汽轮机,在启动或停机过程中,偏心测量已成为不可少的测量项目。通过偏心测量可以及时评估和调整机械轴的偏心程度,避免出现生产过程中不必要的停机及重大事故发生。图 3-17(a)所示为电涡流式传感器进行机械轴偏心测量的安装位置,图 3-17(b)所示为技术人员在安装汽轮机轴心测量的传感器。

电涡流式传感器进行偏心测量的原理为传感器将轴距变化转换为阻抗变化,经测量转换电路转换为电压变化,然后输送到轴距显示仪表上。如果在测量轴的垂直位置再安装一个同型号的电涡流式传感器,这两个传感器经测量转换电路输出到示波器中,就可以看到轴心的偏心轨迹。

（a）偏心测量传感器安装位置　　（b）安装汽轮机轴心测量的传感器

图 3-17　机械轴偏心测量电涡流式传感器的安装

单元 3　电容式传感器

电容式传感器
实物图

　　电容式传感器是以各种类型的电容器作为传感元件，通过电容传感元件将被测物理量的变化转换为电容量的变化，再经测量转换电路转换为电压、电流或频率。电容式传感器有一系列优点，如结构简单，需要的作用能量小，灵敏度高，动态特性好，能在恶劣环境条件下工作等。随着微电子技术的发展，特别是集成电路的出现，电容式传感器的优点得到了进一步发挥，目前已成熟地运用到测厚、测角、测液位、测压力等方面。

一、基本工作原理及结构形式

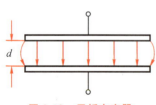

图 3-18　平板电容器

　　电容式传感器的基本工作原理可以用图 3-18 所示的平板电容器来说明。当忽略边缘效应时，平板电容器的电容为

$$C = \frac{\varepsilon A}{d} \tag{3-6}$$

式中　A——电容极板面积；

　　　　d——电容极板间距离；

　　　　ε——电容极板间介质的介电常数。

　　由式（3-6）可知，当 d、A 和 ε 中的某一项或某几项有变化时，就改变了电容的容量，在交流工作时就改变了容抗 X_C，从而使输出电压或电流变化。d 和 A 的变化可以反映线位移或角位移的变化，也可以间接反映弹力、压力等的变化；ε 的变化，则可反映液面的高度、材料的温度等的变化。

电容式传感器
的工作原理

　　实际应用时常使 d、A、ε 三个参数中的两个保持不变，而改变其中一个参数来使电容发生变化。所以电容式传感器可以分为三种类型：改变极板间距离 d 的变间隙式；改变极板面积 A 的变面积式；改变介电常数 ε 的变介电常数式。

图 3-19 所示为几种不同的电容式传感器的原理结构。其中图(a)(b)为变间隙式;图(c)(d)(e)和(f)为变面积式;图(g)和(h)为变介电常数式。图 3-19 中,图(f)是角位移传感器,其余是线位移传感器;图(b)(d)和(f)是差动电容式传感器。

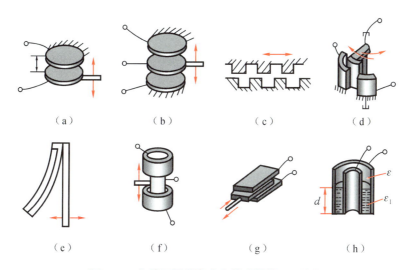

（a）　　　　（b）　　　　（c）　　　　（d）

（e）　　　　（f）　　　　（g）　　　　（h）

图 3-19　几种不同的电容式传感器的原理结构

变间隙式传感器一般用来测量微小的线位移($0.1~\mu m$ 至零点几毫米);变面积式传感器一般用于测量角位移或较大的线位移;变介电常数式传感器常用于固体或液体的物位测量以及各种介质的湿度、密度的测定。

二、测量转换电路

电容式传感器将被测物理量转换为电容变化后,必须采用测量转换电路将其转换为电压、电流或频率信号。电容式传感器的测量转换电路种类很多,下面介绍一些常用的测量转换电路。

1. 桥式电路

图 3-20 所示为桥式转换电路。图 3-20(a)为单臂接法的桥式转换电路,作为输入电压 U_1 的高频电源经变压器变压后,电压 U 接到电桥的一条对角线上,电容 C_1、C_2、C_3、C_x 构成电桥的四臂,C_x 为电容式传感器,交流电桥平衡时:

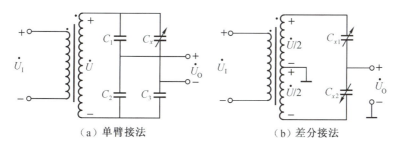

（a）单臂接法　　　　　　　　（b）差分接法

图 3-20　电容式传感器的桥式转换电路

$$\frac{C_1}{C_2} = \frac{C_x}{C_3}, \quad \dot{U}_O = 0 \tag{3-7}$$

当 C_x 改变时，$\dot{U}_O \neq 0$，有输出电压。在图 3-20(b)中，接有差动电容式传感器 C_{x1} 和 C_{x2}，其空载输出电压为

$$\dot{U}_O = \frac{\dot{U}}{Z_{Cx1} + Z_{Cx2}} \cdot Z_{Cx2} - \frac{\dot{U}}{2} = \frac{Z_{Cx2} - Z_{Cx1}}{Z_{Cx1} + Z_{Cx2}} \cdot \frac{\dot{U}}{2}$$

$$= \frac{C_{x1} - C_{x2}}{C_{x1} + C_{x2}} \cdot \frac{\dot{U}}{2} = \frac{(C_0 \pm \Delta C) - (C_0 \mp \Delta C)}{(C_0 \pm \Delta C) + (C_0 \mp \Delta C)} \cdot \frac{\dot{U}}{2} = \pm \frac{\Delta C}{C_0} \cdot \frac{\dot{U}}{2} \tag{3-8}$$

式中　C_0——传感器初始电容值；

　　　ΔC——传感器电容的变化值；

　　　U——变压器输出电压的有效值。

该线路的输出还应经过相敏检波才能分辨 $\dot{U}_O$ 的相位，即判别电容式传感器的位移方向。

2. 调频电路

电容式传感器作为振荡器谐振回路的一部分，当输入量使电容量发生变化后，就使振荡器的振荡频率发生变化，频率的变化在鉴频器中变换为振幅的变化，经过放大后就可以用仪表指示或用记录仪器记录下来。

调频电路可以分为直放式调频和外差式调频两种类型。外差式调频线路比较复杂，但选择性好，特性稳定，抗干扰性能优于直放式调频。图 3-21(a)和(b)分别表示这两种调频电路。

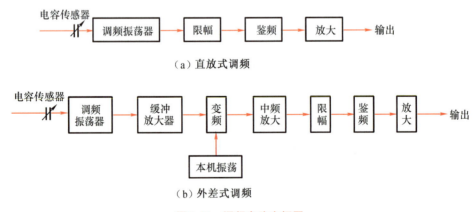

（a）直放式调频

（b）外差式调频

图 3-21　调频电路方框图

用调频系统作为电容式传感器的测量电路主要具有抗外来干扰能力强、特性稳定、能取得高电平的直流信号（伏特数量级）等特点。

3. 脉冲宽度调制电路

脉冲宽度调制电路是利用对传感器电容的充放电，电路输出脉冲的宽度随电容式传感器的电容量变化而改变，通过低通滤波器得到对应于被测量变化的直流信号。脉冲宽

度调制电路如图 3-22 所示。它由比较器 A_1、A_2、双稳态触发器及电容充放电回路所组成。C_1、C_2 为差动电容式传感器。经分析推导,可得

$$U_O = \frac{C_1 - C_2}{C_1 + C_2} \cdot U_1 = \frac{\Delta C}{C_0} U_1 \tag{3-9}$$

式中　U_O——输出直流电压值;

U_1——触发器输出高电平值。

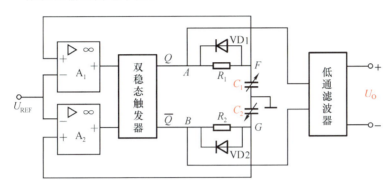

图 3-22　脉冲宽度调制电路

由式(3-9)可知,输出电压 U_O 与 ΔC 呈线性关系。脉冲宽度调制电路具有如下特点:不论是对于变面积式或变间隙式等电容式传感器均能获得线性输出;双稳态触发器输出信号一般为 100 Hz～1 MHz 的矩形波,所以只需经滤波器简单地引出,不需要相敏检波即能获得直流输出;电路只采用直流电源,虽然要求直流电源的电压稳定度较高,但这比其他转换电路中要求高稳定度的稳频、稳幅的交流电更易于实现;对输出矩形波的纯度要求不高。

三、电容式传感器的应用

电容式传感器不但应用于位移、角度、振动、加速度和荷重等机械量的精密测量,还广泛应用于压力(差压)、料位、成分含量及热工参数的测量。

1. 压力测量

电容式压力传感器的结构示意图如图 3-23 所示。其中膜片电极 1 为电容器的动极板,2 为电容器的固定电极。当被测压力(差压)作用于膜片电极上,并使它产生位移时,两极板间距离将发生改变,从而导致电容器的电容量也改变。当两极板间距离 d 很小时,被测压力 p 和电容量之间为线性关系。

2. 加速度测量

图 3-24 所示为一种空气阻尼电容式加速度传感器。该传感器采用差动式结构,有两个固定电极,两极板间有一用弹簧支撑的质量块。此质量块的两个端平面经磨平抛光后作为动电极。当传感器测量垂直方向的振动时,由于质量块的惯性作用,使两固定电极相对质量块产生位移,此时上下两个固定电极与质量块端面之间的电容量产生变化而使传感器有一个差动的电容变化量输出。

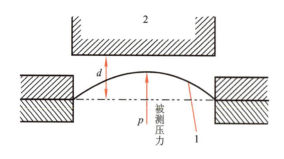

1—膜片电极；2—固定电极。

图 3-23 电容式压力传感器的结构示意图

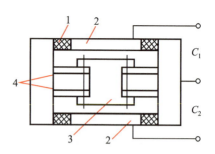

1—绝缘体；2—固定电极；
3—质量块（动电极）；4—弹簧片。

图 3-24 空气阻尼电容式加速度传感器

动画

电容式加速度
传感器

3. 固体料位测量

测量固体块状、颗粒体及粉料的料位时，由于固体摩擦力较大，容易产生滞留现象，所以一般可用极棒和容器壁组成电容器的两个电极来测量非导电固体物料的料位，如图 3-25 所示。当固体物料的料位发生变化时，会引起极间不同介电常数介质的高度发生变化，因而导致电容变化。如果要测量导电固体料位，可以在电极外套以绝缘套管。

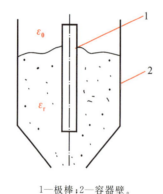

1—极棒；2—容器壁。

图 3-25 电容式固体料位传感器

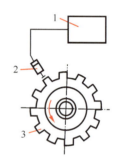

1—频率计；2—电容式传感器；3—齿轮。

图 3-26 电容式转速传感器

4. 转速测量

动画

电容式传感器
的转速测量

电容式转速传感器如图 3-26 所示。**当电容极板与齿顶相对时电容量最大，而电容极板与齿隙相对时电容量最小。**当齿轮旋转时，电容量发生周期性变化，通过转换电路即可得到脉冲信号。频率计显示的频率 f 与转速 n 成正比关系。设齿数为 Z，由计数器得到的频率为 f，则转速 n（单位：r/min）为

$$n = \frac{60f}{Z} \tag{3-10}$$

在应用或制造电容式传感器时，应注意当电容器极板间距离 d 过小时，虽能使灵敏度提高，但这样两极板间就有被击穿的危险，一般可在极板间放置云母片来改善。变间隙电容式

传感器可用来测量微米级的位移,一般极板间距离不超过 1 mm,而最大位移量应限制在间距的 1/10 以内,在变面积电容式传感器中,可以测量 10^{-2} m 数量级的位移。

应用案例 **1151 电容式智能压力变送器**

图 3-27 所示为 1151 电容式智能压力变送器的外形图。它利用差动电容原理,对压力参数进行测量,测量精度一般为 $\pm 0.2\%\sim\pm 0.25\%$,最高可达 $\pm 0.1\%$。敏感部件设计为微位移形式,采用熔焊形成的全密封球形电极差动电容感压结构,直接测量各种压力变化;而工作位移量小于 10 μm,可以有效地克服由机械内部传递冲击振动带来的影响,具有良好的稳定性。由于采用独特的球形电极设计,变送器具有极优良的抗单向过载能力(一般可达 14 MPa),恢复单向变压后仍能正常工作。

图 3-27 1151 电容式智能压力变送器的外形图

(1) 主要技术性能

① 测量范围:0~0.12 kPa, 0~41.37 kPa;量程比为 1:15(智能型),1:6(普通型)。

② 测量精度:$\pm 0.1\%$(智能型),$\pm 0.2\%\sim\pm 0.25\%$(普通型),$\pm 0.5\%$(微差压)。

③ 输出信号:直流电流 4~20 mA;供电电源:直流电压 12~45 V。

(2) 压力(差压)变送器的耐腐蚀和防爆

① 耐腐蚀 由于压力(差压)变送器在使用中要接触不同的化工介质,必然会遇到防腐蚀问题。但现实中还没有找到一种材料能够抵御所有介质的腐蚀,又能制成弹性材料的;故在 1151 型、ST3000 型、PM10 型压力(差压)变送器中,有不同接触介质的材料供用户选择,以满足用户需要。

拓展提高

电容式压力变送器故障分析与处理方法

② 防爆 国家制定了 GB/T 3836.1—2021 标准,规定了爆炸性环境设备的通用要求,其中规定了我国爆炸性环境用防爆电气设备的种类。在工业自动化仪表中,一般只选择两种来满足用户要求:一种是隔爆型(GB/T 3836.2—2021);一种是本安型(GB/T 3836.4—2021)。

 实践任务

压力变送器的认识与校验

1. 任务要求

认识各种压力变送器的外形、结构和信号输入、输出的位置,掌握压力变送器校验的方法。

2. 设备与工具

压力发生装置一套;0~30 V 直流稳压电源一台;智能型压力变送器一台(若有其他压力、差压变送器也可展示);数字电压表一台;标准电阻箱一台;钳子、螺丝刀各一把;导线若干。

3. 任务内容

①认识压力变送器的结构,熟悉各调节螺钉的位置和用途;②调整仪表的零点和量程;③仪表的精度校验;④进行零点迁移;⑤量程调整。

4. 操作步骤

(1) 认识压力(差压)变送器

仔细观察各种压力变送器的外表、铭牌,学会从外部辨认仪表的类型。查找各变送器输入、输出信号的位置。打开仪表外壳,大体认识内部结构,找到调零点、调量程的挡位和调节螺钉。

(2) 调校接线

电容式差压变送器校验接线如图 3-28 所示。

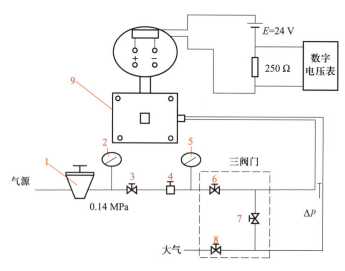

1—过滤器;2、5—标准压力表;3—截止阀;4—定值器;
6—高压阀;7—平衡阀;8—低压阀;9—被校变送器。

图 3-28　电容式差压变送器校验接线

(3) 调校

接线后,通电,打开气源,进行零点和量程的调整。

① 关闭阀 6,打开阀 7 和阀 8,使正负压室都通大气,差压信号为零时,调整零点螺钉,使电压表读数为 1.000±0.004 V DC。

② 关闭阀 7,打开阀 6,用定值器加压至仪表测量上限,调整量程螺钉,使电压表读数为 5.000±0.004 V DC。

注意:在差压不变的情况下,零点和量程螺钉都是顺时针输出增加,逆时针输出减小。反复调整零点和量程,直到合格为止。

③ 精度校验。将差压测量范围平分为 5 点,进行刻度校验。先做正行程,后做反行程,将检验结果记录下来。

④ 迁移调整。加输入下限差压(迁移量),调零点螺钉使电压表读数为 1.000 ± 0.004 V DC;加输入上限差压,调量程螺钉使电压表读数为 5.000 ± 0.004 V DC。逐点校验,将检验结果记录下来。

⑤ 改变量程。调整零点,取消原有正、负迁移量,输入差压为零,调整零点螺钉,使输出电压为 1.000 ± 0.004 V DC。

调整量程到需要值,若量程缩小,则当输入差压 Δp 为零时,顺时针转动量程螺钉,使输出电压为:(原有量程/现有量程)$\times 1$ V;若量程增大,则当输入差压为原有量程时,逆时针转动量程螺钉,使输出电压为:(原有量程/现有量程)$\times 5$ V。

复校零点和量程,最后进行零点迁移调整。

5. 数据处理及思考

(1) 将校验数据填入表 3-3。根据校验数据,计算基本误差和变差。

表 3-3　精度校验数据记录表

输入差压	0%	25%	50%	75%	100%
标准输出电压 U/V	1	2	3	4	5
上行输出电压 U_u/V					
上行误差 Δ_u/V					
下行输出电压 U_d/V					
下行误差 Δ_d/V					
绝对误差 [$\Delta = (\Delta_u + \Delta_d)/2$]/V					
变差 ($\Delta_u - \Delta_d$)/V					
精度(满度相对误差)($\Delta/5$)$\times 100\%$					

(2) 思考:几种压力变送器有何特征? 三阀门有什么作用?

综 合 训 练

【认知训练】

3-1　差动变压器式传感器产生零点残余电压的主要原因有哪些? 减小或消除零点残余电压的方法有哪些?

3-2　试分析图 3-4(b)所示半波电流输出型差动整流电路的工作原理(提示:输入电压分正半周和负半周进行分析)。

3-3　试分析图 3-4(c)所示全波电压输出型差动整流电路的工作原理(提示:二极管有一定的正向电阻)。

3-4   差动变压器式压力变送器见图 3-5,其膜盒差压 Δp 与位移 δ 的关系和差动变压器衔铁的位移 δ 与输出电压 $U_\circ$ 的关系如图 3-29 所示。当输出电压为 50 mV 时,差压 Δp 为多少? 作图表示(提示:注意信号传输的顺序)。

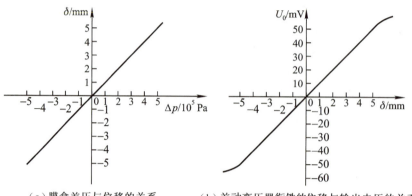

（a）膜盒差压与位移的关系   （b）差动变压器衔铁的位移与输出电压的关系

图 3-29   认知训练 3-4 题图

3-5   用一电涡流式测振仪测量某种机器主轴的轴向振动,已知传感器的灵敏度为 20 mV/mm,最大线性范围为 5 mm。现将传感器安装在主轴的右侧,如图 3-30(a)所示, 使用高速记录仪记录下来的振动波形如图 3-30(b)所示。问:

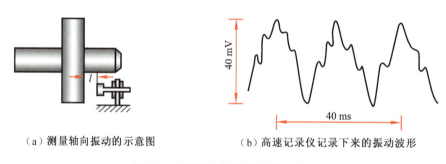

（a）测量轴向振动的示意图   （b）高速记录仪记录下来的振动波形

图 3-30   电涡流式测振仪测量示意图

① 传感器与被测金属的安装距离 l 为多少毫米时可得到较好的测量效果? 为什么?

② 轴向振幅的最大值 A 为多少?

③ 主轴振动的基频 f 是多少?

3-6   电容式传感器有什么主要特点? 一般可做成哪几种类型的电容式传感器?

3-7   脉冲宽度调制电路用于电容式传感器时有何特点?

3-8   试解释为什么电容式传感器不能测量黏度较大的导电液体的液位?

【能力训练】

3-1   图 3-31 所示是某带材厚度检测系统示意图。简要说明该系统中传感器装置的基本工作原理。

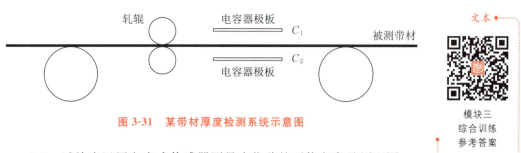

文本 ●┄┄┄┐

模块三
综合训练
参考答案

图 3-31 某带材厚度检测系统示意图

3-2 试绘出运用电容式传感器测量小位移的可能方案及原理图。

模块四
发电传感器

●模块目标●

模块四
学习目标

发电传感器就是把被测量的变化直接转换为电压量或电流量的变化,然后通过对此信号的放大处理把此信号检测出来,从而达到测量被测量的目的。它的种类很多,包括热电偶传感器、霍尔式传感器、压电式传感器和光电池等。由于光电池属于光电式传感器中的一种光电元件,而光电式传感器包含电阻式传感器和发电传感器等多种光电元件,其应用也很广泛,所以光电式传感器将在另一模块单独介绍。本模块将从应用角度出发,介绍几种常用发电传感器的工作原理、测量转换电路及一些应用实例。

单元 1　热电偶传感器

热电偶传感器是将温度转换成电动势的一种测温传感器。与其他测温装置比较,它具有精度高、测温范围宽、结构简单、使用方便和可远距离测量等优点。在轻工、冶金、机械及化工等工业领域中被广泛用于温度的测量、调节和自动控制等方面。

一、热电偶传感器的工作原理

1. 热电势效应

将两种不同材料的导体组成一闭合回路,若两个接点处温度不同,则回路中会产生电动势,从而形成电流,这个物理现象称为热电势效应,简称热电效应。图 4-1 所示为热电偶回路及符号。该回路中,把 A、B 两导体的组合称为热电偶,A、B 两种导体称为热电极,两个接点的 t 端(测温端)称为工作端或热端,t_0 端称为自由端或冷端。

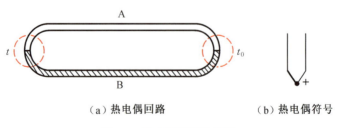

（a）热电偶回路　　　　（b）热电偶符号

图 4-1　热电偶回路及符号

热电势效应的本质是热电偶本身吸收了外部的热能,在内部转换为电能的一种物理

现象。<mark>热电偶的热电动势由两种导体的接触电动势和单一导体的温差</mark>
<mark>电动势组成。</mark>接触电动势是由于两种导体的自由电子密度不同而在接
触处形成的电动势;温差电动势是在同一导体中,由于两端温度不同而
使导体内高温端的自由电子向低温端扩散形成的电动势。

动画 •

热电势效应

2.热电偶回路的主要性质

(1)<mark>中间导体定律</mark>　在热电偶回路中接入第三种材料的导体,只要
第三种导体的两端温度相同,则这一导体的引入将不会改变原来热电偶
的热电动势大小,即

$$E_{\mathrm{ABC}}(t,t_0)=E_{\mathrm{AB}}(t,t_0) \tag{4-1}$$

其中 C 导体两端温度相同。

从实用观点看,这个性质很重要,正是由于这个性质存在,人们才可以在回路中引入
各种仪表、连接导线等,而不必担心会对热电动势有影响,而且也允许采用任意的焊接方
法来焊制热电偶。同时运用这一性质可以采用开路热电偶对液态金属和金属壁表面进行
温度测量,如图 4-2 所示,只要保证两热电极 A、B 插入地方的温度一致,则对整个回路的
总热电动势不产生影响。

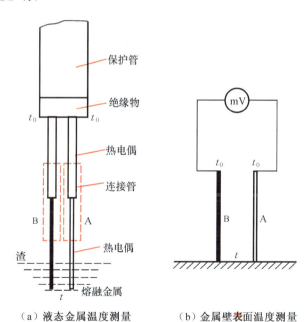

(a)**液态金属温度测量**　　　　(b)**金属壁表面温度测量**

图 4-2　开路热电偶的使用

(2)<mark>中间温度定律</mark>　热电偶 A、B 在接点温度为 t_1、t_3 时的热电动势,等于热电偶在
接点温度为 t_1、t_2 和 t_2、t_3 时的热电动势总和,即

$$E_{\mathrm{AB}}(t_1,t_3)=E_{\mathrm{AB}}(t_1,t_2)+E_{\mathrm{AB}}(t_2,t_3) \tag{4-2}$$

(3)<mark>标准电极定律</mark>　当工作端和自由端温度为 t 和 t_0 时,用导体 A、B 组成热电偶的
热电动势等于 A、C 热电偶和 C、B 热电偶的热电动势之代数和,即

$$E_{AB}(t, t_0) = E_{AC}(t, t_0) + E_{CB}(t, t_0) \qquad (4\text{-}3)$$

或

$$E_{AB}(t, t_0) = E_{AC}(t, t_0) - E_{BC}(t, t_0) \qquad (4\text{-}4)$$

●图片

热电偶传感器
实物图

利用标准电极定律可以方便地从几个热电极与标准电极组成热电偶时所产生的热电动势,求出这些热电极彼此任意组合时的热电动势,而不需要逐个进行测定。由于纯铂丝的物理化学性能稳定,熔点较高,易提纯,所以目前常用纯铂丝作为标准电极。

二、热电偶的结构

普通型热电偶是工程实际中最常用的一种形式,其结构大多由热电极、绝缘套管、保护套管和接线盒四部分组成,如图4-3所示。

1. 热电极

热电偶常以热电极材料种类来定名,例如铂铑-铂热电偶、镍铬-镍硅热电偶等。其直径大小由材料价格、机械强度、导电率以及热电偶的用途和测量范围等因素决定。热电偶长度由使用情况、安装条件,特别是工作端在被测介质中插入的深度来决定。

2. 绝缘套管

绝缘套管又称绝缘子,用来防止两根热电极短路,其材料的选用视使用的温度范围和对绝缘性能的要求而定。绝缘套管一般制成圆形,中间有孔,长度为20 mm,使用时根据热电偶长度可多个串起来使用,常用的材料是氧化铝、耐火陶瓷等。

3. 保护套管

保护套管的作用是使热电极与测温介质隔离,使之免受化学侵蚀或机械损伤。热电极在套上绝缘套管后再装入保护套管内。对保护套管的基本要求是经久耐用及传热良好。常用的保护套管材料有金属和非金属两类,应根据热电偶类型、测温范围和使用条件等因素来选择套管的材料。

4. 接线盒

接线盒供连接热电偶和测量仪表之用。接线盒固定在热电偶的保护套管上,一般用铝合金制成,分普通式和密封式两类。为防止灰尘、水分及有害气体侵入保护套管内,接线盒出线孔和盖子均用垫片及垫圈加以密封,接线端子上注明热电极的正、负极性。

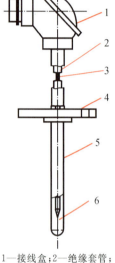

1—接线盒;2—绝缘套管;
3—热电极;4—固定法兰盒;
5—保护套管;6—工作端。

图4-3 普通型热电偶结构

●知识链接

热电偶的种类

三、热电偶自由端温度的补偿

热电偶在测温过程中,为了保证输出热电动势仅与被测温度有关,必须保持自由端(冷端)的温度恒定。温度与热电动势关系的对应数据表格称为热电偶的分度表,本书附录五为镍铬-镍硅(镍铝)热电偶分度表,一般热电偶的分度表和根据分度表刻度的显示仪表都是以热电偶的自由端温度等于 0 ℃为条件的。所以在使用时必须遵守这一条件,如果自由端温度不是 0 ℃(实际使用中确实如此),尽管被测温度不变,热电动势 $E_{AB}(t,t_0)$ 也将随自由端温度 t_0 而变化。为了消除或补偿由这一因素引起的测量误差,常用以下几种方法。

1. 仪表调零修正法

当热电偶与动圈式仪表配套使用时,若热电偶的自由端温度 t_0 基本恒定,且对测量精度要求不高时,可将仪表的机械零点调至热电偶自由端温度 t_0 的位置上,这相当于在输入热电偶的热电动势 $E_{AB}(t,t_0)$ 前先给仪表输入一个热电动势 $E_{AB}(t_0,0℃)$。这样,仪表在使用时所指示的值即为 $E_{AB}(t,t_0)+E_{AB}(t_0,0℃)$。 进行仪表机械零点调整时,首先应将仪表的电源和输入信号切断,然后用旋具调节仪表面板上的螺钉使指针指向 t_0 的刻度上。此法虽有一些误差,但非常简便,工业上经常采用。

例如,用镍铬-镍硅热电偶测温度,已知冷端温度为 40 ℃,用高精度毫伏表直接测得热电动势为 29.188 mV,求被测点温度。

解:根据题意,

$$t_0 = 40 ℃,\ E_{AB}(t,t_0) = 29.188\ mV$$

查镍铬-镍硅(镍铝)热电偶分度表可得

$$E_{AB}(t_0,0℃) = 1.611\ mV$$

故

$$E_{AB}(t,0℃) = E_{AB}(t,t_0)+E_{AB}(t_0,0℃) = 29.188\ mV + 1.611\ mV = 30.799\ mV$$

反查镍铬-镍硅(镍铝)热电偶分度表可得,被测点温度 $t=740$ ℃。

2. 自由端温度自动补偿

上述方法是要求在恒定自由端温度 t_0 的条件下得以实现的。若此条件不能满足,或被测温度的信号要求立即传入控制装置,以便进行实时控制时,这一方法就难以实现。如果在热电偶与仪表之间接入一个补偿装置,这个补偿装置在热电偶自由端 t_0 时,产生一个电位差为 $E_{AB}(t_0,0℃)$,并随 t_0 变化而相应改变,这样就可实现热电偶自由端温度的自动补偿。

电桥补偿法是最常用的自由端温度自动补偿方法。它是利用直流电桥的不平衡电压来补偿热电偶因自由端温度变化而引起的热电动势变化值。如图 4-4 所示,图中 R_{Cu} 用铜丝绕制,R_1、R_2、R_3 用锰铜丝绕制。当自由端温度增大时,由于 R_{Cu} 的增加,使电桥输出一个不平衡电压增加,用以补偿热电偶热电动势的不足。电桥平衡点一般设在温度为 20 ℃,自由端温度偏离 20 ℃时,电桥将产生不平衡电压。所以,采用这种电桥需把仪表的机械零位调整到 20 ℃处。若电桥是按 0 ℃时电桥平衡设计的,则仪表零位应调在 0 ℃处。

知识链接

热电偶的选择

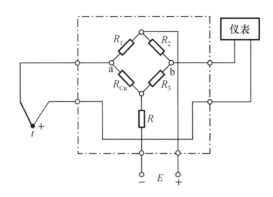

图 4-4 热电偶自由端温度电桥补偿法

用于电桥补偿法的装置称为热电偶冷端补偿器。表 4-1 列出了常用的国产冷端补偿器。冷端补偿器通常使用在热电偶与动圈式显示仪表配套的测温系统中。而自动电子电位差计或温度变送器以及数字仪表等的测量线路里已设置了冷端补偿电路,故热电偶与它们相配套使用时不必另行配置冷端补偿器了。在使用冷端补偿器时应注意两点:①各种冷端补偿器只能与相应型号热电偶配套,并且应在规定的温度范围内使用;②冷端补偿器与热电偶连接时,极性不能接反。

表 4-1 常用的国产冷端补偿器

型号	配用热电偶	补偿范围/℃	电桥平衡时温度/℃	电源/V	内阻/Ω	功耗/V·A	补偿误差/mV
WBC-01	铂铑$_{10}$-铂						±0.045
WBC-02	镍铬-镍硅(铝)	0~50	20	~220	1	<8	±0.16
WBC-03	镍铬-考铜						±0.18
WBC-57-LB	铂铑$_{10}$-铂						±(0.015+0.001 5Δt)
WBC-57-EU	镍铬-镍硅(铝)	0~40	20	4	1	<0.25	±(0.04+0.004Δt)
WBC-57-EA	镍铬-考铜						±(0.065+0.006 5Δt)

注:Δt 为与 20 ℃之差的温度数值。

3. 延引电极法

·拓展提高

热电偶的安装与使用

为了使热电偶自由端不受高温热源的影响,自由端温度基本保持恒定或波动较小,可把热电偶做得很长,这样势必使用贵金属的热电偶耗费加大。所以人们往往采用在一定温度范围内(0~100 ℃)与工作热电偶的热电特性相近的材料制成导线,用它将热电偶的自由端延长至所需要的地方,这样一种方法称为延引电极法,或称为补偿导线法,这样的导线称为补偿导线。用补偿导线制成的热电偶与工作热电偶相连,它既可把工作热电偶的原自由端延长到新的自由端,节省了贵金属,又不会由于引入该导线而给工作热电偶带来测量误差。可见,使用补偿导线仅起延长热电偶的作用,不起任何温度补偿作用,将其称为"补偿导线"是名不副实的习惯用语。常用热电偶补偿导线见表 4-2。

使用补偿导线必须注意三个问题。一是两根补偿导线与热电偶两个热电极的接点必须具有相同的温度;二是各种补偿导线只能与相应型号的热电偶配用,而且必须在规定的温度范围内使用;三是补偿导线与热电偶的极性切勿接反。

表 4-2　常用热电偶补偿导线

配用热电偶 正-负	补偿导线 正-负	导线外皮颜色		100 ℃热电势 /mV	150 ℃热电势 /mV	20 ℃时的电阻率 /($\times 10^{-6}\,\Omega \cdot m$)
		正	负			
铂铑$_{10}$-铂	铜-铜镍①	红	绿	0.645 ± 0.023	$1.029^{+0.024}_{-0.055}$	<0.048 4
镍铬-镍硅	铜-康铜	红	蓝	4.095 ± 0.15	6.137 ± 0.20	<0.634
镍铬-考铜	镍铬-考铜	红	黄	6.95 ± 0.30	10.69 ± 0.38	<1.25
钨铼$_5$-钨铼$_{20}$	铜-铜镍②	红	蓝	1.337 ± 0.045	—	—

注:① 99.4% Cu,0.6% Ni;
　　② 98.2%～98.3% Cu,1.8%～1.7% Ni。

四、热电偶的测温线路及热电动势的测量

热电偶是工业生产中应用最广泛的一种测温传感器,几乎用于工业生产的各个领域,下面简要介绍热电偶应用中的一些基本知识。

1. 热电偶的测温线路

如图 4-5 所示,热电偶可用于测量两点温度之和以及之差。其中,图(a)是两个同型号的热电偶正向串联,用来测量两点温度之和。若 $t_1=t_2=t_x$,则当使用多个热电偶串联测温时,就能成倍地提高总的热电动势的输出,大大提高测量的灵敏度,称为热电堆。图(b)为两个同型号的热电偶反向串联,用来测量两点间的温度之差。应注意两个同型号热电偶的冷端温度必须相同,并且它们的热电动势都与温度呈线性关系,否则将产生测量误差。

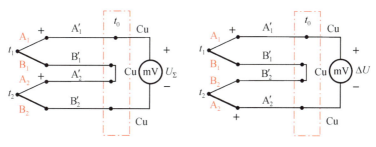

（a）两点间温度之和测量　　　　（b）两点间温度之差测量

图 4-5　热电偶的测温线路

2. 热电偶热电动势的测量

热电偶输出的热电动势与被测温度有对应关系,热电动势的测量可用动圈式仪表、

拓展提高

热电偶的常见
故障及处理

电位差计、电子电位差计,或通过微机识别后输出显示温度值。采用动圈式仪表测量热电动势时,由于线路中电阻的影响,将使仪表指示值与实际热电动势不一致,特别是外接电阻较大时,测量误差不容忽视。

用电位差计测量时,是采用标准电压来平衡热电动势的。标准电压与热电动势方向相反,回路中没有电流。因此,线路电阻对测量结果没有影响。图 4-6 所示为电位差计热电偶测温电路。当开关 S_1 接通,调整 R_0 使检流计 G_2 指零。此时获得工作电流 $I = E_H / R_H$(即 a、c 两点间电压 $I \cdot R_H$ 与标准电压 E_H 平衡)。断开 S_1,接通 S_2,调节电位器 R_P,使检流计 G_1 指零,此时测量电路中电流为零。当温度变化时,将有电流通过 G_1。指针偏转,调节 R_P 使 G_1 重新指零,由电位器 R_P 的刻度读出所测热电动势。考虑热电偶自由端温度补偿后,再查所用热电偶的分度表,即可得到所测温度值。

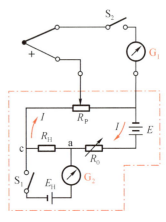

图 4-6　电位差计热电偶测温电路

电子电位差计的工作机理与电位差计相同,并已考虑自由端温度补偿,它是通过自动平衡系统始终保持平衡状态的。

五、热电偶温度变送器模块

将热电偶的有关冷端补偿、信号放大、线性化处理、电压/电流转换、断偶处理、反接保护、限流保护等电路经过集成化处理后直接产生工业标准电流信号,并且与被检测的温度量呈线性关系的装置称为热电偶温度变送器。它是将热电偶产生的热电动势经冷端补偿后,再由线性电路消除热电动势与温度的非线性误差,最后放大转换为 4~20 mA 电流输出信号。为防止测量中由于热电偶断丝而使控温失效造成事故,变送器中还设有断电保护电路。当热电偶断丝或接触不良时,变送器会输出最大值(28 mA)以使仪表切断电源。变送器可以安装于热电偶的接线盒内与之形成一体化结构。它作为新一代测温仪表可广泛应用于冶金、石油、化工、电力、轻工、纺织、食品、国防以及科研等工业部门。

图 4-7　K 型热电偶温度变送器

变送器有电动单元组合仪表系列的(DDZ-Ⅱ型、DDZ-Ⅲ型和 DDZ-S 型)以及小型化模块式的、多功能智能型的。前者均不带传感器,后两类变送器可以方便地与热电偶或热电阻组成带传感器的变送器。如图 4-7 所示是一种针对镍铬-镍硅(K 型分度号)热电偶的温度变送器,其测温范围有 0~400 ℃、0~600 ℃、0~800 ℃、0~1 100 ℃ 和 0~1 300 ℃ 几种;输出信号为 4~20 mA;电源为 24 V 直流电;精度为 0.5 % FS。

应用案例 　　　　　　　　　燃气热水器火焰温度测量

　　燃气热水器的使用安全性至关重要。在燃气热水器中设置有防止熄火装置、防止缺氧不完全燃烧装置、防缺水空烧安全装置及过热安全装置等，涉及多种传感器。防熄火、防缺氧不完全燃烧的安全装置中使用了热电偶，如图 4-8 所示。

延伸阅读 •

怎样安全使用
燃气热水器

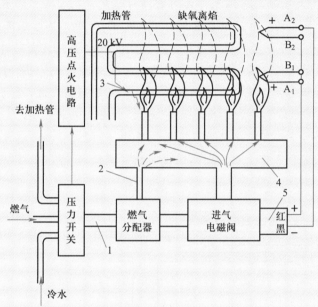

1—燃气进气管；2—引火管；3—高压放电针；4—主燃烧室；
5—电磁阀线圈；A_1、B_1—热电偶1；A_2、B_2—热电偶2。

图 4-8 燃气热水器防熄火、防缺氧示意图

　　当使用者打开热水龙头时，冷水压力使燃气分配器中的引火管输气孔在较短的一段时间里与燃气进气管接通，喷射出燃气。与此同时高压点火电路发出 10～20 kV 的高电压，通过放电针点燃主燃烧室火焰。热电偶1被烧红，产生正的热电动势，使电磁阀线圈（该电磁阀的电动力由极性电磁铁产生，对正向电压有很高的灵敏度）得电，燃气改由电磁阀进入主燃烧室。

动画 •

热处理加热
炉温控系统

　　当外界氧气不足时，主燃烧室不能充分燃烧（此时将产生大量有毒的一氧化碳），火焰变红且上升，在远离火孔的地方燃烧（称为离焰）。热电偶1的温度必然降低，热电动势减小，而热电偶2被拉长的火焰加热，产生的热电动势与热电偶1产生的热电动势反向串联，相互抵消，流过电磁阀线圈的电流小于额定电流，甚至产生反向电流，使电磁阀关闭，起到缺氧保护作用。

　　当启动燃气热水器时，若存在某种原因导致无法点燃主燃烧室火焰，由于电磁阀线圈得不到热电偶1提供的电流，处于关闭状态，从而避免了煤气的大量溢出。煤气灶熄火保护装置也采用相似的原理。

应用案例 高温气体温度测量

气流温度测量的一个重要特点,就是在一般流速下气流与感温元件之间的放热系数 α 比同样流速下的液体小得多,这就使得气流与感温元件之间换热困难,误差增大。为解决这个问题,人们在实践中提出了各种各样的办法。

除了把感温元件的主要工作部分(如热电偶的测量端)放在管道中流速最快的地方外,目前最常用的办法是增大气流与感温元件之间的相对速度。在工程上常用抽气式热电偶来达到这一目的。抽气式热电偶示意图如图 4-9 所示,图中 1 是遮蔽罩;2 为热电偶,热接点通常是裸露的;3 是测量气流抽出速度的节流装置;4 是蒸汽或压缩空气的喷嘴。当高压蒸汽或压缩空气从喷嘴 4 喷出后在喷嘴出口处形成负压,从而可把高温气体从炉膛或槽道中高速抽走。这样在热电偶热接点处形成了高速气流,增大了气体与热电偶热接点间的放热系数。抽气的速度越大,α 越大,测量误差就越小。若抽气速度太快,就要消耗很多能量,并且可能导致遮蔽罩的快速堵塞,因此对抽气速度有一定的限制。实践中推荐抽气速度不超过 100 m/s,当没有堵塞危险时,抽气速度可保持在 200 m/s 以上。

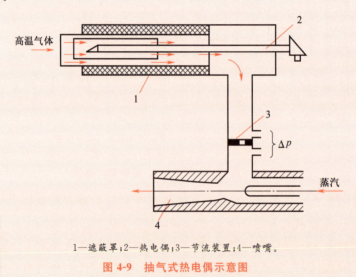

1—遮蔽罩;2—热电偶;3—节流装置;4—喷嘴。

图 4-9 抽气式热电偶示意图

📖 实践任务

热电偶温度数字显示仪表的调试

1. 任务要求

熟悉温度测量仪表回路的构成,完成热电偶与数字显示仪表的调试工作,掌握万用表在热电偶温度数字显示仪表中的使用。

2. 设备与工具

DY 系列数字显示仪表一台;镍铬-镍硅(镍铝)分度号为 K 型的热电偶一个;水银

温度计一支;万用表一个;K 型热电偶补偿导线若干长度。

3. 任务内容

（1）外观技术要求。热电偶外观应良好:标志清晰,接线盒接线无松动、套管无漏点;数字显示仪表外观应良好:标志清晰,无松动和破损,无读数缺陷,仪表示值清晰等。

（2）热电偶与数字显示仪表连接图如图 4-10 所示。

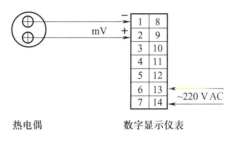

图 4-10　热电偶与数字显示仪表连接图

4. 操作步骤

（1）仪表外观检查

按外观技术要求对仪表外观进行检查。

（2）热电偶的测试

① 查看水银温度计温度,对照本书附录五,得到室温对应的分度号 K 的电动势值;

② 拆开热电偶接线盒,用万用表电阻挡测量热电偶接线端,若电阻等于 0,用万用表直流 mV 挡测量热电偶接线端,这时热电偶电动势值约等于室温电动势值,则热电偶合格,可用;若用万用表电阻挡测得热电偶的电阻为无穷大,则热电偶已断,不能用。

（3）热电偶与数字显示仪表连接测试

① 按图 4-10 和数字显示仪表说明书检查接线线路是否正确,热电偶与数字显示仪表之间用 K 型热电偶补偿导线进行连接,注意正负极不能接错。

② 接线无误,数字显示仪表接通电源,按厂家规定时间预热。

③ 按数字显示仪表说明书设定输入信号为热电偶 K,量程范围为 0～500 ℃。

④ 将热电偶放置于少许冷水容器内,慢慢加入热水,观察数字显示仪表示值的变化。

⑤ 当数字显示仪表显示温度为 50 ℃时,停止加入热水,温度稳定后将水银温度计插入容器,观察水银温度计显示的温度是否与数字显示仪表显示的一致;记下数字显示仪表显示的温度,将数字显示仪表断电,用万用表 mV 挡测量此时热电偶的电动势值,与本书附录五对照,观察所测得电动势值对应的温度是否与数字显示仪表显示的温度一致。

⑥ 将数字显示仪表接通电源,拆开热电偶接线盒,拆掉一根导线,观察此时数字显示仪表显示的数值。

⑦ 拆开热电偶接线盒,将补偿导线正负极对换,观察此时数字显示仪表显示的数值。

5. 数据处理及思考

（1）对实践操作中的数据进行记录和处理，对操作中出现的现象进行分析，得出结论。

（2）思考：分别用一般电缆和补偿导线作为热电偶与数字显示仪表的连接导线，结果会有什么不同？

单元 2 霍尔式传感器

早在 1879 年，人们就在金属中发现了霍尔效应，但由于这种效应在金属中非常微弱，当时并没有引起重视。直到 1948 年，由于半导体提纯工艺的不断改进，人们发现霍尔效应在高纯度半导体中表现较为显著，由此对霍尔效应的机理、材料、制造工艺和应用等方面的研究空前地活跃了起来。现在霍尔元件已广泛应用于非电量检测、自动控制、电磁测量、计算装置以及现代军事技术等各个领域中。

一、霍尔元件的工作原理及结构

1. 霍尔效应

如图 4-11 所示，一块长 l、宽 b、厚 d 的半导体，在外加磁场（磁感应强度 B）的作用下，

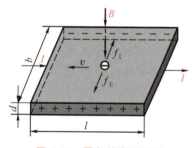

图 4-11 霍尔效应原理图

当有电流 I 流过时，运动电子受洛仑兹力的作用而偏向一侧（图中"－"侧），使该侧形成电子的积累，与它对立的侧面由于电子浓度下降，出现了正电荷。这样，在两侧面间就形成了一个电场。运动电子在受洛仑兹力的同时，又受电场力的作用，最后当这两种力作用相等时，电子的积累达到动态平衡，这时两侧之间建立电场，称霍尔电场 E_H，相应的电压称霍尔电压 U_H，上述这种现象称霍尔效应。经分析推导得霍尔电压 U_H 为

$$U_H = \frac{IB}{ned} = K_H IB \tag{4-5}$$

动画

霍尔效应

式中　n——半导体单位体积中的载流子数；

　　　e——电子电量；

　　　K_H——霍尔元件灵敏度，$K_H = 1/(ned)$。

2. 材料及结构特点

根据霍尔效应原理做成的器件称为霍尔元件。霍尔元件一般采用具有 N 型的锗、锑化铟和砷化铟等半导体单晶材料制成。锑化铟元件的输出较大，但受温度的影响也较大。锗元件的输出虽小，但它的温度性能和线性度却比较好。砷化铟元件的输出信号没有锑化铟元件大，但是受温度的影响却比锑化铟的要小，而且线性度也较好。因此，采用砷化铟为材料的霍尔元件得到普遍应用。

霍尔元件结构很简单,是一种半导体四端薄片,它由霍尔片、引线和壳体组成。霍尔片的相对两侧对称地焊上两对电极引出线,如图 4-12(a)所示。其中一对(即 a、b 端)称为激励电流端,另外一对(即 c、d 端)称为霍尔电动势输出端,引线焊接处要求接触电阻小,而且呈现纯电阻性质(欧姆接触)。霍尔片一般用非磁性金属、陶瓷或环氧树脂封装。

图片

不同用途的霍尔式传感器实物图

知识链接

霍尔元件的主要特性参数

拓展提高

集成霍尔元件

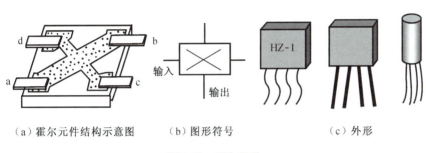

（a）霍尔元件结构示意图　　（b）图形符号　　（c）外形

图 4-12　霍尔元件

3. 基本电路

霍尔元件的基本电路如图 4-13 所示。控制电流由电源 E 供给,R_P 为调节电阻,调节控制电流的大小。霍尔输出端接负载 R_f,R_f 可以是一般电阻,也可以是放大器的输入电阻或指示器内阻。在磁场与控制电流的作用下,负载上就有电压输出。在实际使用时,I 或 B 或两者同时作为信号输入,而输出信号则正比于 I 或 B 或两者乘积。

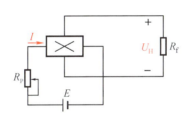

图 4-13　霍尔元件的基本电路

由于建立霍尔效应所需的时间很短($10^{-12} \sim 10^{-14}$ s),因此控制电流为交流时,频率可以很高(几千兆赫)。

二、霍尔式传感器的分类和应用类型

1. 霍尔式传感器的分类

霍尔式传感器可分为开关型和线性型两种。

(1) 开关型

开关型霍尔式传感器由稳压器、霍尔元件、差动放大器、斯密特触发器和输出级组成,它输出数字量。开关型霍尔式传感器还有一种特殊的形式,称为锁键型霍尔式传感器。

(2) 线性型

线性型霍尔式传感器由霍尔元件、线性放大器和射极跟随器组成,它输出模拟量。

线性型霍尔式传感器又可分为开环式和闭环式。闭环式又称零磁通霍尔式传感器。线性型霍尔式传感器主要用于交直流电流和电压测量。

2. 霍尔式传感器的应用类型

霍尔式传感器是由霍尔元件与弹性敏感元件或永磁体结合而形成的,它具有灵敏度高、体积小、重量轻、无触点、频响宽(由直流到微波)、动态特性好、可靠性高、寿命长和价格低等优点,因此在磁场、电流及各种非电量测量、信息处理、自动化技术等方面得到广泛的应用。归纳起来,霍尔式传感器主要有下列三个方面的应用类型。

(1) 利用霍尔电动势正比于磁感应强度的特性来测量磁场及与之有关的电量和非电量。如磁场计、方位计、电流计、微小位移计、角度计、转速计、加速度计、磁读头、函数发生器、同步传动装置、无刷直流电机和非接触开关等。

(2) 利用霍尔电动势正比于激励电流的特性可制作回转器、隔离器和电流控制装置等。

(3) 利用霍尔电动势正比于激励电流与磁感应强度乘积的规律制成乘算器、除算器、乘方器、开方器和功率计等,也可以作混频、调制、斩波和解调等用途。

应用案例　　　　　　　　　**霍尔式传感器转速测量**

▸动画

霍尔式传感器
转速测量

图 4-14 是几种霍尔式传感器转速信号检测示意图。在被测转速的转轴上安装一个转盘,也可选取机械系统中的一个齿轮,将开关型霍尔元件及磁路系统靠近齿盘,随着转盘的转动,磁路的磁阻也周期性地变化,测量霍尔元件输出的脉冲频率就可以确定被测物的转速。转速 n 与脉冲频率 f 关系满足:

$$n = \frac{60f}{z} \tag{4-6}$$

式中

z——齿盘每圈齿数;

n——转速,r/min。

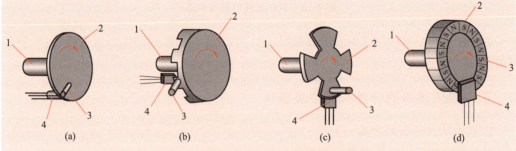

1—输入轴;2—转盘;3—小磁铁;4—霍尔式传感器。

图 4-14　霍尔式传感器转速信号检测示意图

霍尔式传感器转速测量系统如图 4-15 所示,由霍尔式转速传感器(包含霍尔元件及相关测量转换电路)及转速显示仪表(也称转速二次仪表)构成,其中转速二次仪表包括电源电路、计频电路、运算电路、显示电路、显示屏等。

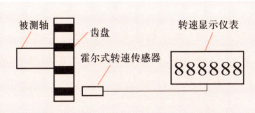

图 4-15　霍尔式传感器转速测量系统

应用案例　　　　　　　　　　**霍尔式微压力传感器**

霍尔式微压力传感器结构原理图如图 4-16 所示。被测压力 p 使波纹膜盒膨胀(收缩),带动杠杆向上(下)移动,从而使霍尔元件在磁路系统中运动,改变了霍尔元件所感受的磁场大小及方向,引起霍尔电动势的大小和极性的变化。由于波纹膜盒及霍尔元件的灵敏度很高,所以可用于测量微小压力的变化。

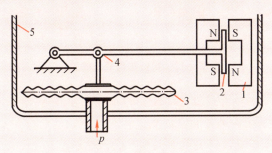

1—磁路;2—霍尔元件;3—波纹膜盒;4—杠杆;5—外壳。

图 4-16　霍尔式微压力传感器结构原理图

实践任务

自行车码表的安装与调试

1. 任务要求

熟悉霍尔式传感器工作原理,认知集成霍尔元件及其类型,能够正确进行霍尔式自行车码表的安装与调试。

2. 设备与工具

示波器一台;自行车码表一套、1.5 V 电池两节;自行车、皮尺、秒表(或电动机、光电手持转速表、磁力表座);常用电工组装工具一套。

3. 任务内容

自行车码表的工作原理是在车轮旋转时感应器捕捉到感应磁铁带来的信息,通过霍尔传感线传输至码表,主机码表对此进行处理后计算出时速、里程等信息。根据任务要求及提供的设备工具,将码表各部件安装固定到自行车合适的位置,然后通过骑行试验测量骑行距离和骑行时间,计算骑行平均速度,与码表比较并分析误差的原因。

4. 操作步骤

（1）参照图 4-17 将码表底座、感应器和磁铁等码表各配件分别安装并固定在自行车龙头、前叉和轮圈钢丝条幅的合适位置，安装时注意磁铁与感应器距离应不超过 4 mm，注意磁铁应尽量正对感应器。

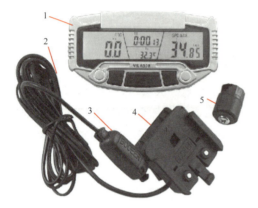

1—显示装置；2—连接线；3—感应器；4—安装支座；5—磁铁。

图 4-17　自行车码表及安装

●┄┄**延伸阅读**┄┄●

绿色出行，
低碳生活

（2）将感应器的接线头与码表底座相连，装入电池，参阅说明书开机初始化后进行相应设置。

（3）选择一处室外场地，用皮尺丈量 30 m，做上标记，匀速骑行自行车并用秒表计时，将码表显示的车速与计时计算的车速进行比较，判断测速结果并分析。如进行电动机转速测试，则同时利用光电手持转速表进行分析校准。

（4）如存在较大偏差，可将感应器连接线引出并连接至示波器，手动摇动自行车踏板，观察输出波形。

单元 3　压电式传感器

压电式传感器是一种典型的自发电式传感器，它由传力机构、压电元件和测量转换电路组成。压电元件以某些电介质的压电效应为基础，在外力作用下，在电介质表面产生电荷，从而实现非电量电测的目的。压电元件是力敏感元件，它也可以测量最终能变换为力的那些非电物理量，如压力、加速度等。

一、基本工作原理

1. 压电效应

某些电介质在沿一定方向上受到外力的作用产生变形时，内部会产生极化现象，同时在其表面产生电荷；当外力去掉后，又重新回到不带电状态，这种现象称为压电效应。反之,在电介质的极化方向上施加交变电场,它会产生机械变形,当去掉外加电场,电介质变形随之消失,这种现象称为逆压电效应或称为电致伸缩效应。力学压电式传感器就是利用压电材料的压电效应。在水声和超声技术中,则利用逆压电效应制作声波和超声波的发射换能器。

动画

压电效应

2. 压电材料的主要特性指标

(1) **压电系数 d**　表示压电材料产生电荷与作用力的关系。一般为单位作用力下产生电荷的多少,单位为 C/N(库/牛)。

(2) **刚度 H**　压电材料的刚度是它固有频率的重要参数。

(3) **介电常数 ε**　这是决定压电晶体固有电容的主要参数,而固有电容影响传感器工作频率的下限值。

(4) **电阻 R**　它是压电晶体的内阻,它的大小决定其泄漏电流。

(5) **居里点**　压电效应消失的温度转变点。

二、等效电路和测量转换电路

1. 压电元件的等效电路

压电元件在承受沿其敏感轴方向的外力作用时产生电荷,因此它相当于一个电荷发生器。当压电元件表面聚集电荷时,它又相当于一个以压电材料为介质的电容器。因此,可以把压电材料等效为一个电荷源与一个电容相并联的电荷等效电路,如图 4-18(a)所示。电容器上的电压 U_a、电荷量 Q 和电容 C_a 三者关系为

$$U_a = \frac{Q}{C_a} \tag{4-7}$$

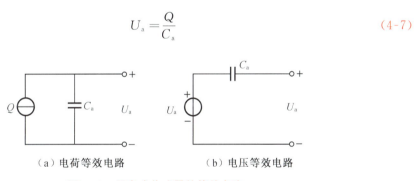

（a）电荷等效电路　　　　（b）电压等效电路

图 4-18　压电式传感器的等效电路

压电材料也可以等效为一个电压源和一个串联电容表示的电压等效电路,如图 4-18(b)所示。

压电式传感器与二次仪表配套使用时,还应考虑到连接电缆的等效电容 C_a。若放大器的输入电阻为 R_i,输入电容为 C_i,那么实际的等效电路如图 4-19 所示。图中 R_a 是压电元件的漏电阻。

由于外力作用在压电元件上产生的电荷只有在无泄漏的情况下才能保存,即需要转换电路具有无限大

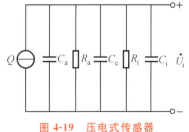

**图 4-19　压电式传感器
实际的等效电路**

· 拓展提高 ·

压电材料简介

的输入阻抗,这实际上是不可能的,因此压电式传感器不能用于静态测量。压电元件在交变力的作用下,电荷可以不断补充,可以供给转换电路以一定的电流,故只适用于动态测量。

2. 测量转换电路

压电式传感器的输出信号非常微弱,一般需要将电信号放大后才能检测出来,但因传感器的内阻抗较高,因此它需要与高输入阻抗的前置放大器配合,然后再采用一般的放大、检波、显示、记录电路。根据压电式传感器的工作原理及等效电路,它的输出可以是电荷信号,也可以是电压信号,因此与之相配的前置放大器也有电荷前置放大器和电压前置放大器两种形式。由于电压前置放大器中的输出电压与电缆电容有关,故目前采用电荷前置放大器。

电荷前置放大器实际上是一个具有反馈电容 C_f 的高增益运算放大器电路,如图 4-20 所示。当放大器的电压放大倍数 $A \gg 1$ 时,经推导可得

$$U_O \approx -\frac{Q}{C_f} \tag{4-8}$$

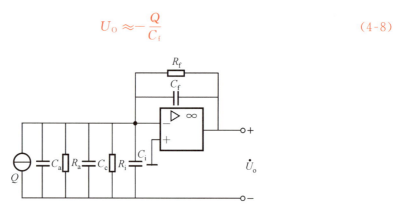

图 4-20　电荷前置放大器等效电路

由式(4-8)可见,电荷前置放大器的输出电压仅与输入电荷量和反馈电容有关,电缆电容等其他因素可忽略不计,这是电荷放大器的特点。

三、压电式传感器的结构和应用

1. 压电元件常用的结构形式

· 图片 ·

压电式传感器
实物图

在压电式传感器中,为提高灵敏度,压电片通常是两片(或两片以上)粘接在一起。由于压电片上的电荷是有限的,因此有串联和并联两种接法。一般常用的是并联接法,如图4-21所示。其输出电容 C' 是单片电容 C 的两倍,但输出电压 U' 等于单片电压 U,极板上的电荷 Q' 为单片电荷量的 2 倍,即

$$C' = 2C \quad U' = U \quad Q' = 2Q$$

压电片在传感器中必须有一定预紧力,以便保证在作用力变化时压电片始终受到压力,使整个接触面均匀接触,但这个预紧力也不能太大,否则将会影响其灵敏度。

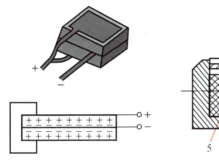

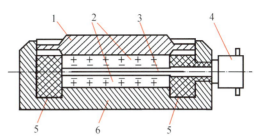

1—传力上盖；2—压电片；3—电极；
4—电极引出插头；5—绝缘材料；6—底座。

图 4-21　压电片的并联接法　　　**图 4-22　YDS-78Ⅰ型压电式单向力传感器结构**

2. 压电式传感器的应用

压电式传感器主要用于动态作用力、压力、加速度的测量。下面举例说明它的应用。

（1）压电式力传感器　图 4-22 所示为 YDS-78Ⅰ型压电式单向力传感器结构，它主要用于变化频率中等的动态力的测量，如车床动态切削力的测试。被测力通过传力上盖使压电片在沿电轴方向受压力作用而产生电荷，两块压电片沿电轴反方向叠起，其间是一个片形电极，它收集负电荷。两块压电片正电荷分别与传力上盖及底座相连，因此两块压电片被并联起来，提高了传感器的灵敏度。片形电极通过电极引出插头将电荷输出，其测力范围为 0～5 000 N，非线性误差小于 1%，电荷灵敏度为 3.8～4.4 μC/N，固有频率约为 50～60 Hz。

动画

压电式传感器
的机床切削力
检测

（2）压电式加速度传感器　图 4-23 所示为一种压缩型压电式加速度传感器的结构原理图。图中压电片是由两片并联而成的，两块压电片中间的金属片焊接在一根导线上并引出，另一端与基座相连，弹簧是给压电片施加预紧力的。测量时，通过基座底部的螺孔将传感器与试件刚性地固定在一起，使传感器感受与试件相同频率的振动，质量块就会产生一正比于加速度的交变力作用在压电片上，由于压电效应，在压电片两个表面上就有电荷产生，经转换电路处理，即可测得加速度的大小。

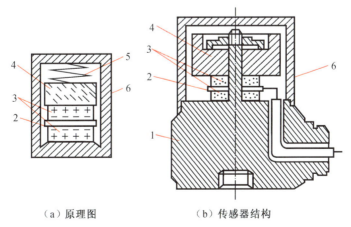

（a）原理图　　　　　（b）传感器结构

1—基座；2—引出电极；3—压电片；4—质量块；5—弹簧；6—壳体。

图 4-23　压缩型压电式加速度传感器的结构原理图

这种结构的加速度传感器固有频率高，故高频响应好。结构中的弹簧、质量块和压电元件不与外壳直接接触，受环境影响小，目前应用较多。

图 4-24 所示为一种弯曲型压电式加速度传感器的结构原理图。它是由特殊的压电悬臂梁构成的，这种传感器具有很高的灵敏度和很好的低频响应，主要用在医学上和其他需低频响应好的领域，如地壳和建筑物的震动等。

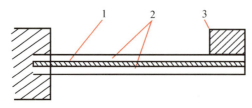

1—金属片；2—压电片；3—质量块。

图 4-24 弯曲型压电式加速度传感器的结构原理图

应用案例 　　汽车自动间隙雨刮传感器

汽车自动间隙雨刮传感器由振动板、压电元件、电路基板、间隙雨刮放大器（集成电路块和电容器）、壳体、阻尼橡胶垫和密封圈等组成，如图 4-25 所示。振动板接收雨滴冲击能量，按自身固有的振动频率进行振动，并将振动能量传递给内侧紧贴振动板的压电元件上，压电元件将接收到的振动变形转换成其两侧电极上的交变电压信号输出，压电元件交变电压的大小与压电元件上感受的雨滴能量成正比，一般为 0.5～300 mV。间隙雨刮放大器将压电元件上产生的电压信号放大后输入到雨刮驱动器，带动雨刮电动机进行工作，雨刮速度与雨滴密度及雨滴大小有关。间隙雨刮放大器的原理是将压电元件交变电压经放大后输送到充电回路中，再通过比较电路、驱动电路带动电动机进行间隙雨刮。

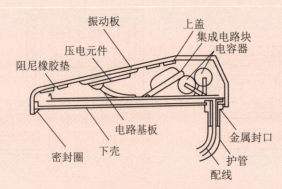

图 4-25 汽车自动间隙雨刮传感器结构图

单元 4　超声波传感器

超声波具有频率高、方向性好、能量集中、穿透本领大，遇到杂质或分界面能够产生显著的反射等特点，因此在许多领域得到广泛的应用。近年来已广泛使用的超声波传感器有超声波探伤、超声波遥控、超声波防盗窃器以及超声波医疗诊断装置。

一、基本工作原理

超声波是频率超过 20 kHz 的机械振动波。由于频率高，其能量远远大于振幅相同的声波能量，具有很强的穿透能力，在钢材中甚至可穿透 10 m 以上。超声波在介质中传播时，也像光波一样产生反射、折射现象。经过反射、折射的超声波的能量或波形均将发生变化。利用这一性质可以实现液位、流量、温度、黏度、厚度、距离以及探伤等参数的测量。

发射和接收超声波的器件称为超声波换能器，也称为超声波探头。超声波换能器根据其工作原理有压电式（压电晶体）及磁致伸缩式（镍铁铝合金）两类，实际应用中主要采用压电式。换能器由于其结构不同又分为直探头、斜探头、双探头、表面波探头、聚焦探头、水浸探头、空气传导探头以及其他专用探头等。下面介绍最近开发的高转换效率、稳定性好的超声波陶瓷探头的结构原理及特性。

拓展提高 •

超声波传感器
原理详解

超声波陶瓷探头利用一个发射器发生超声波，并用"机械—电"换能器，转换为电信号，其主要部分包括实现"机械—电"换能的压电双晶振子，提高转换效率的金属谐振器和外壳。压电双晶振子是将两块压电瓷板相贴构成双晶片，其中心部分装有连接器，连接金属制的圆锥形谐振器，构成复合谐振器。外壳除保护复合谐振器外，同时使其中的驻波谐振器与复合谐振器的谐振频率一致，起到提高转换效率的作用。

超声波陶瓷探头的特点是：灵敏度高、选择性优越、寿命长、易接入电路、耐冲击、耐湿、结构牢固、小型轻量易于安装。

二、超声波传感器的应用

超声波传感器的应用有透射型和反射型两种基本类型。当超声波发射器与接收器分别置于被测物两侧时，这种类型称为透射型，透射型可用于遥控器、防盗报警器、接近开关等。当超声波发射器与接收器置于同侧时，这种类型称为反射型，反射型可用于接近开关、测距、测液位或料位、金属探伤以及测厚等。下面简要介绍超声波传感器的几种应用。

1. 超声波探伤

超声波探伤是无损探伤技术中的一种主要检测手段。它主要用于检测板材、管材、锻件和焊缝等材料中的缺陷（如裂缝、气孔、夹渣等），测定材料的厚度，检测材料的晶粒，配合断裂力学对材料使用寿命进行评价等。超声波探伤具有检测灵敏度高、速度快、成本低等优点，因而得到人们普遍的重视，并在生产实践中得到广泛的应用。

知识链接 •

超声波传感器
的主要应用

动画

超声波
表面探伤

超声波探伤方法多种多样,最常用的是脉冲反射法。脉冲反射法可分为纵波、横波、表面波探伤,下面分别介绍。

(1) **纵波探伤法**   测试前,先将探头插入探伤仪的连接插座上。探伤仪面板上有一个荧光屏,通过荧光屏可知工件中是否存在缺陷、缺陷大小及缺陷的位置。工作时探头置于被测工件上,并在工件上来回移动进行检测。探头发出的超声波以一定速度向工件内部传播,如工件中没有缺陷,则超声波传到工件底部便产生反射,在荧光屏上只出现始脉冲T 和底脉冲B,如图 4-26(b)所示。如工件中有缺陷,一部分脉冲在缺陷处产生反射,另一部分继续传播到工件底部产生反射,在荧光屏上除出现始脉冲T 和底脉冲B 外,还出现缺陷脉冲F,如图 4-26(c)所示,荧光屏上的水平亮线为扫描线(时间基线),其长度与工件的厚度成正比(可调整),通过缺陷脉冲在荧光屏上的位置可确定缺陷在工件中的位置。亦可通过缺陷脉冲幅度的高低来判别缺陷当量的大小,如缺陷面积大,则缺陷脉冲的幅度就高,通过移动探头还可确定缺陷大致长度。

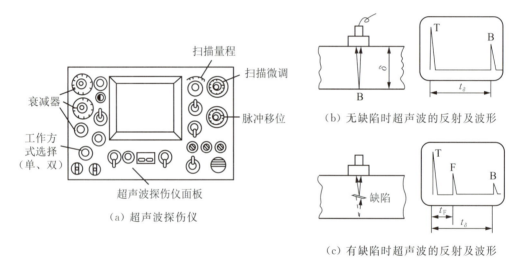

图 4-26   超声波探伤

(2) **横波探伤法**   用斜探头进行探伤的方法称横波探伤法。超声波的一个显著的特点是:超声波波束中心线与缺陷截面积垂直时,探测灵敏度最高,但如遇图 4-27 所示的斜向缺陷时,用直探头探测虽然可探测出缺陷存在,但并不能真实反映缺陷大小。这时如用斜探头探测,则探伤效果较佳。因此在实际应用中,应根据不同缺陷性质、取向,采用不同的探头进行探伤。有些工件的缺陷性质、取向事先不能确定,为了保证探伤质量,则应采用几种不同探头进行多次探测。

图 4-27   横波单探头探伤

（3）**表面波探伤法** 表面波探伤主要检测工件表面附近的缺陷存在与否，如图 4-28 所示。当超声波的入射角 α 超过一定值后，折射角 β 可能达到 90°，这时固体表面受到由超声波能量引起交替变化的表面张力作用，质点在介质表面的平衡位置附近作椭圆轨迹振动，这种振动称为表面波。当工件表面存在缺陷时，表面波被反射回探头，可以在荧光屏上显示出来。

图 4-28 表面波探伤

2. 检测障碍物

现在，利用超声波检测汽车后面有无障碍物，并向驾驶员报警的系统已很普遍。把约 40 kHz 的超声波脉冲发射到汽车后面，根据超声波碰到障碍物后接收到的返回时间换算成距离后，便可检测障碍物的位置，通过指示灯或蜂鸣器告知驾驶员。系统所用的超声波发送和接收元件与超声波陶瓷探头相同，判断障碍物距离的基本电路原理框图如图 4-29 所示。

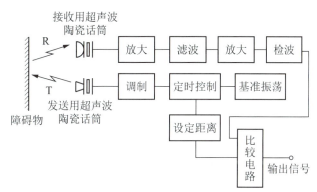

图 4-29 判断障碍物距离的基本电路原理框图

应用案例 　　　　　超声波测速仪

手持式测速仪为交警对行驶的车辆进行实时监控提供了便利。以 CS12 手持式测速仪为例，该测速仪利用超声波多普勒效应测速，可将目标车辆速度值直观显示在彩色 LCD 上，LCD 具有触摸功能，各种操作设置在屏上点击即可完成。此测速仪具有静态和动态两种工作模式，既可固定安装使用，也可在行驶中的巡逻车上使用。

静态模式下可设定只测单向行驶车辆，也可设定为双向行驶车辆同测。动态模式下可以测量巡逻车自身速度值，并可测量目标车辆速度值。测速仪配有微型打印机，可在需要时手动或自动打印测量结果，带日历时间显示功能。测速仪外形如图 4-30 所示，主界面如图 4-31 所示。

延伸阅读

驾驶汽车超速行驶的危害

图 4-30   CS12 手持式测速仪

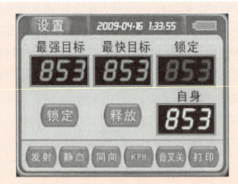
图 4-31   CS12 手持式测速仪主界面

主界面顶部显示当前时间、电池电量。中间显示各个测量值,如最强目标速度值、最快目标速度值、自身速度等。底部设有各种功能按钮,如工作模式切换、方向切换等。

(1) 发射/关闭   发射开关切换按钮,可以打开或关闭雷达天线,状态为"发射"时,雷达连续测速;状态为"关闭"时,停止测速。

(2) 静态/动态   测速模式按钮,"静态"是指测速仪位置固定,"动态"是指测速仪加设在行驶车辆上,相对地面处于运动状态。

(3) 同向/反向/双向   测速方向切换按钮。

(4) KPH/MPH   速度单位转换按钮,以公里或英里每小时表示。

(5) 音叉关/音叉开   音叉测试按钮。在"音叉开"状态下,可以用音叉来模拟目标速度值,简单测试正常与否。在实际使用中,应设置为"音叉关"。

应用案例   超声波传感器在防止踩错汽车踏板中的应用

某些汽车配置了防止在踩刹车时误踩成油门而使车辆加速的功能,使用摄像头和超声波传感器推断出在要停车的情况下,如果驾驶员误踩了油门就会强制刹车。

•▶应用案例

超声波多普勒成像及风速检测

在车辆前、后、左、右各配备一个摄像头,在前保险杠、后保险杠各配备 4 个共 8 个超声波传感器,可实现防止踩错踏板的功能。利用摄像头识别出白线等以推断汽车位于停车场,利用超声波传感器测量出汽车与周围障碍物之间的距离来确定刹车时机。防止因踩错刹车和油门而造成事故分两步实施:当驾驶员在停车场停车时,如果误踩了油门,则首先将车速减至蠕滑速度,用仪表板的图标来提示危险,并响起警报声;如果驾驶员仍继续踩油门而即将撞上障碍物时,则强制刹车。刹车时机为保证汽车在与障碍物相距 20~30 cm 时可以停下来。

综 合 训 练

【认知训练】

4-1   什么是热电势效应?试说明热电偶的测温原理。

4-2　试简述热电偶回路的主要性质,说明它们的实用价值。

4-3　图 4-32 所示为采用补偿导线的镍铬-镍硅 K 型热电偶测温示意图,A′、B′为补偿导线,Cu 为铜导线,已知接线盒 1 的温度 $t_1 = 40.0\ ℃$,冰水温度 $t_2 = 0.0\ ℃$,接线盒 2 的温度 $t_3 = 20.0\ ℃$。

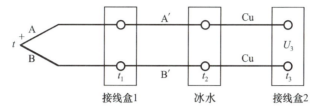

图 4-32　采用补偿导线的镍铬-镍硅 K 型热电偶测温示意图

(1) 当 $U_3 = 39.310\ \text{mV}$ 时,计算被测点温度 t。

(2) 如果 A′、B′换成铜导线,此时 $U_3 = 37.699\ \text{mV}$,再求温度 t。

4-4　补偿导线的作用是什么? 使用补偿导线的原则是什么?

4-5　试说明霍尔式传感器的应用类型,并分别指出其应用场合。

4-6　试写出可以用霍尔式传感器来检测的物理量。

4-7　什么是压电效应? 以石英晶体为例说明压电晶体是怎样产生压电效应的。

4-8　压电式传感器能否用于静态测量? 为什么?

4-9　用压电式加速度计及电荷放大器测量振动,若传感器的灵敏度为 $7\ \text{pC}/g$(g 为重力加速度),电荷放大器灵敏度为 $100\ \text{mV}/\text{pC}$,试确定当输入加速度为 $3g$ 时系统的输出电压。

4-10　根据学过的知识,试分析超声波汽车倒车防撞装置的工作原理。该装置还可以有哪些其他用途?

【能力训练】

文本 ●

模块四
综合训练
参考答案

4-1　图 4-33 所示为采用线性集成霍尔元件 UGN3501T 的简易霍尔转速测量系统。将霍尔元件参照图 4-14(c)安装于被测旋转轴相应位置,制作图示测量电路,要求:自行选择器件、设备仪器,制订操作步骤,按图制作测量电路并调试,观测输出信号波形,计算转速。

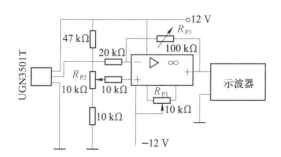

图 4-33　简易霍尔转速测量系统

模块五
光电式传感器

● 模块目标

模块五
学习目标

光电式传感器是将被测参数的变化转换成光通量的变化,再通过光电元件转换成电信号的一种传感器。这种传感器具有结构简单、非接触、高可靠性、高精度和反应快等优点,故在自动检测技术中应用最为广泛。本模块从应用角度出发,介绍光敏电阻、光敏晶体管、光电池的工作原理,光电式传感器的应用类型及一些应用案例。

单元 1 光电效应及光电元件

一、光电效应

光电元件的理论基础是光电效应。光电效应就是在光线作用下,物体吸收光能量而产生相应电效应的一种物理现象,通常可分为外光电效应和内光电效应两种类型。

(1) 外光电效应　在光线作用下,电子从物体表面逸出的物理现象,称为外光电效应,也称光电发射效应。基于外光电效应的光电元件有光电管。

(2) 内光电效应　在光线作用下,物体电导性能发生变化或产生一定方向电动势的现象称为内光电效应。它又可分为光电导效应和光生伏特效应。其中,半导体吸收光子产生电子空穴对,使其电导性能发生变化的现象称为光电导效应,基于光电导效应的光电元件有光敏电阻;半导体(如 PN 结)吸收光子,内部产生一定电压的现象称为光生伏特效应,基于光生伏特效应的光电元件有光敏晶体管和光电池。

二、光电元件及特性

1. 光电管

● 动画

光电管的
工作过程

以外光电效应原理制作的光电管由真空管、光电阴极 K 和光电阳极 A 组成,其符号和基本工作电路如图 5-1 所示。当一定频率的光照射到光电阴极时,阴极产生电子,阴极发射的电子在电场作用下被阳极所吸引,光电管电路中形成电流,称为光电流。不同材料的光电阴极对不同频率的入射光有不同的灵敏度,人们可以根据检测对象是红外光、可见光或紫外光而选择阴极材料不同的光电管。光电管的光电特性如图 5-2 所示,从图中可知,在光通量不太大时,光电特性基本是一条直线。

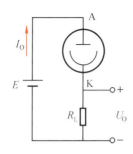

图 5-1　光电管符号及基本工作电路

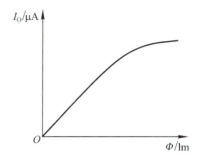

图 5-2　光电管的光电特性

2.光敏电阻

光敏电阻的工作原理是基于内光电效应。在半导体光敏材料的两端装上电极引线，将其封在带有透明窗的管壳里就构成了光敏电阻。光敏电阻的特性和参数介绍如下：

（1）暗电阻　置于室温、全暗条件下的稳定电阻值称为暗电阻，此时流过电阻的电流称为暗电流。

（2）亮电阻　置于室温和一定光照条件下测得的稳定电阻值称为亮电阻，此时流过电阻的电流称为亮电流。

（3）伏安特性　光敏电阻两端所加的电压和流过光敏电阻的电流间的关系称为伏安特性，如图 5-3 所示。从图中可知，伏安特性近似直线，但使用时应限制光敏电阻两端的电压，以免超过虚线所示的功耗区。

（4）光电特性　在光敏电阻两极间电压固定不变时，光照度与亮电流间的关系称为光电特性。光敏电阻的光电特性呈非线性，这是光敏电阻的主要缺点之一。

动画
光敏电阻的
工作过程

（5）光谱特性　入射光波长不同时，光敏电阻的灵敏度也不同。入射光波长与光敏器件相对灵敏度间的关系称为光谱特性，如图 5-4 所示。使用时可根据被测光的波长范围，选择不同材料的光敏电阻。

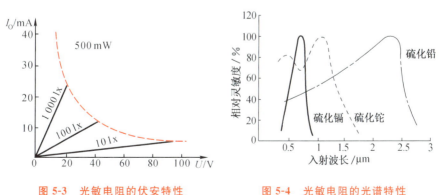

图 5-3　光敏电阻的伏安特性　　　　图 5-4　光敏电阻的光谱特性

（6）时延特性　光敏电阻受光照后，光电流需要经过一段时间（上升时间）才能达到其稳定值。同样，在停止光照后，光电流也需要经过一段时间（下降时间）才能恢复到其暗电流值，这就是光敏电阻的时延特性。光敏电阻上升响应时间和下降响应时间约为 $10^{-3}\sim$

10^{-1} s,即频率响应为 $10\sim10^3$ Hz,可见光敏电阻不能用在要求快速响应的场合,这是光敏电阻的另一个主要缺点。

（7）**温度特性**　光敏电阻受温度影响甚大,温度上升,暗电流增大,灵敏度下降,这也是光敏电阻的一大缺点。

3. 光敏晶体管

光敏晶体管是光敏二极管、光敏三极管和光敏晶闸管的总称。

光敏二极管的结构与一般二极管相似,它的 PN 结装在管的顶部,可以直接受到光照射,光敏二极管在电路中一般处于反向工作状态。在图 5-5(a)中给出光敏二极管的结构示意图及符号,图 5-5(b)中给出光敏二极管的接线图,光敏二极管在不受光照射时处于截止状态,受光照射时处于导通状态。

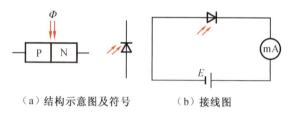

（a）结构示意图及符号　　　（b）接线图

图 5-5　光敏二极管

动画

光敏晶体管的
工作过程

光敏三极管有 PNP 型和 NPN 型两种,它的结构、等效电路、图形符号及应用电路如图 5-6 所示。光敏三极管工作原理是由光敏二极管与普通三极管的工作原理组合而成的。如图 5-6(b)所示,光敏三极管在光照作用下,产生基极电流,即光电流,与普通三极管的放大作用相似,在集电极上则产生是光电流 β 倍的集电极电流,所以光敏三极管比光敏二极管具有更高的灵敏度。

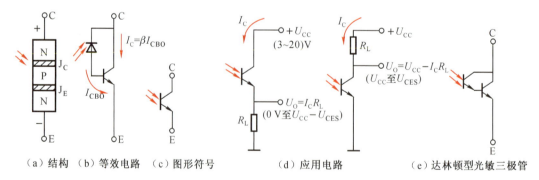

（a）结构　（b）等效电路　（c）图形符号　　　（d）应用电路　　　　（e）达林顿型光敏三极管

图 5-6　光敏三极管

有时生产厂家还将光敏三极管与另一个普通三极管制作在同一个管壳里,连接成复合管型式,如图 5-6(e)所示,称为达林顿型光敏三极管。它的灵敏度更大($\beta=\beta_1\beta_2$)。但是达林顿型光敏三极管的漏电(暗电流)较大,频响较差,温漂也较大。

光敏晶闸管也称光控晶闸管,它由 PNPN 四层半导体构成,其工作原理是由光敏二极管与普通晶闸管的工作原理组合而成的。由于篇幅所限,这里就不再赘述了。

下面着重介绍光敏晶体管的基本特性。

（1）**光谱特性**　光敏晶体管硅管的峰值波长为 $0.9\ \mu\text{m}$ 左右,锗管的峰值波长为 $1.5\ \mu\text{m}$ 左右。由于锗管的暗电流比硅管大,因此,一般来说锗管的性能较差,故在可见光或探测炽热状态物体时,都采用硅管。但对红外光进行探测时,锗管较为合适。

（2）**伏安特性**　图 5-7 所示为锗光敏三极管的伏安特性曲线。光敏三极管在不同照度 E_e 下的伏安特性,就像一般三极管在不同的基极电流时的输出特性一样,只要将入射光在发射极与基极之间的 PN 结附近所产生的光电流看作基极电流,就可将光敏三极管看成一般的三极管。

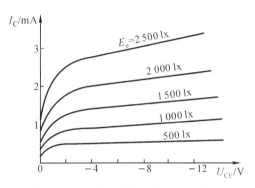

图 5-7　锗光敏三极管的伏安特性曲线

（3）**光电特性**　光敏晶体管的输出电流 I_e 和光照度 E_e 之间的关系可近似地看作线性关系。

（4）**温度特性**　锗光敏晶体管的温度变化对输出电流的影响较小,主要由光照度决定,而暗电流随温度变化很大。所以在应用时应在线路上采取措施进行温度补偿。

（5）**响应时间**　硅和锗光敏二极管的响应时间分别为 10^{-6}s 和 10^{-4}s 左右,光敏三极管的响应时间比相应的二极管约慢一个数量级,因此,在要求快速响应或入射光调制频率较高时选用硅光敏二极管较合适。

4. 光电池

动画

光电池的
工作过程

光电池的工作原理基于光生伏特效应。它的种类很多,有硅、硒、硫化铊和碲化镉等,其感光灵敏度随材料和工艺方法的不同而有差异,应用最广泛的是硅光电池,它具有性能稳定、光谱范围宽、频率特性好、传递效率高等优点,但对光的响应速度还不够快。目前,新能源的光伏发电大量使用的就是硅光电池。另外,由于硒光电池的光谱峰值位置在人眼的视觉范围内,所以很多分析仪器、测量仪器也常用到它,下面着重介绍硅光电池的基本特性。

（1）**光谱特性**　不同材料光电池的光谱峰值位置是不同的。例如,硅光电池可在 $0.45\sim1.1\ \mu\text{m}$ 范围内使用,而硒光电池只能在 $0.34\sim0.57\ \mu\text{m}$ 范围内使用。

（2）**光电特性**　图 5-8 所示为硅光电池的光电特性曲线,其中光生电动势 U 与光照度 E_e 间的特性曲线称为开路电压曲线;光电流强度 I_e 与 E_e 间的特性曲线称为短路电流曲线。

从图中可以看出,短路电流在很大范围内与

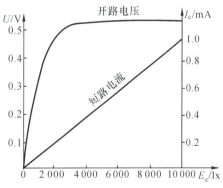

图 5-8　硅光电池的光电特性曲线

光照度呈线性关系,开路电压与光照度的关系是非线性的,且在光照度 2 000 lx 的光照射下就趋于饱和了。因此,用光电池作为敏感元件时,应该把它当作电流源的形式使用,即利用短路电流与光照度呈线性关系的特点,这也是光电池的主要优点之一。

(3) **频率特性**　硅光电池具有较高的频率响应,而硒光电池较差。因此,在高速计数器、有声电影以及其他方面多采用硅光电池。

●延伸阅读

光伏发电与
"碳达峰、
碳中和"

(4) **温度特性**　光电池的温度特性是描述光电池的开路电压 U、短路电流 I_s 随温度 t 变化的曲线。由于它关系到应用光电池设备的温度漂移,影响到测量精度或控制精度等主要指标,因此它是光电池的重要特性之一。光电池的开路电压随温度增加而下降的速度较快,短路电流随温度上升而增加的速度却很缓慢,因此,在将光电池作为敏感元件用在自动检测系统设计中时就应该考虑到温度的漂移,需采取相应措施进行补偿。

单元 2　光电式传感器的应用

●动画

光电式传感器
的颜色识别

光电式传感器实际上是由光电元件、光源和光学元件组成一定的光路系统,并结合相应的测量转换电路而构成的。常用光源有各种白炽灯和发光二极管,常用光学元件有多种反射镜、透镜和半透半反镜等。关于光源、光学元件的参数及光学原理,读者可参阅有关书籍。但有一点要特别指出的是,光源与光电元件在光谱特性上应基本一致,即光源发出的光应该在光电元件接收灵敏度最高的频率范围内。

一、光电式传感器的应用类型

光电式传感器的测量属于非接触式测量,广泛应用于生产的各个领域。光源对光电元件的作用方式不同,因而光学装置是多种多样的,按其输出量性质可分为:模拟输出型光电式传感器和数字输出型光电式传感器两大类。无论是哪一种,依被测物与光电元件和光源之间的关系,光电式传感器的应用可分为以下四种基本类型:

(1) **直射式**　光辐射本身是被测物,由被测物发出的光通量到达光电元件上。光电元件的输出反映了光源的某些物理参数,如图 5-9(a)所示,如光电比色温度计和光照度计等。

(2) **透射式**　恒光源发出的光通量穿过被测物,部分被吸收后到达光电元件上。吸收量决定于被测物的某些参数如图 5-9(b)所示,如测量液体、气体透明度和浑浊度的光电比色计等。

(3) **遮挡式**　从恒光源发射到光电元件的光通量遇到被测物被遮挡了一部分,由此改变了照射到光电元件上的光通量,光电元件的输出反映了被测物尺寸等参数,如图 5-9(c)所示,如振动测量和工件尺寸测量等。

(4) **反射式**　恒光源发出的光通量到达被测物,再从被测物反射出来投射到光电元件上,光电元件的输出反映了被测物的某些参数,如图 5-9(d)所示,如测量表面粗糙度和纸张白度等。

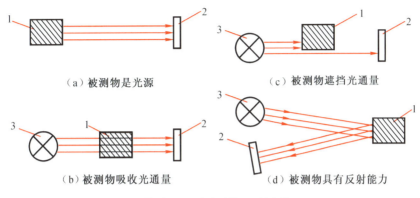

（a）被测物是光源　　　　　　　（c）被测物遮挡光通量

（b）被测物吸收光通量　　　　　　（d）被测物具有反射能力

1—被测量;2—光电元件;3—恒光源。

图 5-9　光电式传感器应用的几种基本类型

以上提到的"恒光源"特指辐射强度和波谱分布均不随时间变化的光源。同一光路系统可用于不同物理量的检测,不同光路系统可用于同一物理量的检测,但一般都可归结为以上四种类型。在下面介绍的光电式传感器应用举例中,应注意由于背景光及温度等因素对光电元件的影响较大,在模拟量的检测中一般有参照信号和温度补偿措施,用来削弱或消除这些因素的影响。

二、光电式传感器的模拟量检测

 　　　　　　　**光电比色温度计**

　　　光电比色温度计是根据热辐射定律,使用光电池进行非接触测温的一个典型例子。根据有关的辐射定律,物体在两个特定波长 λ_1、λ_2 上的光强 $I_{\lambda 1}$、$I_{\lambda 2}$ 之比与该物体的温度 T 的关系:

$$\frac{I_{\lambda 1}}{I_{\lambda 2}} = K_1 e^{-K_2/T} \tag{5-1}$$

式中　K_1、K_2——与 λ_1、λ_2 及物体的黑度有关的常数。

　　　因此,只要测出 $I_{\lambda 1}$ 与 $I_{\lambda 2}$ 之比,就可根据式(5-1)算出物体的温度 T。图 5-10 所示为光电比色温度计的原理图。

　　　测温对象发出的辐射光经物镜 2 投射到半透半反镜 3 上,它将光线分为两路:第一路光线经反射镜 4、目镜 5 到达使用者的眼睛,以便瞄准测温对象;第二路光线穿过半透半反镜成像于光阑 7,通过光导棒 8 混合均匀后投射到分光镜 9 上,分光镜的功能是使红外光通过,而可见光反射。红外光透过分光镜到达滤光片 10,滤光片的功能是进一步起滤光作用,它只让红外光中的某一特定波长为 λ_1 的光线通过,最后被硅光电池 11 所接收,转换为与 $I_{\lambda 1}$ 成正比的光电流 I_1。滤光片 12 的作用是只让某一特定

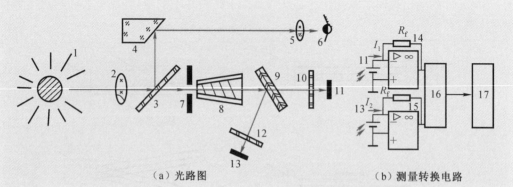

（a）光路图　　　　　　　　　　　（b）测量转换电路

1—测温对象；2—物镜；3—半透半反镜；4—反射镜；5—目镜；
6—观察者的眼睛；7—光阑；8—光导棒；9—分光镜；10、12—滤光片；
11、13—硅光电池；14、15—电流/电压转换器；16—运算电路；17—显示器。

图 5-10　光电比色温度计的原理图

波长为 λ_2 的光线通过，最后被硅光电池 13 所接收。转换为与 $I_{\lambda 2}$ 成正比的光电流 I_2。I_1、I_2 分别经过电流/电压转换器 14、15 转换为电压 U_1、U_2（由于运算放大器的输入电流接近 0，所以光电流 I 全部经过反馈电阻 R_f，其输出电压为 $U_O = I \cdot R_f$），再经过运算电路算出 U_1/U_2 值。由于 U_1/U_2 值可以代表 $I_{\lambda 1}/I_{\lambda 2}$，故采用一定的办法可以进一步根据式（5-1）计算出被测物的温度 T，由显示器 17 显示出来。

应用案例　　　　　　　　　　光电式烟尘浓度计

　　工厂烟囱烟尘的排放是环境污染的重要来源，为了控制和减少烟尘的排放量，对烟尘的监测是必要的。图 5-11 所示为光电式烟尘浓度计的原理图。

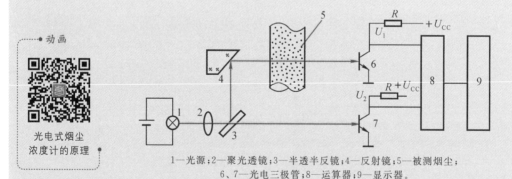

动画

光电式烟尘
浓度计的原理

1—光源；2—聚光透镜；3—半透半反镜；4—反射镜；5—被测烟尘；
6、7—光电三极管；8—运算器；9—显示器。

图 5-11　光电式烟尘浓度计的原理图

　　光源发出的光线经半透半反镜分成两束强度相等的光线，一路光线直接到达光电三极管 7 上，产生作为被测烟尘浓度的参照信号。另一路光线穿过被测烟尘到达光电三极管 6 上，其中一部分光线被烟尘吸收或折射，烟尘浓度越高，光线的衰减量越大，到达光电三极管 6 的光通量就越小。两路光线分别转换成电压信号 U_1、U_2，由运算器 8 计算出 U_1、U_2 的比值，并进一步算出被测烟尘的浓度。

采用半透半反镜 3 及光电三极管 7 作为参照通道的好处是:当光源的光通量由于种种原因有所变化或因环境温度变化引起光电三极管灵敏度发生改变时,由于两个通道结构完全一样,所以在最后运算 U_1/U_2 值时,上述误差可自动抵消,减小了测量误差。根据这种测量方法也可以制作烟雾报警器,从而及时发现火灾现场。

应用案例 　　　　　　　　　**光电式边缘位置检测器**

光电式边缘位置检测器是用来检测带型材料在生产过程中偏离正确位置的大小及方向,从而为纠偏控制系统提供纠偏信号。例如,在冷轧带钢厂中,某些工艺采用连续生产方式,如连续酸洗、退火和镀锡等。带钢在上述运动过程中易产生走偏。带材走偏时,边缘便常与传送机械发生碰撞而出现卷边,造成废品。在其他工业部门,如印染、造纸等生产过程中也会发生类似问题。

图 5-12(a)所示为光电式边缘位置检测器的原理示意图。光源 1 发出的光线经透镜 2 汇聚为平行光束投射到透镜 3,再被汇聚到光敏电阻 4(R_1)上。在平行光束到达透镜 3 的途中,有部分光线受到被测带材的遮挡。从而使到达光敏电阻的光通量减小。图 5-12(b)所示为测量电路。图中,R_1、R_2 是同型号的光敏电阻,R_1 作为测量元件装在带材下方。R_2 用遮光罩罩住,起温度补偿作用,当带材处于正确位置(中间位置)时,由 R_1、R_2、R_3、R_P 组成的电桥平衡,放大器输出电压 U_O 为零。当带材左偏时,遮光面

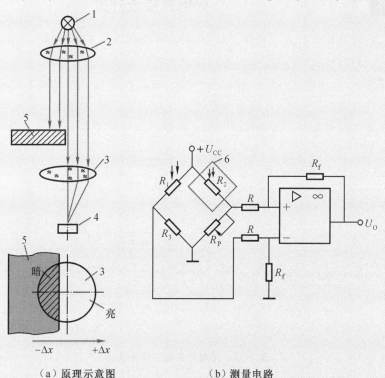

(a)原理示意图　　　　　　　　(b)测量电路

1—光源;2、3—透镜;4—光敏电阻;5—被测带材;6—遮光罩。

图 5-12　光电式边缘位置检测器的原理图

积减小,到达光敏电阻的光通量增大,光敏电阻 R_1 的阻值随之减小,电桥失去平衡,差动放大器将这平衡电压加以放大,输出电压 U_0 为正值,它反映了带材跑偏的方向及大小。反之,当带材右偏时, U_0 为负值。输出信号 U_0 一方面由显示器显示出来,另一方面被送到执行机构,为纠偏控制系统提供纠偏信号。需要说明的是,输出电压仅作为控制信号,而不要求精确测量带材偏离的大小,所以光电元件可用光敏电阻,若要求精确测量就不能使用光敏电阻(光敏电阻线性较差)。

三、光电式传感器的数字量检测

● 图片

数字量检测
光电式传感器
实物图

光电开关和光电断续器是光电式传感器的数字量检测的常用器件,它们是用来检测物体的靠近、通过等状态的光电式传感器。近年来,随着生产自动化、机电一体化的发展,光电开关及光电断续器已发展成系列产品,其品种及产量日益增加,用户可根据生产需要,选用适当规格的产品,而不必自行设计光路及电路。

从原理上讲,光电开关及光电断续器没有太大的差别,都是由红外发射元件与光敏接收元件组成,只是光电断续器是整体结构,其检测距离只有几毫米至几十毫米,而光电开关的检测距离可达数十米。

应用案例　　　　　　　　　　光电式接近开关

光电式接近开关简称为光电开关,它是利用被检测物对光束的遮挡或反射,经相关电路转化,从而反映被检测物体的有无或接近程度。光电开关将输入电流在发射器上转换为光信号射出,接收器再根据接收到的光线强弱或有无对目标物体进行探测。光电开关的工作原理如图 5-13 所示。多数光电开关选用的是波长接近可见光的红外线光波。光电开关发射器多采用中频(40 kHz 左右)窄脉冲电流驱动的半导体发光二极管(LED)作为光源,发射调制光信号。相应地,接收光电元件(光敏三极管)的输出信号经40 kHz 选频交流放大器及专用的解调芯片处理,可以有效地防止太阳光、日光灯的干扰,又可减小发射 LED 的功耗。

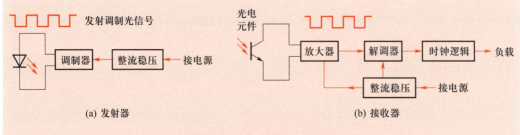

(a) 发射器　　　　　　　　　　　　　(b) 接收器

图 5-13　光电开关的工作原理

① **漫反射式光电开关**　如图 5-14(a)所示,它是一种集发射器和接收器于一体的传感器,当有被检测物体经过时,物体将光电开关发射器发射的足够量的光线反射到接

收器,于是光电开关就产生了开关信号。当被检测物体的表面光亮或其反光率极高时,漫反射式的光电开关是首选的检测模式。

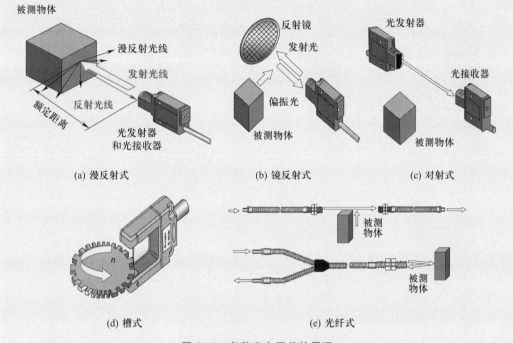

(a) 漫反射式　　　　　　(b) 镜反射式　　　　　　(c) 对射式

(d) 槽式　　　　　　　　　(e) 光纤式

图 5-14　各种光电开关的原理

② 镜反射式光电开关　如图 5-14(b)所示,它也集发射器与接收器于一体,与反射镜相对安装配合使用。光电开关发射器发出的光线经过反射镜反射回接收器,当被检测物体经过且完全阻断光线时,光电开关就产生了检测开关信号。反射镜使用偏光三角棱镜,能将发射器发出的光转变成偏振光反射回去,光接收器表面覆盖一层偏光透镜,只能接收反射镜反射回来的偏振光。

③ 对射式光电开关　如图 5-14(c)所示,它包含了在结构上相互分离且光轴相对放置的发射器和接收器,发射器发出的光线直接进入接收器,当被检测物体经过发射器和接收器之间且阻断光线时,光电开关就产生了开关信号。当检测物体为不透明物体时,对射式光电开关是最可靠的检测装置。

④ 槽式光电开关　如图 5-14(d)所示,它通常采用标准的 U 形结构,其发射器和接收器分别位于 U 形槽的两边,并形成一个光轴。当被检测物体经过 U 形槽且阻断光轴时,光电开关就产生了开关信号。槽式光电开关比较适合检测高速运动的物体,并且它能分辨透明与半透明物体,使用安全可靠。

⑤ 光纤式光电开关　如图 5-14(e)所示,它采用塑料或玻璃材料的光纤传感器来引导光线,可以对远距离的被检测物体进行检测。光纤式光电开关又分为对射式和漫反射式。

应用案例	光电断续器

光电断续器的工作原理与光电开关相同，但其光电发射、接收器同在一个体积很小的塑料壳体中，所以两者能可靠地对准，其外形如图 5-15 所示。它可分成遮断式和反射式两种。遮断式（也称槽式）的槽宽、槽深及光电元件各不相同，并已形成系列化产品，可供用户选择。反射式的检测距离较小，多用于安装空间较小的场合。由于检测范围小，光电断续器的发光二极管可以直接用直流电驱动，红外 LED 的正向压降为 1.2～1.5 V，驱动电流控制在几十毫安。

光电断续器是价格低廉、结构简单、性能可靠的光电器件。它广泛应用于自动控制系统、生产流水线、机电一体化设备、办公设备和家用电器中。例如，在复印机中，它被用来检测复印纸的有无；在流水线上它可用于检测细小物体的通过及透明物体的暗色标记，以及检测物体是否靠近的接近开关、行程开关等。图 5-16 所示为光电断续器的部分应用实例。

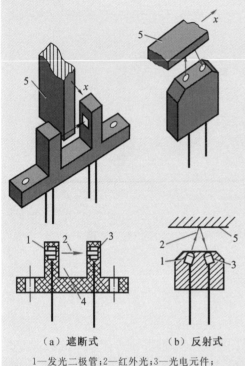

（a）遮断式   （b）反射式

1—发光二极管；2—红外光；3—光电元件；
4—槽；5—被测物。

图 5-15　光电断续器

动画

光电式传感器
的零件计数

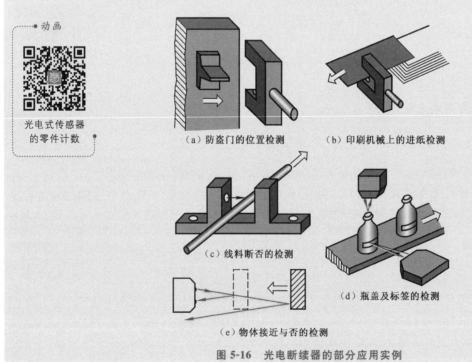

（a）防盗门的位置检测   （b）印刷机械上的进纸检测

（c）线料断否的检测

（d）瓶盖及标签的检测

（e）物体接近与否的检测

图 5-16　光电断续器的部分应用实例

应用案例 光电式转速表

　　由于机械式转速表和接触式电子转速表精度不高,且影响被测物的运转状态,已不能满足自动化的要求。光电式转速表有反射式和透射式两种,它可以在距被测物数十毫米处非接触地测量其转速。由于光电器件的动态特性较好,所以可以用于高转速的测量而又不影响被测物的转动,图 5-17 是利用光电开关制成的反射式光电转速表的原理图。

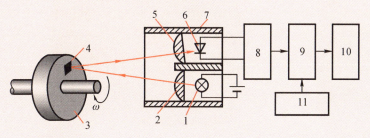

1—光源;2、5—透镜;3—被测旋转物;4—反光纸;6—光敏二极管;7—遮光罩;
8—放大整形电路;9—频率计电路;10—显示器;11—时基电路。

动画
光电式转速表
的工作原理

图 5-17　反射式光电转速表的原理图

　　光源 1 发出的光线经透镜 2 汇聚成平行光束照射到旋转物上,光线经事先粘贴在旋转物上的反光纸 4 反射回来,经透镜 5 聚焦后落在光敏二极管 6 上,它产生与转速对应的电脉冲信号,经放大整形电路 8 得到 TTL 电平的脉冲信号,经频率计电路 9 处理后由显示器 10 显示出每分钟或每秒钟的转数即转速。反光纸在圆周上可等分地贴多个,从而减少误差和提高精度。这里由于测量的是数字量,所以可不用参照信号。事实上,图 5-17 中的光源、透镜、光敏二极管和遮光罩就组成了一个光电开关。

　　应该指出的是,用被测物反射形式的光电式传感器并不仅仅用于数字量的检测,也可用于模拟量的检测,如纸张白度的测量。而用于模拟量检测的光路系统与数字量的不同,除检测信号外,还必须有参照信号。

 实践任务

漫射式光电接近开关灵敏度的调节

1. 任务要求

　　熟悉漫射式光电接近开关工作原理,认知漫射式光电接近开关类型,能够正确对漫射式光电接近开关进行灵敏度调节。

2. 设备与工具

　　漫射式光电接近开关 1 个;0～30 V 直流稳压电源一台;常用电工组装工具一套;导线若干。

3. 任务内容

认识漫射式光电接近开关外观和结构(图 5-18),熟悉各调节部件位置和用途;根据现场及检测工件,调整灵敏度。

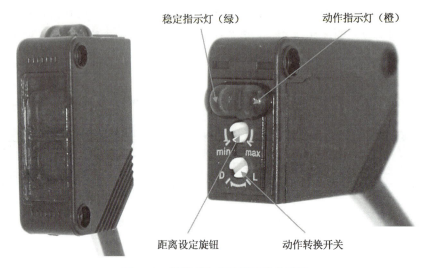

图 5-18　漫射式光电接近开关外观图

4. 操作步骤

(1) 认识漫射式光电接近开关并连线

仔细观察漫射式光电接近开关外观、铭牌,辨认其类型。认识其结构及各调节部件,找到灵敏度调节旋钮。依照漫射式光电接近开关的引线示意图,将其接入电源。

(2) 调节灵敏度

将比对的黑色工件和白色工件,依次放置在漫射式光电接近开关近处,调节灵敏度旋钮,使得检测黑色工件时动作指示灯不亮,检测白色工件时动作指示灯点亮。

(3) 改变动作转换开关

在工作状态下,改变动作转换开关,观察此时对于不同工件,动作指示灯是否有变化。

综 合 训 练

【认知训练】

5-1　光电效应有哪几种?与之对应的光电元件有哪些?简述各光电元件的优缺点。

5-2　光电式传感器可分为哪几类?各举几个例子加以说明。

5-3　某光电池的光电特性如图 5-8 所示,试设计一个较精密的光电池转换电路。要求电路输出电压 U_o 与光照成正比,且光照度为 1 000 lx 时输出电压 $U_o = 4$ V。

5-4　造纸工业中经常需要测量纸张的白度以提高产品质量,试设计一个自动检测纸张白度的测量仪,要求:

① 画出传感器的光路图；

② 画出转换电路简图；

③ 简要说明其工作原理。

5-5 试用光电元件设计一个选纱机上测量棉纱粗细的测量仪，要求画出光路图及转换电路简图，并说明其工作原理。

【能力训练】

5-1 某光敏三极管在强烈光照时的光电流为 2.5 mA，选用的继电器吸合电流为 50 mA，直流电阻为 250 Ω。现欲设计两个简单的光电开关，其中一个是有强光照射时继电器吸合，另一个相反，有强光照射时继电器释放。分别画出两个光电开关的电路图（采用普通三极管放大），并标出电源极性及选用的电压值。条件允许的情况下，可制作这两个光电开关。

5-2 在普通调光台灯的基础上加装一光控电路，使其根据周围环境照度自动调整台灯亮度，如图 5-19 所示。当选择开关 S_1 处于"手控"位置时，该台灯和普通调光台灯一样，双向晶闸管 VS 的导通角由 R_1、R_P 和 C 组成的移相网络的充电时间参数决定。调整 R_P 能改变 VS 的导通角，从而调整台灯的亮度。当开关处于"光控"位置时，由 R_2 和光敏电阻 R_G 构成的分压电路通过二极管 VD1 向 C 充电，改变 R_2、R_G 的分压能改变 VS 的导通角。当光敏电阻周围的光线减弱时，R_G 呈现高阻，VD1 左端电位升高，充电速度加快，VS 导通角增大，灯泡 L 两端电压升高，亮度增强；反之，则 R_G 阻值变小，亮度减小，从而实现自动调光功能。

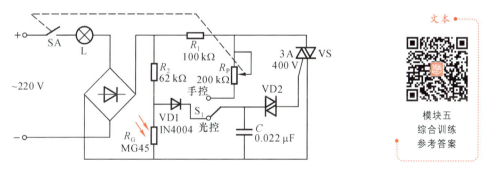

图 5-19　自动调光台灯电路图

元件选择：①传感器 R_G 选用 MG45 光敏电阻；②VS 选用 3 A/400 V 双向晶闸管；③VD1选用 1N4004 整流二极管；④R_2 阻值的选择应使台灯在黑夜时亮度适中；⑤其他元件如图标示，无特殊要求。

制作与调试：安装时应将光敏电阻 R_G 安装在台灯底座侧后部，台灯光线照射不到的位置，以便使其感受周围环境的照明度。开关 SA 装在台灯座的前端即可。

模块六
数字传感器

• 模块目标 •

模块六
学习目标

• 知识链接 •

数字式位移
测量的方式

在用普通机床进行零件加工时,操作人员通常通过读取操作手柄上的刻度盘数值或机床上的标尺来获取加工尺寸,如长度、高度、直径、角度及孔径等,往往需要将机床停下来反复调整,因此加工精度低,又影响加工效率。数字传感器的出现满足了生产上对测量提出的大尺寸、数字化、高精度、高效益和高可靠性等一系列要求,适应了当前生产和科学技术不断发展的趋势。**数字传感器是指将被测量(一般是位移量)转化为数字信号,并进行精确检测和控制的传感器。**常用的数字传感器有光栅式传感器、光电编码器、磁栅式传感器、感应同步器、容栅式传感器等,本模块将介绍前面三种传感器。

单元 1 光栅式传感器

光栅式传感器实际上是光电式传感器的一个特殊应用。由于光栅测量具有结构简单、测量精度高、易于实现自动化和数字化等优点,因而得到了广泛的应用。

一、光栅的结构和类型

光栅主要由标尺光栅和光栅读数头两部分组成。通常,标尺光栅安装在活动部件上,如机床的工作台或丝杠上。光栅读数头则安装在固定部件上,如机床的底座上。当活动部件移动时,读数头和标尺光栅也就随之作相对的移动。

1. 光栅尺

标尺光栅和光栅读数头中的指示光栅构成光栅尺,如图 6-1 所示,其中长的一块为标尺光栅,短的一块为指示光栅。两块光栅上均匀地刻有相互平行、透光和不透光相间的线纹,这些线纹与两块光栅相对运动的方向垂直。从图上光栅尺线纹的局部放大部分来看,白的部分 b 为透光线纹宽度,黑的部分 a 为不透光线纹宽度,设栅距为 W,则 $W = a + b$,一般光栅尺的透光线纹和不透光线纹宽度是相等的,即 $a = b$。常见长光栅的线纹间距为 25、50、100、125、250 线/mm。

标尺光栅

指示光栅

图 6-1 光栅尺

2. 光栅读数头

光栅读数头由光源、透镜、指示光栅、光电元件和驱动电路组成,如图 6-2(a)所示。光栅读数头的光源一般采用白炽灯。光源发出的光线经过透镜后变成平行光束,照射在光栅尺上。由于光电元件输出的电压信号比较微弱,因此必须首先将该电压信号进行放大,以避免在传输过程中被多种干扰信号所淹没、覆盖而造成失真。驱动电路的功能就是对光电元件输出的信号进行功率放大和电压放大。

光栅读数头的结构形式按光路分,除了垂直入射式外,常见的还有分光读数头、反射读数头等,它们的结构如图 6-2(b)、图 6-2(c)所示。

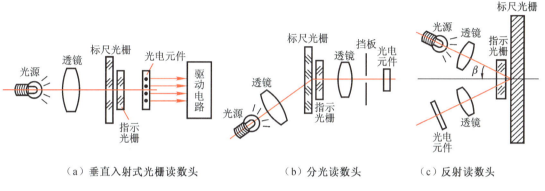

（a）垂直入射式光栅读数头　　（b）分光读数头　　（c）反射读数头

图 6-2　光栅读数头

光栅按其形状和用途可以分成长光栅和圆光栅两类,长光栅用于长度测量,又称直线光栅,圆光栅用于角度测量;按光线的走向可分为透射光栅和反射光栅。

二、光栅的基本工作原理

图 6-3 所示为光栅式传感器的基本工作原理框图。通过光栅尺将位移信息放大后经光电元件转换为电压信号,然后经辨向电路将电压信号转换为具有辨向信息的数字信号,再经细分电路分辨比光栅尺刻度更小的数字信号,最后经计数显示器将位移量显示出来。

图 6-3　光栅式传感器的基本工作原理框图

1. 莫尔条纹

光栅是利用莫尔条纹现象来进行测量的。莫尔,法文的原意是水面上产生的波纹。莫尔条纹是指两块光栅叠合时,出现光的明暗相间的条纹,从光学原理来讲,如果光栅栅距与光的波长相比较是很大的话,就可以按几何光学原理来进行分析。图 6-4 所示为两块栅距相等的光栅叠合在一起,并使它们刻线之间的夹角为 θ 时,这时光栅上就会出现若干条明暗相间的条纹,这就是莫尔条纹。莫尔条纹有如下几个重要特性:

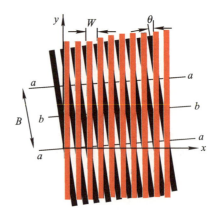

x—光栅移动方向；y—莫尔条纹移动方向。

图 6-4   等栅距形成的莫尔条纹 ($\theta \neq 0$)

动画

莫尔条纹原理

（1）**消除光栅刻线的不均匀误差**   由于光栅尺的刻线非常密集，光电元件接收到的莫尔条纹所对应的明暗信号，是一个区域内许多刻线的综合结果。因此它对光栅尺的栅距误差有平均效应，这有利于提高光栅的测量精度。

（2）**位移的放大特性**   莫尔条纹间距是放大了的光栅栅距 W，它随着光栅刻线夹角 θ 而改变。当 $\theta \ll 1$ 时，可推导得莫尔条纹的间距 $B \approx W/\theta$（θ 为弧度）。可知 θ 越小，则 B 越大，相当于把微小的栅距扩大了 $1/\theta$ 倍。

（3）**移动特性**   莫尔条纹随光栅尺的移动而移动，它们之间有严格的对应关系，包括移动方向和位移量。位移一个栅距 W，莫尔条纹也移动一个间距 B，移动方向的关系见表 6-1。图 6-4 中，标尺光栅相对指示光栅的转角方向为逆时针方向。标尺光栅向左移动，则莫尔条纹向下移；标尺光栅向右移动，莫尔条纹向上移动。

（4）**光强与位置关系**   两块光栅相对移动时，从固定点观察到莫尔条纹光强的变化近似为正余弦波形变化，如图 6-5 所示。光栅移动一个栅距 W，光强变化一个周期 2π，这种正余弦波形的光强变化照射到光电元件上，即可转换成电信号关于位置的正余弦变化。

表 6-1   光栅移动与莫尔条纹移动关系表

标尺光栅相对指示光栅的转角方向	标尺光栅移动方向	莫尔条纹移动方向
顺时针方向	←向左	↑向上
	→向右	↓向下
逆时针方向	←向左	↓向下
	→向右	↑向上

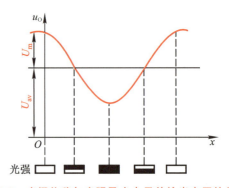

图 6-5   光栅位移与光强及光电元件输出电压的关系

当光电元件接收到光的明暗变化时，光信号就转换为图 6-5 所示的电压信号输出，它可以用光栅位移量 x 的余弦函数表示：

$$u_O = U_{av} + U_m \cos \frac{2\pi}{W} x \qquad\qquad (6\text{-}1)$$

式中　u_O——光电元件输出的电压信号；

　　　U_{av}——输出信号中的平均直流分量。

2. 辨向原理

在实际应用中,被测物体的移动方向往往不是固定的。无论主光栅向前或向后移动,在一固定点观察时,莫尔条纹都是作明暗交替变化的。因此,只根据一条莫尔条纹信号,就无法判别光栅移动方向,也就不能正确测量往复移动时的位移。

为了辨向,需要在相隔 1/4 条纹间距的位置上安装两个光电元件,得到两个相位差 $\pi/2$ 的电信号 U_{01} 和 U_{02},这样经过整形后得到两个方波信号 $U_{01'}$ 和 $U_{02'}$,将这两个方波信号输入到由"非门"电路、微分电路和"与门"电路组成的辨向电路,从两个"与门"中分别输出正向位移脉冲和反向位移脉冲,就可以根据运动的方向正确地给出加计数脉冲和减计数脉冲。这种由"非门"电路、微分电路和"与门"电路组成的,将光栅移动的正、反方向信息转化为输出加、减计数脉冲的电路,称为辨向电路。

3. 细分技术

当光栅相对移动一个栅距 W,则莫尔条纹移过一个间距 B,"与门"输出一个计数脉冲,则其分辨力为 W。实际上光栅的栅距 W 是不能无限制地变小的。为了能分辨比 W 更小的位移量,就必须对电路进行处理,使之能在移动一个 W 内等间距地输出若干计数脉冲,这种方法就称为细分。由于细分后计数脉冲的频率提高了,故又称为倍频。通常采用的细分方法有四倍频细分、电桥细分、复合细分等。

光栅式传感器除需要光栅尺与光栅读数头组成的光路系统外,还需要整形、辨向、细分、计数、显示等电路和环节。为了能够顺利、准确地测量位移,将光栅读数头的后续一系列电路和环节集成为一个仪器——光栅数显表,这样光栅读数头输出的信号就可直接送到光栅数显表中显示出来了。

三、光栅式传感器的安装要求

根据相关职业技能等级标准要求正确拆卸与安装光栅尺的情况,对光栅式传感器提出如下安装要求。

1. 安装环境

要把可能产生的各种对光栅式传感器造成的危害纳入考虑范围。

① 不得暴露在烈日或高温下;

② 远离高电压、大电流、强磁场的设备,光栅尺信号电缆线尽量远离电源线;

③ 避免金属屑、油、水等进入传感器,注意防尘防潮;

④ 不要将传感器安装在粗糙的表面和震动较大或不稳固的工作台上;

⑤ 环境温度在 $+40\ ℃$ 时,空气的相对湿度不超过 50%,较低温度时允许有较大相对湿度,由于温度变化产生的凝露应采取特殊的措施。

2. 安装位置

① 一般情况下，安装在运动部件上的是光栅式传感器的标尺光栅，安装在固定部件上的是光栅式传感器的读数装置；

② 读数装置的读数头与光栅尺之间的间隙有明确的规定，要按规定对其进行安装，而且指示箭头的方向和位置也有规定，必须对准中点。

3. 保护措施

光栅式传感器一般情况下安装在机床加工等环境，需要采取一定的保护措施，使其不受铁屑或者工作过程中冷却液等液体的影响。

4. 电线的连接

在进行电线连接时，必须在断电的情况下进行，以防发生触电的危险。

5. 安装完毕后的检查

光栅式传感器的检查主要通过移动其所在的平台即工作台，看读数是否正常即可。

四、光栅数显表简介

图 6-6 所示是一种二维光栅数显表，表下面是配套的光栅尺及光栅读数头。光栅数显表可广泛用于车床、铣床、磨床、线切割、摇臂钻、电火花、镗床、龙门镗铣等各类加工机床，有利于提高加工效率和加工精度。

图 6-6　二维光栅数显表

1. 光栅数显表的结构和原理

图 6-7 所示为光栅数显表的结构示意图和电路原理框图。在实际应用中不带微处理器的光栅数显表，其完成有关功能的电路往往由一些大规模集成电路（LSI）芯片来实现，下面简要介绍国产光栅数显表的 LSI 芯片对应的功能。这套芯片共分三片，另外再配两个驱动器和少量的电阻、电容，即可组成一台光栅数显表。

（1）光栅信号处理芯片

该芯片的主要功能是：完成从光栅部件输入信号的同步、整形、四细分、辨向、加减控制、参考零位信号的处理、记忆功能的实现和分辨力的选择等。

（2）逻辑控制芯片

该芯片的主要功能是：为整机提供高频和低频脉冲、完成 BCD 译码、XJ 校验以及超速报警。

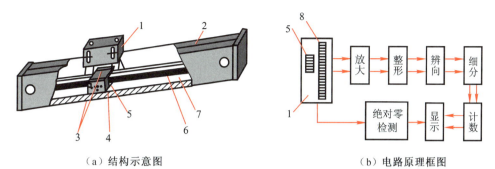

（a）结构示意图　　　　　　　　　（b）电路原理框图

1—读数头；2—壳体；3—发光接收线路板；4—指示光栅座；
5—指示光栅；6—光栅刻线；7—光栅尺；8—主光栅。

图 6-7　光栅数显表的结构示意图和电路原理框图

（3）可逆计数与零位记忆芯片

该芯片的主要功能是：接收从光栅信号处理芯片传来的计数脉冲，完成可逆计数；接收参考零位脉冲，使计数器确定参考零位的数值，同时也完成清零、置数、记忆等功能。

2. 光栅数显表的功能

（1）通用功能

清零、预置数、自动公英制转换、绝对坐标/相对坐标/200 组用户坐标显示转换、停电记忆、200 点辅助零位功能、寻找机械原点、线性误差修正、睡眠开关、报警、故障检测等功能。

（2）加工功能

① 计算器功能：圆周分孔、斜线分孔、斜度加工、圆弧加工。

② 车床功能：EDM 输出、矩形内腔渐进加工、数字过滤、直径/半径显示。

随着微电子技术和计算机技术的发展，数显表已经从单坐标测量发展为多坐标测量，功能也进一步扩大，实现了一定的编程功能，以及与计算机的互联。

应用案例　轴环式光栅数显表在车床进给显示中的应用

图 6-8 是 ZBS 型轴环式光栅数显表示意图。它的标尺光栅用不锈钢圆薄片制成，可用于角位移的测量。在轴环式光栅数显表中，定片（指示光栅）固定，动片（标尺光栅）可与外接旋转轴相连并转动。动片边沿被均匀地镂空出 500 条透光条纹，见图 6-8（b）A 的放大图。定片为圆弧形薄片，在其表面刻有两组与动片相同间隔的透光条纹（每组 3 条），定片上的条纹与动片上的条纹成一角度 θ。两组条纹分别与两组红外发光二极管和光敏三极管相对应。当动片旋转时，产生的莫尔条纹亮暗信号由光敏三极管接收，相位正好相差 $\pi/2$，即第一个光敏三极管接收到正弦信号，第二个光敏三极管接收到余弦信号。经整形电路处理后，两者仍保持相差 1/4 周期的相位关系。再经过细分、辨向电路，根据运动的方向来控制可逆计数器进行加法或减法计数，电路原理框图如图 6-8（c）所示。测量显示的零点由外部复位开关完成。

轴环式光栅数显表具有体积小、安装简便、读数直观、可靠性高、性价比高等优点，适用于中小型机床的进给或定位测量，也适用于老机床的改造。如果把它装在车床进给刻度轮的位置,可以直接读出进给尺寸,减少停机测量的次数,从而提高工作效率和加工精度。图6-9所示为轴环式光栅数显表在车床纵向进给显示中的应用。

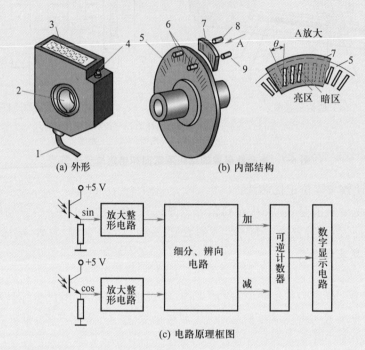

(a) 外形　　　　　(b) 内部结构

(c) 电路原理框图

1—电源线(+5 V);2—轴套;3—数字显示器;4—复位开关;5—标尺光栅;
6—发光二极管;7—指示光栅;8—正弦光敏三极管;9—余弦光敏三极管。

图 6-8　ZBS 型轴环式光栅数显表示意图

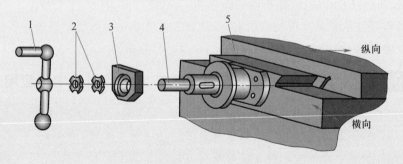

1—手柄;2—紧固螺母;3—轴环式光栅数显表托板;4—丝杠轴;5—溜板。

图 6-9　轴环式光栅数显表在车床纵向进给显示中的应用

单元 2　光电编码器

　　编码器是将直线运动和转角运动变换为数字信号进行测量的一种传感器,它有光电式、电磁式和接触式等各种类型。从器件外形尺寸、分辨率、动态响应、可靠性、多种规格和成本等各种指标进行综合评价,光电编码器具有最广泛的应用。光电编码器是用光电方法将转角和位移转换为各种代码形式的数字脉冲传感器,表 6-2 是光电编码器按其构造和数字脉冲信号的性质进行的分类。其中增量式编码器需要一个计数系统,编码器的旋转编码盘通过敏感元件给出一系列脉冲,它在计数中对某个基数进行加或减,从而记录了旋转的角位移量。绝对式编码器可以在任意位置给出一个固定的与位置相对应的数字码输出。如果需要测量角位移量,它也不一定需要计数器,只要把前后两次位置的数字码相减就可以得到要求测量的角位移量。

图片

光电编码器
实物图

表 6-2　光电编码器的分类

构造类型	转动方式	直线——线性编码器	
		转动——转轴编码器	
	光束形式	透射式	
		反射式	
信号性质	增 量 式	辨别方向	可辨向的增量式编码器
			不可辨向的脉冲发生器
		零位信号	有零位信号
			无零位信号
	绝对式	绝对式编码器	

一、增量式光电编码器

增量式光电编码器结构示意图如图 6-10 所示。在它的编码盘边缘等间隔地制出 n 个透光槽。发光二极管(LED)发出的光透过槽孔被光敏二极管所接收。当码盘转过 $1/n$ 圈时,光敏二极管即发出一个计数脉冲,计数器对脉冲的个数进行加减计数,从而判断编码盘旋转的相对角度。为了得到编码盘转动的绝对位置,还须设置一个基准点,如图中的

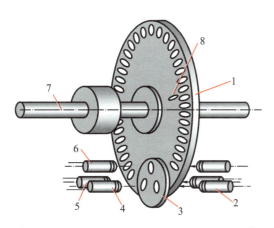

动画

增量式光电
编码器原理

拓展提高

增量式光电编码
器的转速测量

1—均匀分布透光槽的编码盘;2—LED 光源;3—狭缝;4—正弦信号接收器;
5—余弦信号接收器;6—零位读出光电元件;7—转轴;8—零位标记槽。

图 6-10　增量式光电编码器结构示意图

●动画

增量式光电
编码器的
转速测量

"零位标记槽"。为了判断编码盘转动的方向，实际上设置了两套光电元件，如图中的正弦信号接收器和余弦信号接收器。为了提高测量精度，增量式光电编码器往往做成圆光栅的结构形式，其辨向原理及细分电路已在本模块单元 1 中论述过。

　　增量式光电编码器除了可以测量角位移外，还可以通过测量光电脉冲的频率，进而用来测量转速。如果通过机械装置，将直线位移转换成角位移，还可以用来测量直线位移。最简单的方法是采用齿轮-齿条或滚珠螺母-丝杆机械系统，这种测量方法测量直线位移的精度与机械式直线-旋转转换器的精度有关。

二、绝对式光电编码器

　　绝对式光电编码器的编码盘由透明及不透明区组成，这些透明及不透明区按一定编码构成，编码盘上码道的条数就是数码的位数。图 6-11(a)所示为一个 4 位自然二进制编码盘，涂黑部分为不透明区，输出为"1"；空白部分为透明区，输出为"0"。它有 4 条码道，对应每一条码道有一个光电元件来接收透过编码盘的光线。当编码盘与被测物转轴一起转动时，若采用 n 位编码盘，则能分辨的角度为

$$\alpha = \frac{360°}{2^n} \qquad (6\text{-}2)$$

●动画

绝对式光电
编码器原理

　　自然二进制码虽然简单，但存在着使用上的问题，这是由于图案转换点处位置不分明而引起的粗大误差。例如，在由 7 转换到 8 的位置时光束要通过编码盘 0111 和 1000 的交界处（或称渡越区）。因为编码盘的制造工艺和光电元件安装的误差，有可能使读数头的最内圈（高位）定位位置上的光电元件比其余的超前或落后一点，这将导致可能出现两种极端的读数值，即 1111 和 0000，从而引起读数的粗大误差，这种误差是绝对不允许的。

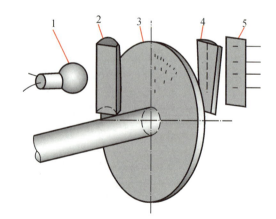

　　（a）4 位自然二进制编码盘　　　　　（b）光电编码盘结构图

1—光源；2—透镜；3—编码盘；4—狭缝；5—光电元件。

图 6-11　绝对式光电编码器的结构示意图

为了避免这种误差,可采用格雷码或称为循环码图案的编码盘,表6-3 给出了格雷码和自然二进制码的比较。由此表可以看出,格雷码具有代码从任何值转换到相邻值时字节各位数中仅有一位发生状态变化的特点。而自然二进制码则不同,代码经常有 2～3 位甚至 4 位数值同时变化的情况。这样,采用格雷码的方法即使发生前述的错移,由于它在进位时相邻界面图案的转换仅仅发生一个最小量化单位(最小分辨力)的改变,因而不会产生粗大误差。

动画 ●

绝对式光电
编码器的
位置测量

表 6-3　格雷码和自然二进制码的比较

D (十进制)	B (二进制)	R (格雷码)	D (十进制)	B (二进制)	R (格雷码)
0	0000	0000	8	1000	1100
1	0001	0001	9	1001	1101
2	0010	0011	10	1010	1111
3	0011	0010	11	1011	1110
4	0100	0110	12	1100	1010
5	0101	0111	13	1101	1011
6	0110	0101	14	1110	1001
7	0111	0100	15	1111	1000

绝对式光电编码器对应每一条码道有一个光电元件,当码道处于不同角度时,经光电转换的输出就呈现出不同的数码,如图 6-11(b)所示。它的优点是没有触点磨损,因而允许转速高,最外层缝隙宽度可做得更小,所以精度也很高;其缺点是结构复杂,价格高,光源寿命短。国内已有 14 位编码器的定型产品。

图 6-12 所示为绝对式光电编码器测角仪原理图。在采用循环码的情况下,每一码道有一个光电元件,在采用二进制码或其他需要"纠错"即防止产生粗大误差的场合下,除最低位外,其他各个码道均需要双缝和两个光电元件。

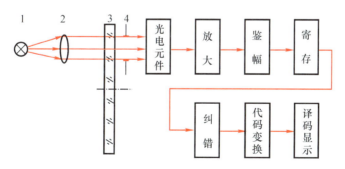

1—光源;2—聚光镜;3—编码盘;4—狭缝光阑。

图 6-12　绝对式光电编码器测角仪原理图

根据编码盘的转角位置,各光电元件输出不同大小的光电信号,这些信号经放大后送入鉴幅电路,以鉴别各个码道输出的光电信号对应于"0"态还是"1"态。经过鉴幅后得到一组反映转角位置的编码,将它送入寄存器。在采用二进制、十进制、度分秒进制编码盘或采用组合编码盘时，有时为了防止产生粗大误差要采取"纠错"措施，"纠错"措施由纠错电路完成。有些还要经过代码变换，再经译码显示电路显示编码盘的转角位置。绝对式光电编码器的主要技术指标是：

（1）**分辨力**　分辨力指每转一周所能产生的脉冲数。由于刻线和偏心误差的限制，编码盘的图案不能过细，一般线宽 $20\sim30\ \mu m$。进一步提高分辨力可采用电子细分的方法，现已经达到 100 倍细分的水平。

（2）**输出信号的电特性**　表示输出信号的形式（代码形式、输出波形）和信号电平以及电源要求等参数，称为输出信号的电特性。

（3）**频率特性**　频率特性是对高速转动的响应能力，取决于光电元件的响应和负载电阻以及转子的机械惯量。一般的响应频率为 $30\sim80\ kHz$，最高可达 $100\ kHz$。

（4）**使用特性**　使用特性包括器件的几何尺寸和环境温度。采用光电元件温度差动补偿的方法，其使用环境温度范围为 $-5\sim+50\ ℃$。外形尺寸为 $\phi30\sim200\ mm$，随分辨力提高而加大。

应用案例　　　　　　**光电编码器式扭矩检测**

●知识链接

扭矩检测的
基本概念

　　光电编码器式扭矩检测系统由扭转轴、光电码盘及光电组件、信号处理电路和显示控制装置等几部分组成，如图 6-13 所示。其中，光电组件由 LED 发光管和光敏元件组成；信号处理电路由放大、整形、细分、辨向计数等电路组成。其检测原理为光电码盘固定安装在扭转轴上，码盘上的透光区与不透光区沿环形均匀排列，光电码盘在扭转轴上受到扭矩作用后产生转角信息，LED 发光管发出的光照射到光电码盘上，当码盘上的透光孔和 LED 发光管及其对应的光敏元件转动到同一直线上时，光线会透过光电码盘并被光敏元件接收，并将带有光电码盘转角信息的光信号转换成微弱的电信号，再经过信号处理电路调制后将光电码盘的转角信息以数字信号的方式输出到显示控制装置中，从而反映扭转轴上扭矩值的变化。

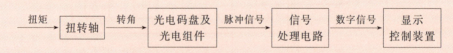

图 6-13　光电编码器式扭矩检测系统的组成

　　光电编码器式扭矩检测系统主要用作动力设备传动扭矩的测量，扭转轴的材料一般都是合金钢或者碳钢。与合金钢相比，碳钢的价格相对更为便宜，对应力集中的敏感性低，还可通过化学热处理或金属热处理提高其耐磨度及抗疲劳度，所以大多用碳钢材料制作扭转轴。扭转轴的结构应该考虑以下几个影响因素：轴在设备中的安装位置；安装在轴上的零件的类型、尺寸的大小及数量的多少；载荷的大小及分布情况等。

实践任务

增量式光电编码器的转速测量

1. 任务要求

熟悉编码器工作原理,认知编码器类型,能够正确使用增量式光电编码器。

2. 设备与工具

增量式光电编码器及配套直流电动机1套;0～30 V直流稳压电源一台;双踪示波器1台;常用电工组装工具一套;导线若干。

3. 任务内容

认识增量式光电编码器的结构,熟悉各引线,接入电源,识别A、B、Z各引线,计算增量式光电编码器的转速。

4. 操作步骤

(1)认识增量式光电编码器。仔细观察编码器的外观、铭牌,辨认其各引线。

(2)线路连接与识别。将编码器固定在直流电动机上,接入电源,分别将A、B、Z引线两两接入示波器。开启电动机,此时会发现其中A、B波形频率及形状基本相同,只是相位有区别,Z波形有别于A和B,以此判断Z引线。图6-14所示为示波器显示的A、B和Z的波形图。A、B引线的判断:通过启动电动机,观察正转和反转时示波器上A、B两组信号,正转时A超前B,反转时B超前A。

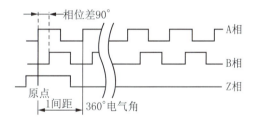

图6-14 示波器显示的A、B和Z的波形图

(3)计算编码器的转速。在接入电源情况下,A、Z接入示波器或信号计数器,手动转动电动机1圈,观察Z和A脉冲计数个数,若对应Z有1个脉冲,A有x个脉冲,可知该编码器的分辨力为x,开启电动机在t时段内数出其A相或B相的脉冲n_p,若频率$f=n_p/t$,则转速$n=60f/x$。

单元3 磁栅式传感器

磁栅式传感器是近年来发展起来的新型检测元件。与其他类型的检测元件相比,磁栅式传感器具有制作简单、复制方便、易于安装和调整、测量范围宽(从几十毫米到数十米)、不需要接长、抗干扰能力强等一系列优点,因而在大型机床的数字检测、自动化机床的自动控制及轧压机的定位控制等方面得到了广泛应用。

一、磁栅的组成及类型

1. 磁栅的组成

磁栅式传感器由磁栅（简称磁尺）、磁头和检测电路组成。如图 6-15 所示，磁尺是用非导磁性材料做尺基，在尺基的上面镀一层均匀的磁性薄膜，然后录上一定波长的磁信号。磁信号的波长又称节距，用 W 表示。在 N 与 N、S 与 S 重叠部分磁感应强度最强，但两者极性相反。目前常用的磁信号节距为 0.05 mm 和 0.20 mm 两种。

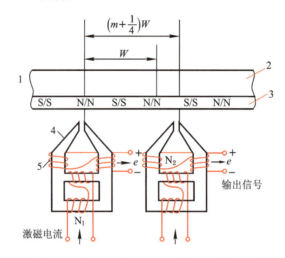

1—磁尺；2—尺基；3—磁性薄膜；4—铁芯；5—磁头。

图 6-15　磁栅式传感器工作原理示意图

磁头可分为动态磁头（又名速度响应式磁头）和静态磁头（又名磁通响应式磁头）两大类。动态磁头在磁头与磁尺间有相对运动时，才有信号输出，故不适用于速度不均匀、时走时停的机床。而静态磁头在磁头与磁栅间没有相对运动时也有信号输出。

2. 磁栅的类型

磁栅分为长磁栅和圆磁栅两类。前者用于测量直线位移，后者用于测量角位移。长磁栅可分为尺形、带形和同轴型三种，尺形磁栅式传感器外形如图 6-16(a)所示。当安装

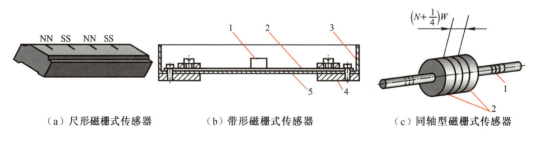

（a）尺形磁栅式传感器　　　（b）带形磁栅式传感器　　　（c）同轴型磁栅式传感器

1—磁头；2—磁栅；3—屏蔽罩；4—基座；5—软垫。

图 6-16　长磁栅式传感器的类型

面不好安排时,可采用带形磁栅,带形磁栅式传感器如图 6-16(b)所示。同轴型磁栅式传感器如图 6-16(c)所示,其结构特别小巧,可用于结构紧凑的场合。

二、磁栅式传感器的工作原理

1. 基本工作原理

以静态磁头为例来叙述磁栅式传感器的工作原理。静态磁头的结构如图 6-15 所示,它有两组绕组,一组为激磁绕组 N_1,另一组为输出绕组 N_2。当绕组 N_1 通入激磁电流时,磁通的一部分通过铁芯,在 N_2 绕组中产生电动势信号。如果铁芯空隙中同时受到磁栅剩余磁通的影响,那么由于磁栅剩余磁通极性的变化,N_2 中产生的电动势振幅就受到调制。

实际上,静态磁头中的 N_1 绕组起到磁路开关的作用。当激磁绕组 N_1 中不通电流时,磁路处于不饱和状态,磁栅上的磁力线通过磁头铁芯而闭合。这时,磁路中的磁感应强度取决于磁头与磁栅的相对位置。如在绕组 N_1 中通入交变电流。当交变电流达到某一个幅值时,铁芯饱和而使磁路"断开",磁栅上的剩余磁通就不能在磁头铁芯中通过。反之,当交变电流小于额定值时,铁芯不饱和,磁路被"接通",则磁栅上的剩余磁通就可以在磁头铁芯中通过,随着激磁电流的变化,可饱和铁心这一

动画

磁栅式传感器
的工作原理

磁路开关不断地"通"和"断",进入磁头的剩余磁通就时有时无。这样,在磁头铁芯的绕组 N_2 中就产生感应电动势,它主要与磁头在磁栅上所处的位置有关,而与磁头和磁栅之间的相对速度关系不大。

由于在激磁电流变化中,不管它在正半周或负半周,只要电流幅值超过某一额定值,它产生的正向或反向磁场均可使磁头的铁芯饱和,这样在它变化的一个周期中,可使铁芯饱和两次,磁头输出绕组中输出电压信号为非正弦周期函数,所以其基波分量角频率 ω 是输入频率的 2 倍。

磁头输出的电动势信号经检波,保留其基波成分,可用下式表示:

$$e = E_{\mathrm{m}}\cos\frac{2\pi x}{W} \cdot \sin \omega t \tag{6-3}$$

式中　E_{m}——感应电动势的幅值;

　　W——磁栅信号的节距;

　　x——机械位移量。

为了辨别方向,图 6-15 中采用两个相距 $\left(m+\frac{1}{4}\right)W$($m$ 为整数)的磁头,为了保证距离的准确性通常两个磁头做成一体,两个磁头输出信号的调制信号相位差为 $90°$。经鉴相信号处理或鉴幅信号处理,并经细分、辨向、可逆计数后显示位移的大小和方向。

2. 信号处理方式

当图 6-15 中两个磁头励磁线圈加上同一激磁电流时,两个磁头输出绕组的输出信号为

$$\begin{cases} e_1 = E_{\mathrm{m}} \cos \dfrac{2\pi x}{W} \cdot \sin \omega t \\[3mm] e_2 = E_{\mathrm{m}} \sin \dfrac{2\pi x}{W} \cdot \sin \omega t \end{cases} \tag{6-4}$$

式中　$\dfrac{2\pi x}{W}$——机械位移相角，$\dfrac{2\pi x}{W} = \theta_x$。

磁栅式传感器的信号处理方式有鉴相和鉴幅两种，下面简要介绍这两种信号处理方式。

（1）鉴相处理方式

鉴相处理方式就是利用输出信号的相位大小来反映磁头的位移量或与磁尺的相对位置的信号处理方式。将第二个磁头的电压读出信号移相 90°，两磁头的输出信号则变为

$$\begin{cases} e_1' = E_{\mathrm{m}} \cos \dfrac{2\pi x}{W} \cdot \sin \omega t \\[3mm] e_2' = E_{\mathrm{m}} \sin \dfrac{2\pi x}{W} \cdot \cos \omega t \end{cases} \tag{6-5}$$

将两路输出用求和电路相加，则获得总输出为

$$e = E_{\mathrm{m}} \sin\left(\omega t + \dfrac{2\pi x}{W}\right) \tag{6-6}$$

式(6-6)表明，感应电动势 e 的幅值恒定，其相位变化正比于位移量 x。该信号经带通滤波、整形、鉴相细分电路后产生脉冲信号，由可逆计数器计数，显示器显示相应的位移量。图 6-17 所示为鉴相型磁栅式传感器原理框图，其中鉴相细分是对调制信号的一种细分方法，其实现手段可见有关书籍。

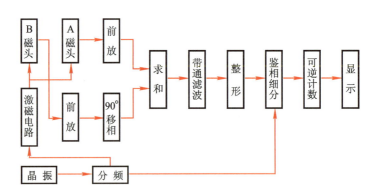

图 6-17　鉴相型磁栅式传感器原理框图

（2）鉴幅处理方式

鉴幅处理方式就是利用输出信号的幅值大小来反映磁头的位移量或磁头与磁尺的相对位置的信号处理方式。由式(6-4)可知，两个磁头输出信号的幅值是与磁头位置 x 成正余弦关系的信号。经检波器去掉高频载波后，可得

$$\begin{cases} e_1'' = E_m \cos \dfrac{2\pi x}{W} \\[3mm] e_2'' = E_m \sin \dfrac{2\pi x}{W} \end{cases} \tag{6-7}$$

此相差 90° 的两个关于位移 x 的正余弦信号与光栅式传感器两个光电元件的输出信号是完全相同的,所以它们的细分方法及辨向原理与光栅式传感器也完全相同。图 6-18 所示为鉴幅型磁栅式传感器原理框图。

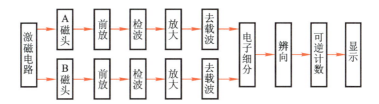

图 6-18 鉴幅型磁栅式传感器原理框图

三、磁栅数显表的相关芯片功能

国产磁栅数显表的结构示意图如图 6-19 所示,下面简要介绍该装置的相关芯片对应完成的功能。这些芯片再配两台驱动器和少量的电阻、电容,即可组成一台磁栅数显表。

1. 磁头放大器

它是连接磁尺和数显表的一个部件,其主要功能是:两个磁头输入信号的放大(即通道 A 和通道 B);通道 B 信号移相 90°;通道 A 和通道 B 信号求和放大;补偿两个磁头特性所需的调整和来自数显表供给两个磁头的激磁信号。

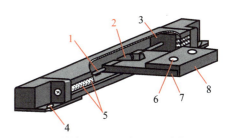

1—磁性标尺;2—磁头;3—固定块;
4—尺体安装孔;5—泡沫垫;6—滑板安装孔;
7—磁头连接板;8—滑板。

图 6-19 国产磁栅数显表的结构示意图

2. 磁尺检测专用集成芯片

该芯片的主要功能是:对磁尺激磁信号的低通滤波和功率放大;供给磁头的激磁信号;磁头放大器输出信号经滤波后进行放大、限幅、整形为矩形波;接收反馈控制信号对磁尺检出信号进行相位微调。

3. 磁尺细分专用集成芯片

该芯片的主要功能是:对磁尺的节距 $W = 200\ \mu m$ 实现 200 或 40 或 20 等分的电气细分,从而获得 $1\ \mu m$、$5\ \mu m$、$10\ \mu m$ 的分辨力(最小显示值)。

4. 可逆计数芯片

该芯片的主要功能是:十进制同步可逆计数/显示驱动器,计数器和寄存器可以逐位用 BCD 码置数,计数器具有异步清零功能。

四、磁栅式传感器的应用

磁栅式传感器有两个方面的应用:①可以作为高精度测量长度和角度的测量仪器用。由于可以采用激光定位录磁,而不需要采用感光、腐蚀等工艺,因而可以得到较高的精度,目前可以做到系统精度为±0.01 mm/m,分辨力可达1~5 μm。②可以用于自动化控制系统中的检测元件(线位移)。例如在三坐标测量机、程控数控机床及高精度重、中型机床控制系统中的测量装置中,均得到了应用。

动画

机床导轨的
位移检测

图 6-20 所示为国产 ZCB-101 鉴相型磁栅数显表的原理框图。目前磁栅数显表已采用微机来实现图 6-20 所示的功能。这样,硬件的数量大大减少,而功能更优。现以国产 WCB 微机磁栅数显表为例来说明带微机数显表的功能。WCB 与 XCC 系列以及日本 Sony 公司各种系列的直线形磁尺兼容,组成直线位移数显装置。该表具有位移显示功能、直径/半径、公制/英制转换及显示功能、数据预置功能、断电记忆功能、超限报警功能、非线性误差修正功能、故障自检功能等。它能同时测量 x、y、z 三个方向的位移,通过计算机软件程序对三个坐标轴的数据进行处理,分别显示三个坐标轴的位移数据。当用户的坐标轴数大于 1 时,其经济效益就明显优于普通数显表。

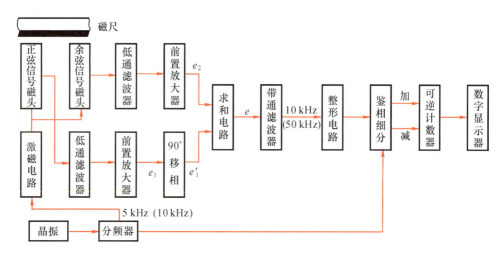

图 6-20   ZCB-101 鉴相型磁栅数显表的原理框图

应用案例   **用于仿形机床等设备的随动控制系统**

随动控制系统是设定值不断变化的控制系统,且设定值的变化事先是不知道的,要求系统的输出(被控变量)随设定值变化。仿形机床就是直线—直线运动方式的一种精密随动控制系统。在加工成形平面的自动化设备中,利用两套磁栅式传感器沿工件模型轮廓运动,同时发出两个坐标轴的指令信号,分别控制另外两套磁栅式传感器,就可使电火花切割机、气割焊枪或铣刀加工出和模型一致的工件。对于大型工件,如万吨船钢板下料,可将模型或图纸缩小,而随动控制系统按一定比例放大,自动切割出所需形状。

随动控制系统是在机床的主动部件上安装检测元件,发出主动位置检测信号,并用它作为控制系统的指令信号,而机床的从动部件,则通过从动部件的反馈信号和主动部件间始终保持着严格的同步随动运动。由于磁栅式传感器具有很高的灵敏度,只要自动控制系统和机械传动部件处理得当,使用磁栅式传感器为检测元件的精密同步随动控制系统可以获得很高的随动精度。

图 6-21 所示为磁栅式传感器鉴相型随动控制原理框图。标准信号发生器发出幅值相同的 $\sin \omega t$ 和 $\cos \omega t$ 信号,同时送到主动磁头和从动磁头的磁头 A 和磁头 B 上作为激磁信号。主动磁头 A 和磁头 B 输出信号相加得到 $\sin(\omega t + \theta_{主})$,从动磁头 A 和磁头 B 输出信号相加得到 $\sin(\omega t + \theta_{从})$,两路信号经鉴相器鉴相得出相位差 $\Delta\theta = \theta_{主} - \theta_{从}$,其中 $\theta = 2\pi x / W$,$x_{主}$、$x_{从}$ 分别为主动磁尺移动距离、从动磁尺移动距离。当 $\Delta\theta \neq 0$ 时,说明从动部分和主动部分的位移不一致,将 $\Delta\theta$ 经放大后驱动电动机 M,使从动部分动作,直到 $\theta_{主} = \theta_{从}$,$\Delta\theta = 0$ 时停止驱动,达到随动控制的目的。

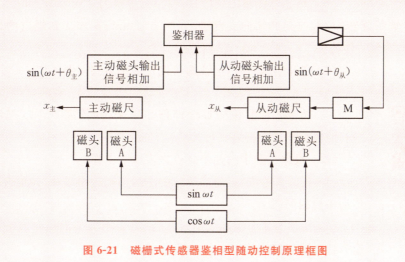

图 6-21　磁栅式传感器鉴相型随动控制原理框图

综 合 训 练

【认知训练】

6-1　什么是光栅的莫尔条纹? 莫尔条纹有哪些特性? 试简要说明。

6-2　一黑白长光栅副,标尺光栅和指示光栅的光栅常数均为 $10\ \mu m$,两者栅线之间保持夹角为 $2°$,当标尺光栅以 $v = 10\ mm/s$ 的速度移动时,试确定:

① 莫尔条纹的斜率;

② 莫尔条纹的移动速度。

6-3　光栅读数头由哪些部件或电路组成? 简述它们的作用。

6-4 什么叫细分？什么叫辨向？它们各有何用途？

6-5 光电编码器有哪几种？试简述绝对式光电编码器的工作原理及用途。

6-6 试简述磁栅式传感器的工作原理,磁头的形式有几种？分别用于哪些场合？

6-7 磁栅中双磁头配置的作用是什么？两个磁头为什么要相距 $(m+1/4)W$？

6-8 试指出磁栅式传感器的信号处理方式,说明鉴幅处理方式的原理,并画出原理框图。

6-9 试说明磁栅式传感器鉴相处理方式的原理,并画出原理框图。

【能力训练】

6-1 假设某单位计划采用数显装置将一台普通车床改造为专门用于车削螺栓的简易数控车床。制作的螺栓具体指标为:总长 1 000 mm、直径 30 mm、螺距 6 mm、螺纹数 120 圈。具体要求如下并填空:

(1) 如果传动比为 1,采用_____传感器测量主轴的角位移,它的技术指标必须达到_____ p/r(每转一圈,产生_____个脉冲),角位移的分辨力才能达到 0.35°。

(2) 一般采用_____传感器测量刀架的横向位移,分辨力达到 0.01 mm。

(3) 主轴每旋转一圈,刀架必须向右前进_____ mm;在加工到规定的螺纹圈数(120 圈)时,刀架共移动了_____ mm,然后退刀。

(4) 在开始退刀时,主轴的角位移传感器共得到_____个脉冲。

 文本

模块六
综合训练
参考答案

(5) 若横向走刀失控,当刀架运动到床身的左、右两端限位时,依靠_____传感器使溜板能够立即停止下来,并依靠_____器件发出"嘀"的报警响声并持续 1 s。

6-2 根据上题中的几个要点完成以下工作:

(1) 查阅有关资料,简述车床的主运动和进给运动,并画出表示车床传动机构的简图。

(2) 简述车床车削螺纹的过程,由此说明刀架的横向进给和主轴转速为什么要保持同步。

(3) 给主管部门写一份可行性报告,具体要求为:

① 分别从量程、使用环境、安装和经济适用性、性能价格比等方面考虑,说明拟采用的位置传感器,并比较各自的特点。

② 论述实现上述方案的对策,包括主轴的旋转和溜板的直线位移控制、进退刀控制、横向走刀失控报警和保护等。

③ 画出所选用的传感器在主轴左侧的安装位置,画出刀架溜板水平直线位移传感器和数字显示器在机床上的安装位置。

④ 报告必须符合应用文格式,题目翻译成英文。

模块七
现代新型传感器

传感器技术是当今世界发展最为迅速的高新技术之一。新型传感器不仅追求高精度、大量程、高可靠性、低功耗和微型化，而且向着集成化、多功能和智能化方向发展。集成化可以使传感器降低成本、改善性能、提高可靠性、减小体积、接口灵活，智能化可以使传感器将"感知"和"认知"结合起来，起到类似人的五官感觉功能的作用。本章简要介绍集成传感器、智能传感器、光纤传感器、CCD图像传感器和机器人传感器，其中集成传感器和智能传感器是指某一大类的传感器，主要介绍其基本概念。

模块目标●

模块七
学习目标

单元 1　集成传感器

一、大规模集成电路对传感器的影响

大规模集成电路的发展和日益成熟，提供了大量价格低廉、使用方便的微处理器电路和存储器电路。大规模集成电路的发展，无论是大规模集成电路本身的技术进步还是由它引起的计算机应用革命，都对传感器的发展起到了巨大的促进作用，这主要表现在以下几个方面：

1. 传感器向固体化、半导体化和集成化方向的发展

功能强而价格低的计算机系统在各方面的广泛使用，特别在工业自动控制、机器人技术和自动检测等方面的应用，要求有大量精度高、尺寸小和价格低廉的传感器与之相适应。另外，在这些应用中，计算机往往要直接接收从传感器输出的信号，这就要求传感器的输出直接是电学量。原来占主导地位的结构型传感器就显得不适应，促使了传感器向固体化、半导体化和集成化方向的发展。

延伸阅读●

我国集成芯片
制造现状

2. 传感器制造工艺的革新

为了不断促进集成度的增长，集成电路的工艺技术有着日新月异的发展。目前的集成电路技术可提供高精度的细微加工技术、高密度的器件集成、制造工艺的严格一致性和高可靠性。这些技术和工艺为传感器制造工艺的革新提供了有力的手段。由于这些技术特别适用于许多固体传感器的制作，从而促使固体传感器得以较快地发展。

3. 集成传感器的形成

集成电路的发展为制造传感器提供了许多成熟的材料。特别是半导体硅材料已能较

方便地为人们所利用,它有许多适宜制造传感器的性质,并制成了实用的传感器。利用硅材料制作的半导体传感器,除了具有固体传感器的一般优点外,它还可以把一些集成电路与传感器制作在一起,构成的传感器集成电路简称为集成传感器。

由上述几点可见,集成电路的大规模化不仅对传感器提出了集成化的要求,也为传感器的集成化提供了应用基础和技术基础。反之,集成传感器的发展使大规模集成电路能更好地发挥出它的优越性,因而也促进了大规模集成电路的发展。

二、集成传感器的特点

总的来说,集成传感器有如下特点:

(1) **成本低**　由于硅集成电路工艺已十分完善,利用这种技术无疑会使产品的成本降低。

(2) **小型化**　以硅技术为基础的微电子学,其主要特点之一就是微小型化。集成传感器意味着多个不相同的器件集成在一起,将原先的许多外引线都改为在芯片内部连接,显然可使体积大大缩小。

(3) **改善性能**　集成传感器可以把温度补偿、信号放大及处理等电路集成在同一块芯片上,这样就使环境温度变化和电源波动等外界因素对输出信号的影响减至最小。

(4) **提高可靠性**　由于集成化的结果,使外引线变为内引线,器件的焊点大大减少,可靠性得以提高。

(5) **增加接口灵活性**　根据需要可以在传感器芯片上设计阻抗变换电路、电平变换电路等,以适应不同的要求,便于与外电路连接。

三、传感器的集成

随着集成电路技术的发展,传感器可以和越来越多的信号处理电路制作在同一芯片上或封装在同一管壳内,这就是集成传感器。由于集成传感器是一部分信号处理电路与传感器的集成,因此,它除了实现传感器的功能之外,还可以完成一部分原来由信号处理器完成的功能。传感器的集成化也是一个由低级到高级,由简单到复杂的发展过程。在集成技术还不能把传感器和全部处理器电路集成在一起时,人们总是先选择一些较基本、较简单而集成化后可以为传感器性能带来最大好处的电路,先把它们和传感器集成在一起。

1. 各种调节电路和补偿电路与传感器的集成

各种调节电路和补偿电路与传感器集成,如电源电压调整电路、温度补偿电路等。把电源稳压电路和传感器集成在一起,不仅降低了传感器对外部电源的要求,使用更加方便,而且输出信号的稳定性也得到了改善。由于传感器的传感特性总有一定的温度灵敏性,在元件传感器分立的情况下,对温度的补偿是通过外部感温元件的补偿电路,但由于传感器的实际温度和外部感温元件不能很好地跟随,因而难以达到预期的效果。如果把温度补偿电路与传感元件集成在同一芯片上,那么补偿电路就能很好地感知传感元件的温度,可取得较好的补偿效果。由于温度灵敏性比较高是一般半导体传感器的主要问题,因此,良好的温度补偿具有重要的意义。

2. 信号放大电路和阻抗变换电路与传感器的集成

把信号放大电路和阻抗变换电路与传感元件集成在一起,对于改善信号的信噪比,抑制外来干扰的影响有很大的好处。在没有集成时,传感元件输出的电信号要经过传输线送到信号处理电路,如图7-1(a)所示。传输线往往是噪声和干扰的一个来源,在传感器输出信号弱和传感器输出阻抗高的情况下,传输线上的干扰会对传输信号有很大的影响。在集成传感器中,由于把放大器、阻抗变换电路和传感元件集成在一起,传感元件产生的信号经放大和阻抗变换后再经过传输线送到后面的信号处理电路作进一步处理,如图7-1(b)所示,传输线上干扰的影响会被大大地削弱。因此,把放大电路和阻抗变换电路与传感元件集成在一起,对改善系统的信噪比有很大的好处。

图片

集成传感器
实物图

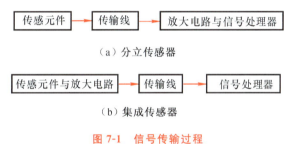

（a）分立传感器

（b）集成传感器

图 7-1　信号传输过程

3. 信号数字化电路与传感器的集成

除了把放大器与阻抗变换电路和传感元件集成在一起可以改善抗干扰特性之外,把模拟信号变换成数字信号也可以改善抗干扰能力。把模拟信号数字化一般要用到A/D转换器。在提高集成度有困难的情况下,可以在芯片上先把模拟信号变换成一定频率的交变信号,再把交变信号变换成数字信号。各种电流控制振荡器和电压控制放大器都有此功能。

为了适应控制系统的要求,也常把传感器的输出变换成为开、关两种状态的输出以实现控制。当被测信号强度高于某一阈值时,输出从一个状态变换到另一个状态。为了克服被测信号在阈值附近受干扰而影响输出状态,通常把一个施密特触发器和开关电路集成在一起。

4. 多传感器的集成

利用集成技术还可以把多个相同类型的传感器或多个不同类型的传感器集成在一起。多个相同类型的传感器集成在一起时,可通过比较各个传感器的测量结果,去除性能异常或失效器件的测量结果,也可以对正常工作器件的测量结果求平均值以改善测量精度。

把多个功能不同的传感器集成在一起,可以同时进行多个参数的测量。还可以对这些参数的测量结果进行综合处理,得到一个反映被测系统整体状态的参数。例如,通过对内燃机的压力、温度、排气成分和转速等参数的测量,经过分析处理可得出内燃机燃烧完全程度的综合参数。

5. 信号发送和接收电路与传感器的集成

在有的应用中,传感器需要种植到被测试的生物体内,附着在运动的物体上,或放置在有危险的封闭环境中进行工作。这时测得的信号需要通过无线电波、光或其他信号形式传送出来。在这种情况下,如能使用把信号发送电路和传感器集成在一起的集成传感器,那么测量系统的重量可以大大减轻,尺寸可以减小,给测量带来很多方便。另外,如把传感器与射频信号接收电路以及一些控制电路集成在一起,那么传感器可以接收外部控制信号而改变测量方式和测量周期,甚至关闭电源以减少功率消耗等。

●知识链接

无线传感器
网络

上面列举了一些集成传感器中被优先考虑的一些电路。随着集成电路技术的发展,集成传感器中集成的电路和元件也将越来越多,集成传感器的功能也越来越强。但把传感器与电路集成在一起也会引起一些新的问题,例如工艺复杂性提高、封装的问题、集成化和通用性的矛盾、散热效果变差等。但总的来说,集成化是发展方向,至今已有多种类型的光、磁、温度、力、压力和气敏集成传感器出现,其应用也越来越广。

应用案例　　　　　　　　　**LSM303DLH 传感器模块**

电子指南针(又称电子罗盘)是一种重要的导航工具,能实时提高移动物体的航向和姿态。随着半导体工艺的进步和手机操作系统的发展,很多智能手机中都内嵌了电子指南针功能,如图 7-2 所示。电子指南针集成了三轴磁力传感器和三轴加速度传感器,分别用于检测磁场数据和航向倾角,如 LSM303DLH 传感器模块。

图 7-2　智能手机中内嵌的电子指南针

LSM303DLH 传感器模块结构示意图如图 7-3 所示,将加速度计、磁力计、A/D 转换器、信号调理电路集成在一起,通过 I²C 总线与外部处理器通信。其工作原理为通过信号调理和数据采集将三维空间中的重力分布和磁场数据传送至处理器,处理器根据磁场数据分析出方位角,利用重力数据进行倾斜补偿,处理后输出的方位角不受电子指南针姿态影响。因为将多传感器及处理电路等集成在一块芯片上,使得体积更小、布线简洁,降低了成本和功耗。

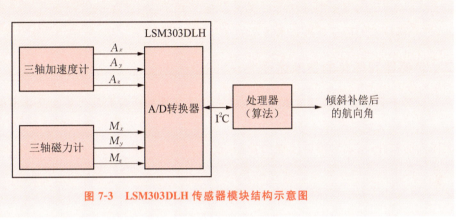

图 7-3 LSM303DLH 传感器模块结构示意图

单元 2 智 能 传 感 器

一、智能传感器的定义及其功能

智能传感器的概念最初是美国宇航局(NASA)在开发宇宙飞船过程中形成的,宇宙飞船在太空中飞行时,需要知道它的速度、姿态和位置等数据。为了让宇航员能正常生活,需要控制舱内温度、气压、湿度、加速度和空气成分等,因而要安装大量的传感器,另外进行科学试验、观察也需要大量的传感器。要处理如此之多的由传感器所获取的信息,需一台大型电子计算机,而这在飞船上是无法做到的。为了不丢失数据,又要降低成本,于是提出了分散处理数据的设想。即传感器在检测到外界信号后,还要对其进行必要的加工和处理工作。从另一方面来说,智能传感器是为了代替人和生物体的感觉器官并扩大其功能而设计制作出来的一种装置。人和生物体的感觉有两个基本功能:一是检测对象的有无或检测变换对象发生的信号;另一是进行判断、推理、鉴别对象的状态。前者称为"感知",而后者称为"认知"。一般传感器只有对某一物体精确"感知"的本领,而不具有"认知"(智慧)的能力。智能传感器则可将"感知"和"认知"结合起来,起到类似人的五官感觉功能的作用。

什么是智能传感器?至今尚无公认的科学定义。但是,很多人认为智能传感器是将"传感器与微型计算机组装在一块芯片上的装置",或者认为智能传感器是将"一个或数个敏感元件和信号处理器集成在同一块硅或砷化镓芯片上的装置"。显然,这种定义过于狭窄。

一些科学家认为智能传感器需要具备下列功能：①由传感器本身消除异常值和例外值，提供比传统传感器更全面、更真实的信息的功能；②具有信号处理（如包括温度补偿、线性化等）功能；③随机整定和自适应功能；④具有一定程度的存储、识别和自诊断功能；⑤内含特定算法并可根据需要改变的功能。

根据以上对智能传感器的认识，对它比较科学的定义是：将传感器与微型计算机组装在一块芯片上，并具有"感知"和"认知"被测量的功能，把传感技术和信息处理技术进行完美结合的装置。

二、传感器智能化的技术途径

1. 传感器和信号处理装置的功能集成化是实现传感器智能化的主要技术途径

集成或混合集成方式将敏感元件、信号处理器和微处理器集成在一起，利用驻留在集成体内的软件，实现对测量过程的控制、逻辑判断和数据处理以及信息传输等功能，从而构成功能集成化的智能传感器。这类传感器具有小型化、性能可靠、能批量生产、价廉等优点，因而被认为是智能传感器的主要发展方向。

例如，多功能集成 FET 生物传感器是将多个具有不同固有成分选择的 ISFET（单个有选择性的场效晶体管）和多路转换器集成在同一芯片上，实现多成分分析。日本电气公司研制成能检测葡萄糖、尿素、维生素 K 和白蛋白四种成分的集成 FET 传感器。

另外一种功能集成传感器是将多个具有不同特性的气敏元件集成在一个芯片上，利用图像识别技术处理传感器而得到不同灵敏度模式，然后将这些模式所获取的数据进行计算，与被测气体的模式比较，便可辨别出气体种类和确定各自的浓度。

2. 基于新的检测原理和结构，实现信号处理的智能化

采用新的检测原理，通过微机械精细加工工艺和纳米技术设计新型结构，使之能真实地反映被测对象的完整信息，这也是传感器智能化的重要技术途径之一。

人们研究的多振动智能传感器就是利用这种方式实现传感器智能化的实例。工程中的振动通常是多种振动模式的综合效应，常用频谱分析方法解析振动。由于传感器在不同频率下的灵敏度不同，势必造成分析上的失真。现在采用微机械加工技术，在硅片上制作出极其精细的沟、槽、孔、膜、悬臂梁和共振腔等，构成性能优异的微型传感器。

目前，人们已能在 2 mm × 4 mm 硅片上制成 50 条振动板，其谐振频率为 4～14 kHz 的多振动智能传感器。

3. 研制人工智能材料是当今实现智能传感器以及实现人工智能的最新手段和最新学科

近几年来，人工智能材料（artificial intelligent materials，AIM）的研究是当今世界上的高新技术领域中的一个研究热点，也是全世界有关科学家和工程技术人员的研究课题。

人工智能是指研究和完善达到或超过人的思维能力的人造思维系统，其主要内容包

括机器智能和仿生模拟两大部分。前者是利用现有的高速、大容量电子计算机的硬件设备,研究计算机的软件系统来实现新型计算机原理论证、策略制定、图像识别、语言识别和思维模拟,这是人工智能的初级阶段。后者则是在生物学已有成就的基础上,对人脑和思维过程进行人工模拟,设计出具有人类神经系统功能的人工智能机。为了达到上述目的,计算机科学是实现人工智能的必要手段,而仿生学和材料学则是推动人工智能研究不断前进的两个车轮。

人工智能材料是继天然材料、人造材料和精细材料后的第四代功能材料。它有三个基本特征:能感知环境条件的变化(普通传感器的功能),进行自我判断(处理器功能)以及发出指令和自行采取行动(执行器功能)。显然,人工智能材料除具有功能材料的一般属性(即电、磁、声、光、热和力等特定功能),能对周围环境进行检测的硬件功能外,还具有能对反馈的信息进行调节和转换等软件功能。这种材料具有自适应自诊断、自修复自完善和自调节自学习的特性,这是制造智能传感器极好的材料。因此,人工智能材料和智能传感器是不可分割的两个部分。

拓展提高

形状记忆合金

智能材料是一种结构灵敏性材料,其种类繁多、性能各异。按电子结构和化学键分为金属、陶瓷、聚合物和复合材料等几大类;按功能特性又分为半导体、压电体、铁弹体、铁磁体、铁电体、导电体、光导体、电光体和电致流变体等几种;按形状分则有块材、薄膜和芯片智能材料。前两者常用作为分离式智能元器件或者传感器(discrete intelligent components,DIC),后者则主要用作智能混合电路和智能集成电路(intelligent integrated circuit,IIC)。几种智能材料的功能特征和应用可见表 7-1。

表 7-1 几种智能材料的功能特征和应用

种类	功能和效应	主要材料	智能元器件应用举例
半导体陶瓷	自诊断和自调节功能;热阻效应;PTC;NTC	$BaTiO_3$、$(Ba、Sr)TiO_3$ 等;Mn,Ni,Co,Fe 等过渡金属氧化物	测温、控温开关、取代温控线路和保护线路
半导体陶瓷	自诊断和自调节功能;湿阻效应和气阻效应	MgO/ZrO_2(碱性/酸性);异质结界面电阻变化	快速检测微波炉的湿度和温度,调节烹调火候和时间,取代复杂的检测线路。不需高温清洗,具有自诊断和自修复功能
	自诊断和自修复功能;湿阻效应和电化学反应	CuO/ZnO(p/n 多孔陶瓷);异质结界面电阻变化;水分子和污秽在高温上可自行分解	快速检测环境湿度和 CO 泄漏,具有启动电压低($<0.5\ V$),灵敏度高,无须清洗,可连续重复使用(即自修复功能)等优点
合金	自诊断和自调节功能;形状记忆效应	$Ni-Ti$,$Cu-Zn-Al$,$Fe-Ni-C$,$Fe-Ni-Co-Ti$ 力致可逆马氏相变超弹性材料	利用力致变色效应和光记忆效应做成敏感特性元件,在可自动启合式卫星天线、高压管道的自膨胀接口等方面有特殊应用

续　表

种类	功能和效应	主要材料	智能元器件应用举例
氧化物薄膜	自诊断和自调节功能；（电子＋离子）混合导电材料的电致变色效应和光记忆效应	WO_3，MoO_3，NiO，普鲁士蓝；$PBKFe_3 + [(Fe_2 + CN_6)]$；$Fe_3 + [Fe_2 + (CN)_6]_3 \cdot 6H_2O$	利用电致变色效应和光记忆效应做成电色显示器和低压（＜2 V）自动调光窗口材料，既可减轻空调负荷又能节约能源，在建筑物窗玻璃、汽车玻璃和大屏幕显示等领域有广泛用途
高聚物薄膜	自诊断和自调节功能；热（释）电效应和热记忆效应	PVDF 等	利用热电效应和热记忆效应可用于智能红外摄像和智能多功能自动报警，取代复杂的检测线路
光导纤维	自诊断功能；光电效应	光导纤维，Si 等	利用埋于大跨度桥梁内光导纤维因桥梁过载开裂，光路被切断而自动报警，取代复杂的检测线路

应用案例　　二维自适应图像智能传感器

由上述内容可知，智能传感器是"电五官"与"微电脑"的有机结合，对外界信息具有检测、判断、自诊断、数据处理和自适应能力的集成一体化的多功能传感器。这种传感器还具有与主机自动对话，自行选择最佳方案的能力。它还能将已取得的大量数据进行分割处理，实现远距离、高速度和高精度的传输。目前，这类传感器尚处于研究开发阶段，但是已出现不少实用的智能传感器。

例如，二维自适应图像智能传感器，如图7-4所示。它是利用CCD（电荷耦合器件）二维阵列摄像仪，将检测图像转换成时序的视频信号，在电子电路中产生与空间滤波器相应的同步信号，再与视频信号相乘后积分，改变空间滤波器参数，移动滤波器光栅，以提高灵敏度，实现二维自适应图像传感的目的。

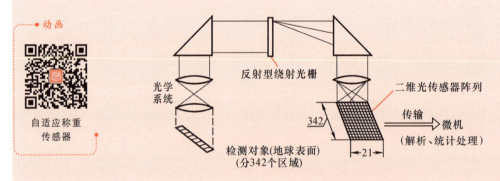

图 7-4　二维自适应图像智能传感器

利用大规模集成电路技术，将传感器和计算机集成在同一块硅片上，可以实现三维多功能的单片智能传感器，如图7-5所示。它是将二维集成发展成三维集成技术，实现多层结构并且将传感器功能、逻辑功能和记忆功能等集成在一个硅片上，这是智能传感器的一个重要发展方向。

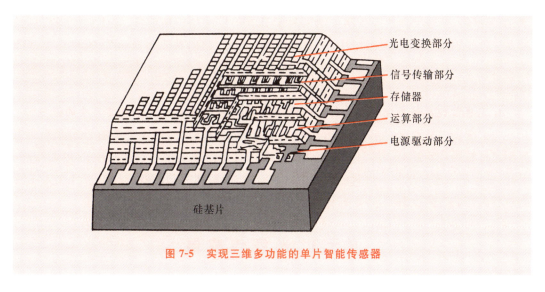

光电变换部分
信号传输部分
存储器
运算部分
电源驱动部分

硅基片

图 7-5　实现三维多功能的单片智能传感器

三、智能传感器的发展前景

目前,人工智能材料和智能传感器已经是世人瞩目且最为热门的一门科学。虽然,在人工智能材料及智能器件的研究方面已向前迈进了一大步,但是目前人们还不能随意地设计和创造人造思维系统,还在探索与实践中。今后人工智能材料和智能传感器的研究内容主要集中在如下几个方面:

1. 利用微电子学,使传感器和微处理器结合在一起实现各种功能的单片智能传感器,仍然是智能传感器的主要发展方向之一

例如,利用三维集成(3DIC)及异质结技术研制高智能传感器"人工脑",这是科学家近期的奋斗目标。日本正在用 3DIC 技术研制视觉传感器就是其中一例。

2. 微结构(智能结构)是今后智能传感器重要发展方向之一

"微型"技术是一个广泛的应用领域,它覆盖了微型制造、微型工程和微型系统等各种科学与多种微型结构。微型结构是指在 1 μm～1 mm 范围内的产品,它超出了人们的视觉辨别能力。在这样的范围内加工出微型机械或系统,不仅需要有关传统的硅平面技术的深厚知识,还需要对微切削加工、微制造、微机械和微电子等四个领域的知识有一个全面的了解。这四个领域是完成智能传感器或微型传感器系统设计的基本知识来源。

在未来 20 年内,微机械技术的作用将会同微电子在过去 20 年所起的作用一样令人震撼,全球微型系统市场价值十分巨大,批量生产微型结构和将其置入微型系统的能力对于全球性市场的开发具有重要作用。"微型"工程技术将会像微型显微镜以及电子显微镜一样影响人类的生活,促进人类进步和科学技术的进一步发展。因此,这也是人类今后数十年内研究的重要课题之一。

拓展提高

MEMS 传感器
简介

3. 利用生物工艺和纳米技术研制传感器功能材料,以此技术为基础研制分子和原子生物传感器是一门新兴学科,是 21 世纪的超前技术

纳米科学是一门集基础科学与应用科学于一体的新兴科学。它主要包括纳米电子

学、纳米材料、纳米生物学等学科。纳米科学具有很广阔的应用前景,它将促使现代科学技术从目前的微米尺度(微型结构)上升到纳米或原子尺度,并成为推动 21 世纪人类基础科学研究和产业技术革命的巨大动力,当然也将成为传感器(包括智能传感器)的一种革命性技术。

4. 完善智能器件原理和智能材料的设计方法,也将是今后几十年极其重要的课题

为了减轻人类繁重的脑力劳动,实现人工智能化、自动化,不仅要求电子元器件能充分利用材料固有特性对周围环境进行检测,而且兼有信号处理和动作反应的相关功能。因此,必须研究将信息注入材料的主要方式和有效途径,研究功能效应和信息流在人工智能材料内部的转换机制等,将不断探索出新型人工智能材料和传感器件。

单元 3 光 纤 传 感 器

光纤传感器是近年来异军突起的一项新技术。光纤传感器具有一系列传统传感器无可比拟的优点,如灵敏度高、响应速度快、抗电磁干扰、耐腐蚀、电绝缘性好、防燃防爆、适于远距离传输、便于与计算机连接,以及与光纤传输系统组成遥测网等。目前已研制出测量位移、速度、压力、液位、流量和温度等各种物理量的光纤传感器。

一、光纤的结构

光纤一般为圆柱形结构,由纤芯、包层和保护层组成。纤芯由石英玻璃或塑料拉成,位于光纤中心,直径为 $5 \sim 75\ \mu m$;纤芯外是包层,有一层或多层结构,总直径在 $100 \sim 200\ \mu m$,包层材料一般为纯 SiO_2 中掺微量杂质,其折射率略低于纤芯折射率;包层外面涂有涂料(即保护层),其作用是保护光纤不受损害,增强机械强度,保护层折射率远远大于包层材料折射率。这种结构能将光波限制在纤芯中传输。

二、光纤传感器的原理及分类

● 知识链接

光纤的类型及
传光原理

光纤传感器是以光学量转换为基础,以光信号为变换和传输的载体,利用光导纤维输送光信号的一种传感器。光纤传感器主要由光源、光导纤维(简称光纤)、光检测器和附加装置等组成。光源种类很多,常用光源有钨丝灯、激光器和发光二极管等。光纤细长、柔软、可弯曲,是一种透明的能导光的纤维。光纤之所以能进行光信息的传输,是利用了光学上的全反射原理,即入射角大于全反射的临界角的光都能在纤芯和包层的界面上发生全反射,反射光仍以同样的角度向对面的界面入射,这样,光将在光纤的界面之间反复地发生全反射而进行传输。附加装置主要是一些机械部件,它随被测参数的种类和测量方法而变化。

按光纤的作用,光纤传感器可分为功能型和传光型两种。功能型光纤传感器是利用光纤本身的特性随被测量发生变化的一种光纤传感器。例如,将光纤置于声场中,则光纤纤芯的折射率在声场作用下发生变化,将这种折射率的变化作为光纤中光的相位变化检

测出来,就可以知道声场的强度。功能型光纤传感器既起着传输光信号作用,又可作敏感元件,所以又称为传感型光纤传感器。传光型光纤传感器是利用其他敏感元件来感受被测量变化的一种光纤传感器,传光型光纤传感器仅起传输光信号的作用,所以也称为非功能型光纤传感器。

动画 ● 光纤传光原理

三、光纤传感器的特点

光纤传感器具有以下一些特点:①不受电磁场的干扰。当光信息在光纤中传输时,它不会与电磁场发生作用,因而,信息在传输过程中抗电磁干扰能力很强,使其特别适合于电力系统。②绝缘性能高。光纤是不导电的非金属材料,其外层的涂覆材料硅胶也不导电,因而光纤绝缘性能高,很方便测量带高压电设备的各种参数。③防爆性能好,耐腐蚀。由于在光纤内部传输的是能量很小的光信息,不会产生火花、高温、漏电等不安全因素,因此,光纤传感器的安全性能好。光纤传感器适合于有强腐蚀性对象的参数测量。④导光性能好。对传输距离较短的光纤传感器来说,其传输损耗可忽略不计,利用这一特性制成了锅炉火焰监测器监视火焰的状态。⑤光纤细而柔软,可制成非常小巧的光纤传感器,用于测量特殊对象及场合的参数。

应用案例 光纤压力传感器

光纤传感器应用的场合很多,工作原理也各不相同,但都离不开光的调制和解调两个环节。光调制就是把某一被测信息加载到传输光波上,这种承载了被测量信息的调制光再经光探测系统解调,便可获得所需检测的信息。原则上说,只要能找到一种途径,把被测信息叠加到光波上并能解调出来,就可构成光纤传感器的一种应用。常用的光调制有强度调制、相位调制、频率调制及偏振调制等几种。下面以光纤压力传感器为例简要说明光纤传感器的应用。

应用案例 ● 光纤电流、光纤加速度和光纤流量传感器

光纤传感器中光强度调制的基本原理可简述为以被测对象所引起的光强度变化,来实现对被测对象的检测。

图7-6所示为一种按光强度调制原理制成的光纤压力传感器结构。这种压力传感器的工作原理是:

(1)被测力作用于膜片,膜片感受到被测力而向内弯曲,使光纤与膜片间的气隙减小,使棱镜与光吸收层之间的气隙发生改变。

(2)气隙发生改变引起棱镜界面上全内反射的局部破坏,造成一部分光离开棱镜的上界面,进入光吸收层并被吸收,致使反射回接收光纤的光强度减小。

(3)接收光纤内反射光强度的改变可由桥式光接收器检测出来。

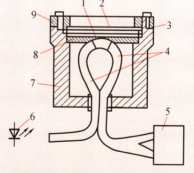

1—膜片;2—光吸收层;3—垫圈;4—光纤;5—桥式光接收器;6—发光二极管;7—壳体;8—棱镜;9—上盖。

图7-6 光纤压力传感器结构

（4）桥式光接收器输出信号的大小只与光纤和膜片间的距离和膜片的形状有关。

光纤压力传感器的响应频率相当高，如直径为 2 mm、厚宽为 0.65 mm 的不锈钢膜片，其固有频率可达 128 kHz。因此在动态压力测量中也是比较理想的传感器。

光纤压力传感器在工业中具有广泛的应用前景。它与其他类型的压力传感器相比，除抗电磁干扰、响应速度快、尺寸小、质量轻及耐热性好等优点外，还特别适合于防爆要求的场合使用。

实践任务

简易光纤料位传感器的制作

1. 任务要求

认知光纤的传光、传感原理，通过资料查询及实际操作，能够完成光纤式定值料位测量电路的制作及调试。

2. 设备与工具

数字万用表；光纤、塑料桶、红外发光二极管、红外光敏三极管、电阻、电容、集成运放等；常用电工组装工具一套；粗砂或米等物料若干。

3. 任务内容

利用塑料桶制作模拟料仓，并在合适的位置打孔，设计光电探测电路，安装光纤、红外发光二极管、红外光敏三极管、光电探测电路等到合适位置，如图 7-7 所示，测试简易开关型光纤料位检测系统的可靠性。

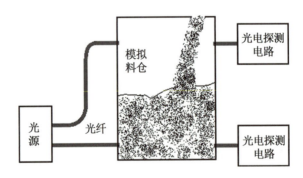

图 7-7　简易开关型光纤料位检测系统

4. 操作步骤

（1）利用塑料桶制作模拟料仓，在上下限料位预留光纤安装位置，制作进料口和出料口。

（2）利用红外发光二极管制作光源电路。

（3）安装光纤和光源电路，确保安装位置正确，无障碍物时接收光纤能获取发射光纤的光信号。

（4）制作红外光敏三极管的探测电路,利用集成运放构成简易比较器电路,测量信号为开关输出型,并以 LED 灯做信号指示(电路图略,可参考模块五图 5-11 所示原理图进行设计)。

（5）从进料口添加物料,查看检测信号是否正常。

（6）如光信号较弱,可将光源通过光纤耦合器接入光纤。

单元 4　CCD 图像传感器

图像传感器用于将光信号转变为电信号。图像传感器的体积通常很小,但却包含了几十万个乃至上百万个感光元件,每个感光元件即为一个像素。当有光线照射时,感光元件产生电荷累积,光线越多,电荷累积的就越多,累积的电荷会被转换成相应的像素数据。常用的感光元件有两种:①电荷耦合器件(charge coupled device, CCD),是由一种高感光度的半导体(MOS 型晶体管)材料制成的,技术成熟,成像质量好,应用广泛。但信息读取复杂,速度慢。②互补金属氧化物半导体(CMOS),利用硅和锗制成的半导体,在 CMOS 上共存着 N 区和 P 区,这两个互补效应所产生的电路可被处理芯片记录和解读成影像信息。其特点是:电路简单,信息直接读取,速度较快,耗电量小,单个光电传感元件、电路之间距离近,受光、电、磁干扰较严重,对图像质量影响很大。

一、CCD 图像传感器简介

CCD 图像传感器由 CCD 电荷耦合器件制成,是在 MOS 集成电路的基础上发展起来的,能进行图像信息光电转换、存储、延时和按顺序传送,给出直观真实、多层次的内容丰富的可视图像信息。它的集成度高,功耗小、结构简单、耐冲击、寿命长、性能稳定,因而被广泛应用于军事、天文、医疗、广播、电视、通信、工业检测和自动控制等领域。

CCD 电荷耦合器件是按一定规律排列的 MOS(金属-氧化物-半导体)电容器组成的阵列,其构造如图 7-8 所示。在 P 型或 N 型硅衬垫上生长一层很薄的二氧化硅,再在二氧化硅薄层上依次沉积金属或掺杂多晶硅形成电极,称为栅极。该栅极和 P 型或 N 型硅衬垫就形成了规则的 MOS 电容器阵列,再加上两端的输入及输出二极管就构成了 CCD 电荷耦合器件的芯片。

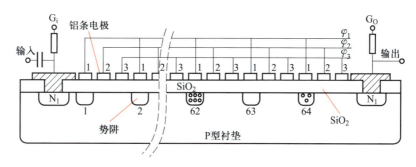

图 7-8　CCD 电荷耦合器件构造

●知识链接

CCD 图像
传感器电荷
转移和传输

MOS 电容器和一般电容器不同的是,其下极板不是一般导体而是半导体。假定该半导体是 P 型硅,其中多数载流子是空穴,少数载流子是电子。若在栅极上加正电压,衬垫接地,则带正电的空穴被排斥离开硅-二氧化硅界面,带负电的电子被吸引到紧靠硅-二氧化硅界面。当栅极电压高到一定值,硅-二氧化硅界面就形成了对电子而言的陷阱(势阱),电子一旦进入就不能离开。栅极电压愈高,产生的陷阱愈深。可见MOS 电容器具有存储电荷的功能。如果衬垫是 N 型硅,则在栅极上加负电压,可达到同样的目的。

每一个 MOS 电容器实际上就是一个光电元件,假定半导体衬垫是 P 型硅,当光照射到 MOS 电容器的 P 型硅衬垫上时,会产生电子空穴对(光生电荷),电子被栅极吸引存储在陷阱中。入射光强,则光生电荷多;入射光弱,则光生电荷少。无光照的 MOS 电容器则无光生电荷。这样把光的强弱变成与其成比例的电荷量,实现了光电转换。停止光照,由于陷阱的作用,电荷在一定时间内不会消失,可实现对光照的记忆。

二、CCD 图像传感器的分类和基本参数

1. CCD 图像传感器的分类

CCD 图像传感器有线阵型和面阵型两种,如图 7-9 所示。如果一个个的 MOS 电容器可以被设计排列成一条直线,称为线阵;也可以排列成二维平面,称为面阵。一维的线阵接收一条光线的照射,二维的面阵接收一个平面的光线照射。线阵型 CCD 常用于扫描仪、传真机等设备。CCD 摄像机、照相机就是通过透镜把外界的景象投射到二维 MOS 电容器面阵上,产生 MOS 电容器面阵的光电转换和记忆。

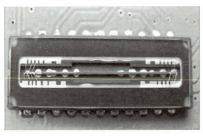

(a)线阵型CCD

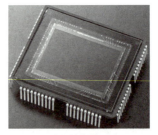

(b)面阵型CCD

图 7-9　CCD 图像传感器分类

2. CCD 图像传感器的基本参数

(1) 光谱灵敏度　CCD 的光谱灵敏度取决于量子效率、波长、积分时间等参数。量子效率表征 CCD 芯片对不同波长光信号的光电转换能力。不同工艺制成的 CCD 芯片的量子效率不同。灵敏度还与光照方式有关。

(2) 动态范围　表征同一幅图像中最强但未饱和点与最弱点强度的比值。数字图像一般用 DN 表示。

（3）**非均匀性**　CCD芯片全部像素对同一波长、同一强度信号响应能力的不一致性。

（4）**非线性度**　CCD芯片对于同一波长的输入信号,其输出信号强度与输入信号强度比例变化的不一致性。

（5）**分辨率**　包括灰度值分辨率和空间分辨率。灰度值分辨率是利用图像多级亮度来表示分辨率的方法,机器能分辨给定点的测量光强度,所需光强度越小则灰度值分辨率就越高,一般采用256级灰度值;空间分辨率是指CCD分辨精度的能力,通常用像素来表示,即规定覆盖原始图像的栅网的大小,栅网越细,网点和像素越高,说明CCD的分辨精度越高。

拓展提高 ●

红外CCD传感器和激光式图像传感器

三、色彩信息的获取

CCD芯片按比例将一定数目的光子转换为一定数目的电子,但光子的波长,也就是光线的颜色,却没有在这一过程中被转换为任何形式的电信号,因此CCD实际上是无法区分颜色的,即CCD实际获取的是灰度图像。

为获取彩色图像,一种简便的方法是采用分光棱镜和3个CCD器件,如图7-10所示。棱镜将光线中的红、绿、蓝三个基本色分开,使其分别投射在一个CCD上。这样一来,每个CCD就只对一种基本色分量感光。这种解决方案在实际应用中的效果非常好,但它的最大缺点就在于,采用3个CCD＋棱镜的搭配必然导致结构复杂,价格高昂。

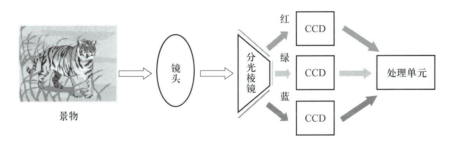

图7-10　3个CCD彩色成像原理图

另一种方式是采用单一CCD器件,将马赛克滤光片(也称拜耳滤镜)加装在CCD上。每四个像素形成一个单元,一个过滤红色、一个过滤蓝色,两个过滤绿色(因为人眼对绿色比较敏感)。每个像素都接收到感光信号,但色彩分辨率不如感光分辨率。采用每四个感光单元为一组,分别获取G、B、R、G光度信号并合成为一个像素点色彩信息(图7-11)。

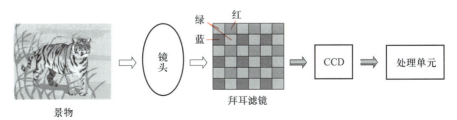

图7-11　单个CCD彩色成像原理图

应用案例　　　　　　　　　　　**平面扫描仪**

扫描仪是一种计算机外部仪器设备,通过捕获图像并将之转换成计算机可以显示、编辑、存储和输出的数字化输入设备。扫描仪分为笔式、滚筒式及平面式三种。

平面式扫描仪的工作原理如下:启动扫描仪时发出的强光照射在稿件上,没有被吸收的光线将被反射到光学感应器上。安装在扫描仪内部的可移动光源在步进电动机带动下开始扫描原稿,线阵CCD接收到这些信号后,将这些信号传送到模数(A/D)转换器,模数转换器再将其转换成计算机能读取的信号,然后通过驱动程序转换成显示器上能看到的正确图像。为了均匀照亮稿件,扫描仪光源为长条形,并沿 y 方向扫过整个原稿;照射到原稿上的光线经反射后穿过一个很窄的缝隙,形成沿 x 方向的光带,又经过一组反射镜,由光学透镜聚焦并进入分光棱镜,经过棱镜和红绿蓝三色滤镜得到 RGB 三基色光带分别照射到各自 CCD 上(3CCD 式),或聚焦后经过拜耳滤镜投射至 CCD 上(单 CCD 式),转成的电信号经模数转换成数字信号,如图 7-12 所示。

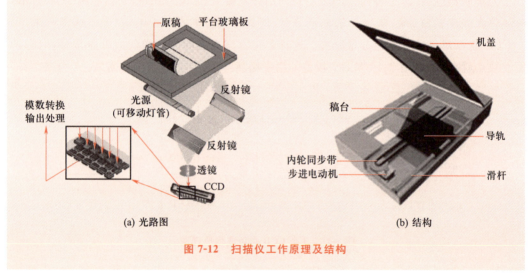

(a) 光路图　　　　　　　　(b) 结构

图 7-12　扫描仪工作原理及结构

📖 实践任务

数字图像的获取及处理

1. 任务要求

熟悉 CCD 图像传感器的原理、特性及基本应用,认识数码相机及其系统构成。通过资料查阅,以及摄像头或数码相机实际拍摄操作,能够进行图像传感器的像素设置、图像信息的获取和图片处理操作。

2. 设备与工具

计算机 1 台;数码相机和数据线(或带摄像头的手机及数据线)1 套;Photoshop 图

像处理软件。

3. 任务内容

通过图像传感器(数码相机)获取彩色数字图像信息,导入计算机,利用图像处理软件对数字图像进行预处理及编辑。

4. 操作步骤

(1) 设置不同像素拍摄静态图像。

(2) 数据线连接至计算机,将图像信息转存于计算机中。

(3) 利用 Photoshop 软件打开图像,利用缩放功能观察不同像素下的图像差异。

(4) 进行画笔、扭曲、旋转、锐化、插值等操作,修正图像缺陷。

(5) 利用魔术棒工具提取图像中人物或树木等,将其粘贴到另一画面。

(6) 分别获取灰度图像及红、绿、蓝三基色图像,并观察。

单元 5　机器人传感技术

机器人是由计算机控制的复杂机器,它具有类似人的肢体及感官功能;动作程序灵活;有一定程度的智能;既可以接受人类指挥,又可以运行预先编制的程序,也可以根据以人工智能技术制定的原则行动。它的任务是协助或取代人类的工作,例如生产业、建筑业中危险或高劳动强度的工作,或是人类难以到达的恶劣环境,如井下、深海或火星、月球探测作业等。

机器人传感器在机器人的控制中起了非常重要的作用,正因为有了传感器,机器人才具备了类似人类的知觉功能和反应能力。近年来,机器人技术发展迅速,应用范围日益广泛,要求它能从事越来越复杂的工作,对变化的环境能有更强的适应能力,能进行更精确的定位和控制,因而对传感器的应用提出了更高的要求。

一、机器人的构成及信息获取

机器人要完成所赋予的任务,必须包括控制系统、复杂机械、执行机构、驱动装置和检测装置等部分。其中,控制系统是其"大脑",可收集、分析信息,进行逻辑思维以及发送控制指令;复杂机械、执行机构、驱动装置则是其"身体"和"四肢",用于执行控制系统的命令;而检测装置则如同人的感官,具有信息获取能力,使其具有类似人的感觉和知觉,便于机器人更精准地完成任务,以及具有适应环境甚至自主学习的能力。

作为检测装置的传感器大致可以分为两类:一类是内部信息传感器,用于检测机器人各部分的内部状况,如各关节的位置、速度、加速度等,并将所测得的信息作为反馈信号送至控制系统,形成闭环控制。一类是外部信息传感器,用于获取有关机器人的作业对象及外界环境等方面的信息,以使机器人的动作能适应外界情况的变化,使之达到更高层次的自动化,甚至使机器人具有某种"感觉"。

动画

机械手物料
搬运与分拣

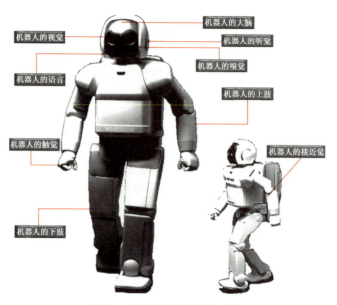

图 7-13 机器人传感器及分布

机器人通过外部信息传感器来检测作业对象及周围环境以控制自身行动。外部信息传感器和人的感觉对应,故亦称感觉传感器。机器人感觉传感器主要有视觉、听觉、触觉和接近觉等(图 7-13),通过增设感觉传感器,大大改善了机器人工作状况,使其能够更充分地完成复杂的工作,机器人传感器分类见表 7-2。

表 7-2 机器人传感器分类

检测项		检测内容	传感元件	应 用
视 觉		物体的外形、尺寸,物体的位置、角度、距离、缺陷,物体的色彩、浓度,环境的明亮度	光敏阵列、CCD、超声传感器、光电断续器、激光等	物体空间位置、运动,图像识别(如文字、符号等)、颜色识别、物体的有无
听 觉		声音、超声波、次声波	各类声传感器、压电元件、磁致伸缩元件等	语音、语义识别,振动噪声、移动检测,冲击波,物体内应力导致的声发射
触 觉	接触觉	与对象是否接触,接触的位置	光电传感器、微动开关、导电橡胶、压敏高分子材料等	确定对象位置,识别对象形状,控制速度,安全保障,异常停止,寻径
	压 觉	对物体的压力、握力、压力分布	压电元件、导电橡胶、压敏高分子材料	控制握力,识别握持物,测量物体弹性
	力 觉	机器人动作时各自由度的力感觉(如手指)所受外力及转矩	压阻元件、应变片、导电橡胶等	控制与协调,手腕移动,伺服控制
	滑动觉	物体向着垂直于手指把握面的方向移动或重力引起的变形	球形接点式、光电旋转传感器,角编码器,振动检测器	修正握力,防止打滑,判断物体重量及表面状态

续　表

检测项	检测内容	传感元件	应　用
接近觉	对象物是否接近,接近距离,对象面的倾斜	光电元件、气压传感器、超声波传感器、电涡流式传感器、霍尔式传感器	控制位置,寻径,安全保障,异常停止
嗅　觉	气体成分及浓度	气敏元件、射线传感器等	气体或挥发性物质的化学成分探测
味　觉	物质的成分	离子传感器、pH计、生物传感器等	物质化学成分

二、机器人传感器

1.视觉传感器

视觉传感器主要利用图像信号输入设备,将视觉信息转换成电信号,再对电信号进行分析处理(图 7-14)。常用的图像信号输入设备有摄像管和固态图像传感器。摄像管分为光导摄像管(如电视摄像装置的摄像头)和非光导摄像管两种,前者是存储型,后者是非存储型。

图 7-14　视觉传感器典型结构图

（1）图像输入

输入给视觉检测部件的信息形式有亮度、颜色和距离等,这些信息一般可以通过视觉传感器获得。亮度信息用 A/D 转换器进行量化,再以矩阵形式构成数字图像,存于计算机内。若采用彩色摄像机可获得各点的颜色信息。对三维空间的信息还必须处理距离信息。常用于处理距离信息的方法有光投影法和立体视觉法。光投影法是向被测物体投以特殊形状的光束,然后检测反射光,即可获得距离信息。立体视觉法

视频
机器人集体舞

采用两个摄像机进行拍摄,实现人眼的视觉效果,通过比较两个摄像机拍摄的画面,找出物体上任意两点在画面上的对应点,再根据这些点在两画面中的位置和两个摄像机的位置,通过计算可确定物体上对应点的空间位置。

（2）图像处理

对获取的图像信息进行预处理,以滤去干扰、噪声,并作几何、色彩方面的校正,以提高信噪比,如滤波、分隔、锐化、退化、校正等。

（3）物体识别

对图像中分割出来的物体给予相应的名称,如自然物景中的道路、桥梁、建筑物或工业自动装配线上的各种机器零件等。一般可以根据形状和灰度信息用决策理论和结构方法进行分类,也可以构造一系列已知物体的图像模型,把要识别的对象与各个图像模型进行匹配和比较。

应用案例
流水线上视觉传感器控制机器人抓取物件

视觉传感器广泛应用于航空、航天、国防、移动支付、智慧物流等领域。

2. 听觉传感器

●延伸阅读

"天波"超视距雷达

听觉传感器是一种人工智能装置，是机器人中必不可少的部件，它是利用语言信息处理技术制成的。机器人由听觉传感器实现人机对话。高级的机器人不仅能听懂人讲的话，而且能讲出人能听懂的话，赋予机器人这些智慧的技术统称为语音处理技术。前者为语音识别技术，后者为语音合成技术。具有语音识别功能的传感器称为听觉传感器。语音识别实质上是通过模式识别技术识别输入声音，通常分为特定话者和非特定话者两种语音识别方式。后者为自然语音识别，这种语音的识别比特定话者语音识别困难得多。

特定话者语音识别是预先提取特定说话者发音的单词或音节的各种特征参数并记录在存储器中，要识别输入声音属于哪一类，决定于待识别特征参数与存储器中预先记录的声音特征参数之间的差。语音识别系统典型结构如图 7-15 所示。

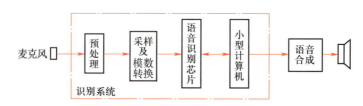

图 7-15　语音识别系统典型结构

机器人听觉传感器的敏感单元，即声传感器（麦克风），多为利用压电效应、磁电效应或驻极体电容式等原理制成的。

3. 触觉传感器

机器人触觉就是感知机器人本体是否同其他物体接触。人的触觉包含有接触觉、压觉、滑动觉、力觉、冷热觉、痛觉等。引起人的接触觉不在于皮肤表面层的变形，而是由于作用于其上的微小压力。表示接触觉阈值的单位为 10^4 Pa，人的手指接触觉阈值约为 3×10^4 Pa，人体皮肤表面约有 50 万个感知接触觉的触点。而机器人的触觉一般包括接触觉、压觉、力觉和滑动觉。

人的压觉是由皮肤的相对变形量产生，它不是与应力而是与负载有关。人的压觉阈值约为 1.28×10^4 Pa。但是在机器人中压觉往往指的是压力觉，即感知各部分分布的压力，通过它可以了解握持对象时的握力。机器人接触觉仅要求了解是否发生了接触，只要给出接触与否的信号即可，而压觉须给出各部分的分布压力。

机器人滑动觉用以感知相接触的物体的相对移动，通过滑动觉可以了解物体表面状态，以及握持力是否适宜。

（1）接触觉传感器

接触觉传感器有机械式（例如微动开关）、针式差动变压器、含碳海绵及导电橡胶等几种。当接触力作用时，这些传感器以通断方式输出高低电平，实现传感器对被接触物体的感知。

例如,图 7-16 所示的针式差动变压器矩阵式接触觉传感器,它由若干触针式传感器构成矩阵形状。每个触针式传感器由钢针、塑料套筒以及给每针杆加复位力的磷青铜弹簧等构成,如图 7-16(a)所示。在各触针上绕着激励线圈与检测线圈,用以将感知的信息转换成电信号,由计算机判定接触程度、接触部位等。

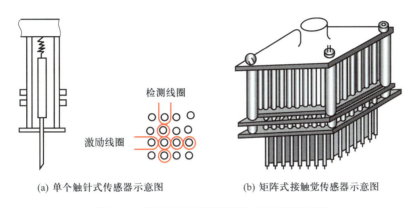

(a) 单个触针式传感器示意图　　　　(b) 矩阵式接触觉传感器示意图

图 7-16　针式差动变压器矩阵式接触觉传感器

当针杆与物体接触而产生位移时,其根部的磁极体将随之运动,从而增加两个线圈间的耦合系数。通过控制电路使各行激励线圈上加上交流电压,检测线圈则有感应电压,该电压随针杆位移增加而增大。通过扫描电路轮流读出各列检测线圈的感应电压(感应电压实际上反映了针杆的位移量),通过计算机运算判断,即可知道对象物体的特征或传感器自身的感知特性。

图 7-17 为两种开关式接触觉传感器示意图。图 7-17(a)为接触开关式接触觉传感器,当物体放在橡胶层上时,接触处橡胶层被压下,其背面黏附的金属薄片接触到下设的金属电极,形成导通,从而获得此区域的接触信息。增压流体通过气孔进入内部空腔,作为复位力。光电开关式接触觉传感器[图 7-17(b)]与前述类似,只是利用光电开关来获取接触状态信息,为非接触形式,可避免因接触不良造成的误判,以及接触磨损。

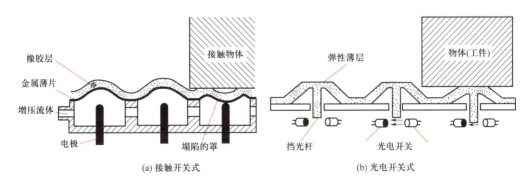

(a) 接触开关式　　　　　　　　(b) 光电开关式

图 7-17　两种开关式接触觉传感器示意图

（2）压觉传感器

压觉中最重要的是分布压觉。通过高密度配置这种传感器,可以获得同物体接触处各部分的压力,将该压力变换成相应处的电压信号,可以获取关于物体形状的信息。如果追踪这种信息,随时间的变化还可获得关于运动和振动的信息。利用压觉传感器可构成人造皮肤。

●知识链接

压觉传感器的类型

图 7-18 所示为高密度分布式压觉传感器,由导电橡胶两面夹以电极构成,上面电极由具有金属镀膜的柔软材料构成,下面则有许多规则分布的屏蔽环,电极分别置于这些环的中心。如在 a 点施加压力,则 a 点同电极之间的电阻将由原先的 R 减至 R_1,使流过电流计的电流发生变化并被测出。屏蔽环用于限制电流只在垂直方向流过,以减小电极间的相互干扰。当压力小于 4×10^4 Pa 时,压力和电流呈线性关系。

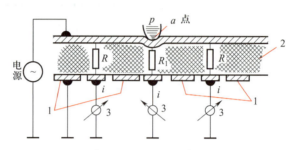

1—屏蔽环;2—导电橡胶;3—电流计。

图 7-18   高密度分布式压觉传感器

(3) 滑动觉传感器

滑动觉传感器被用于检测机器人手指把持面与操作对象之间的相对运动,以实现实时控制指部的夹紧力。它与接触觉、压觉传感器的不同之处是仅检测指部与操作物体在切向的相对位移,而不检测接触表面法向的接触或压力。为了检测滑动,通常采用如下方法:①将滑动转换成滚球或滚柱的旋转;②用压敏元件和触针,检测滑动时的微小振动;③检测出即将发生滑动时,手爪部分的变形和压力,通过手爪载荷检测器检测手爪压力的变化,从而推断出滑动的大小等。

图 7-19 所示为滚轴式滑动觉传感器。固定轴 8 两端通过连接件及板簧 1、7 固定在手指体 6 内,轴承 9 外套有橡胶滚 10,橡胶滚在板簧的支承下始终与被操作物体(工件)4 相接触,当被操作物体(工件)与手指体之间有相对滑动时,带动橡胶滚转动。橡胶滚内装有透光的狭缝圆盘 12,固定轴上装有发光二极管 11 和光敏三极管 13,当橡胶滚带动狭缝圆盘转动时,发光二极管的光透过圆盘的狭缝照在光敏三极管上,产生脉冲信号。这些信号通过计数电路和 D/A 转换器转换为模拟电压信号,通过反馈系统,构成闭环控制,不断修正握力,达到消除滑动的目的。

球式滑动觉传感器(图 7-20)的球表面是导体和绝缘体配制成的网眼,从物体的接触点可以获取断续的脉冲信号,它能检测全方位的滑动。

4. 接近觉传感器

接近觉传感器是检测对象物体与传感器距离信息的一种传感器,利用距离信息测出对象物体的表面状态。接近觉传感器是视觉传感器功能的一部分,但它只给出距离信息。

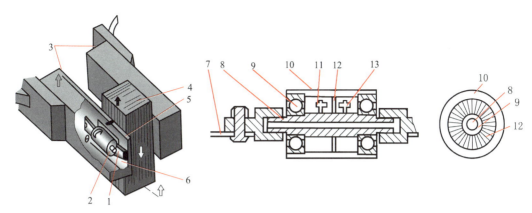

1、7—板簧；2、10 橡胶滚；3—夹紧力检测部；4—物体(工件)；5—指部握持面；
6—手指体；8—固定轴；9—轴承；11—发光二极管；12—狭缝圆盘；13—光敏三极管。

图 7-19 滚轴式滑动觉传感器

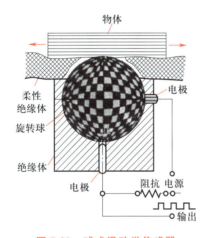

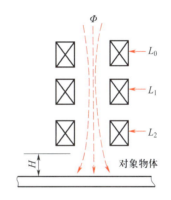

图 7-20 球式滑动觉传感器   图 7-21 电磁感应式接近觉传感器

接近觉传感器有电磁感应式、光电式、电容式、超声波、微波式等多种。实际使用需要根据对象物体的性质而定。

例如金属对象物体一般采用电磁感应式，而塑料、木质物品等可采用光电式、超声波等。图 7-21 所示的电磁感应式接近觉传感器常用于检测金属型对象物体的距离。它由一个铁芯套着励磁线圈 L_0 以及可以连接差动电路的检测线圈 L_1 和 L_2 构成。当接近物体时，由于金属产生的涡流而使磁通量 Φ 变化，两相检测线圈距离对象不等使差动电路失去平衡，输出随着对象物体的距离不同而变化。

动画

自动门(接近觉传感器)

应用案例 **汽车牌照字符识别**

字符识别(optical character recognition, OCR)是视觉识别技术的一种，如电子设备(例如扫描仪或数码相机)检查纸上打印的字符，通过检测暗、亮的模式确定其形状，

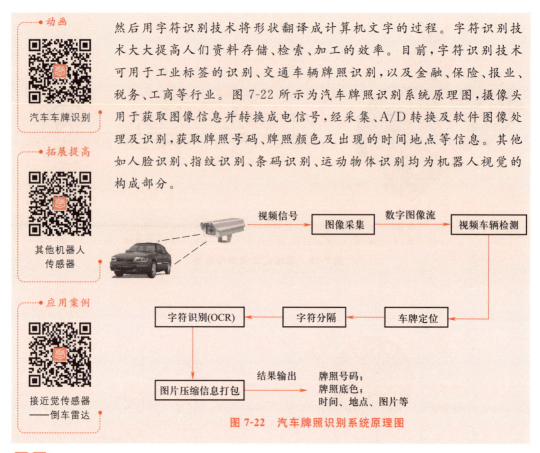

●动画

汽车车牌识别

●拓展提高

其他机器人
传感器

●应用案例

接近觉传感器
——倒车雷达

然后用字符识别技术将形状翻译成计算机文字的过程。字符识别技术大大提高人们资料存储、检索、加工的效率。目前，字符识别技术可用于工业标签的识别、交通车辆牌照识别，以及金融、保险、报业、税务、工商等行业。图 7-22 所示为汽车牌照识别系统原理图，摄像头用于获取图像信息并转换成电信号，经采集、A/D 转换及软件图像处理及识别，获取牌照号码、牌照颜色及出现的时间地点等信息。其他如人脸识别、指纹识别、条码识别、运动物体识别均为机器人视觉的构成部分。

视频信号 → 图像采集

数字图像流 → 视频车辆检测

字符识别(OCR) ← 字符分隔 ← 车牌定位

图片压缩信息打包 → 结果输出 → 牌照号码；牌照底色；时间、地点、图片等

图 7-22　汽车牌照识别系统原理图

📝 实践任务

倒车雷达的安装与测试

1. 任务要求

认知接近觉及接近觉传感器，了解倒车雷达的原理。通过资料查询及实际操作，能够进行倒车雷达的安装及测试。

2. 设备与工具

倒车雷达，雷达显示报警装置，夹持装置；常用电工组装工具一套。

3. 任务内容

倒车雷达主要由超声波传感器、控制器和显示报警装置等组成。在倒车时，利用超声波原理，由安装在车尾保险杠上的探头发送超声波，声波遇到障碍物后发生反射，根据发射和接收声波的时间差及声速，计算出汽车与障碍物间的实际距离，并提供实时显示。当传感器探知汽车与障碍物的距离达到危险程度时，系统会通过显示器和蜂鸣器发出警报。参照所选倒车雷达的技术手册，完成倒车雷达的安装与测试。

4. 操作步骤

（1）查阅所选倒车雷达的说明书，了解其信号连接方式、安装高度要求等。

（2）利用夹持装置对倒车雷达进行固定，并调整其高度。

（3）正确连接倒车雷达及显示报警装置。

（4）预警距离测试：将一个障碍物（如纸箱）摆放在探头的正后方，由远及近缓慢移动，分别在远、近两端测量到倒车雷达的实际距离，并和倒车雷达显示的障碍物距离相比较。

（5）障碍物方位显示测试：分别将一到三个障碍物摆放在探头的左、中、右侧，测试倒车雷达显示障碍物的方位是否精确。

（6）探测死角测试：将障碍物中心顶偏离探头中心，测试倒车雷达是否能发现。

实践任务 •┄┄

视觉传感器
试件颜色及
编号识别

综 合 训 练

【认知训练】

7-1　集成传感器有哪些特点？

7-2　集成传感器一般把哪些部分集成在一起？

7-3　什么是智能传感器？智能传感器有哪些功能？

7-4　传感器智能化的技术途径有哪些？

7-5　智能传感器的发展前景如何？

7-6　光纤传感器可分成哪几类？分别有哪些特点？

7-7　一根折射率为 n_1 的光纤，当光线的入射角 θ 小于某一个角度值 θ_c 入射在光纤的端面上时（图 7-23），光才可能形成全反射，通过光纤从另一端射出，θ_c 一般也称为光纤的孔径角（图中锥体），试求出图示中的孔径角 θ_c。

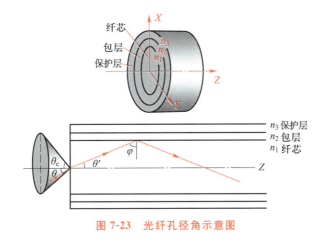

图 7-23　光纤孔径角示意图

7-8　简述 CCD 图像传感器的原理与特点。

7-9　CCD 图像传感器的基本特性有哪些？

7-10　机器人传感器有哪些？

7-11　机器人触觉包括哪些？

文本 •┄┄

模块七
综合训练
参考答案

7-12 图 7-24 所示为某接触觉传感器的原理图,试分析其工作原理。

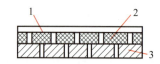

1—软橡胶膜;2—含碳海绵;3—绝缘基板。

图 7-24　某接触觉传感器的原理图

【能力训练】

7-1　利用虚拟仪器软件 LabVIEW、IMAQ Vision 软件模块及 IMAQ 数据采集卡、摄像头,搭建简易界面,实现动态图像采集与显示。

7-2　利用扫描仪及字符识别软件进行扫描图像的字符识别。

模块八
检测仪表概述

在现代工业生产过程中,为了保证产品质量、提高生产效率,并尽可能地降低消耗、节约能源,一方面要研究合理的工艺方案,另一方面必须对生产过程进行监督和控制。这就要利用各种检测仪表进行测量和记录,给工程技术人员提供翔实的研究资料和数据,为操作人员的操作提供依据,并且形成控制信号驱动执行机构实现自动控制。因此,检测仪表是获取生产过程中各种信息从而进一步认识、研究和控制生产过程的重要手段与工具。本章简要介绍检测仪表的基本概念、常用检测仪表和常用物理量检测的故障判断。

模块目标 ●

模块八
学习目标

单元 1　检测仪表的基本概念

一、检测仪表的组成

一般检测仪表大致可由传感、转换放大、显示记录和数据处理这几部分组成。

1. 传感部分

传感部分的作用是感受被测参数的变化,拾取原始信号,并把它变换成转换放大部分或显示记录部分所能接收的信号再传递出去。传感部分也称为检测元件。例如,弹簧管压力表中的弹簧管,热电高温计中的热电偶等,就是传感部分。在许多仪表中,常常是依靠仪表的传感部分将被测的非电量转换成电量。传感部分是检测仪表必不可少的重要组成部分,因为如果连原始信号都无法拾取,也就谈不上对信号的进一步处理了。

2. 转换放大部分

转换放大部分的作用是:将传感部分输出的微弱信号进行放大,以便于传输和显示;为便于进行信号处理而进行的模/数(A/D)或数/模(D/A)转换。此外,如果传感部分的输出信号是非电量,而显示记录部分要求输入电信号时,还须在转换放大部分完成非电量—电量的转换。

3. 显示记录部分

显示记录部分的作用是显示或记录被测参数的测量结果。常见的显示记录部件有指针表盘、记录器、数字显示器、打印机和图形显示器等。

4. 数据处理部分

一些比较复杂的检测仪表,在其感受信号至最终显示之间,有时还有一套数据加工和处理环节,包括计算和校正环节等。

二、检测仪表的分类

工业生产中所用的检测仪表,其结构与形式是多种多样的,可以根据不同的原则进行相应的分类。常见的分类方法如下:

1. 按被测参数分类

按被测参数的不同通常可分为:温度测量仪表、压力测量仪表、流量测量仪表、物位测量仪表、机械量测量仪表和工业分析仪表等。其中,机械量测量仪表和工业分析仪表还可根据被测的具体参数进一步划分,如转速表、加速度计、pH 计和溶解氧测定仪等。按被测参数的不同进行分类是工业检测仪表中最常见的分类方法。

2. 按检测原理或检测元件分类

按检测原理或检测元件的不同进行分类,如弹簧管压力表、活塞式压力计、靶式流量计、转子流量计、电磁流量计、超声波流量计等。

3. 按仪表输出信号的特点与形式分类

按仪表输出信号的特点与形式大致可进行以下划分:

(1) 开关报警式　当被测参数的大小达到某一定值时,仪表发出开关信号或报警。例如,一氧化碳报警器,当室内空气中的 CO 含量达到一定数值时,即可发出报警信号。又如,安装在管道中的流量开关,可以判断管道中有无流体流动,在食品发酵工业和其他化工类生产过程中,可用作进料指示器和保险装置。

(2) 模拟式　检测仪表的输出信号是连续变化的模拟量。例如,各种指针式仪表以及笔式记录仪表等。

(3) 数字式　检测仪表的输出信号是离散的数字量。由于以数字形式给出测量结果,避免了人为的读数误差,而且其输出信号便于与计算机连接,进行数据处理及实现数控加工。

(4) 远传变送式　这类检测仪表常称为变送器,是一种单元组合式仪表。它与其他单元组合式仪表(如调节单元、显示单元等)之间以统一标准信号联系,一般用于工业生产过程的在线检测和自动控制系统中。

三、变送器

变送器是从传感器发展而来的,凡能输出标准信号的单元组合式仪表就称为变送器。标准信号是物理量的形式和数值范围都符合国际标准的信号。例如,直流电流 4～20 mA、空气压力 20～100 kPa 都是当前通用的标准信号。我国还有不少变送器以直流电流 0～10 mA 为输出信号。无论被测变量是哪种物理或化学参数,也不论测量范围如何,经过变送器之后的信息都必须包含在标准信号之中。根据所使用的能源不同,变送器分为气动和电动两种。

1. 气动变送器

气动变送器以干燥、洁净的压缩空气作为能源,它能将各种被测参数(如温度、压力、流量和液位等)变换成 0.02～0.1 MPa 的气压信号,以便传送给调节、显示等单元组合式仪表,供指示、记录或调节。气动变送器的结构比较简单、工作比较可靠,对电磁场、放射线及温度、湿度等环境影响的抗干扰能力较强,能防火防爆,价格也比较低廉。其缺点是响应速度较慢,传送距离受到限制,与计算机连接比较困难。

2. 电动变送器

电动变送器以电为能源,信号之间联系比较方便,适用于远距离传送,便于和电子计算机连接,防爆型变送器可以用于防爆安全等场所,其缺点是投资一般较高,受温度、湿度、电磁场和放射线的干扰影响较大。电动变送器能将各种被测参数变换成 $0\sim10$ mA 或 $4\sim20$ mA 直流电流的统一标准信号,以便传送给自动控制系统中的其他单元(其中 $4\sim20$ mA 直流电流为国际标准信号)。

有了统一的信号形式和数值范围,就可以把各种变送器和其他仪表组成检测系统或调节系统。无论什么仪表或装置,只要有同样标准的输入电路或接口,就可以从各种变送器获得被测变量的信息。这样,兼容性和互换性大为提高,仪表的配套也极为方便。

图片

各种变送器
外形图

实践任务

热电阻温度
变送器的使用

应用案例　　　　　　　**智能差压变送器**

随着信息技术发展,传统变送器与微处理器结合,充分利用微处理器的运算和存储能力,可以对传感器的数据进行处理,包括信号调理、数据显示、自动校正和自动补偿等,实现智能化,从而可以对测量数据进行计算、存储、处理、反馈调节等。

现有一套普通差压式流量计用于空气流量的测量,这套流量计的设计差压值为 10 kPa,但一直无法长期稳定运行。现场操作人员只能凭借经验来判断、控制空气流量,给工艺操作带来随意性、盲目性,容易因过多的空气造成系统氧含量升高而威胁系统安全。由于该套流量计的空气流量小,工艺管道小,以及原始设计中相应的工艺参数存在偏差,使得理论验证难度大。

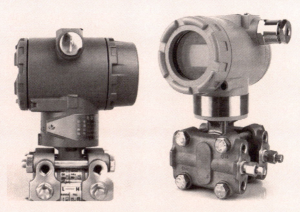

图 8-1　智能差压变送器的外形图

图 8-1 所示为智能差压变送器的外形图。在应用智能差压变送器后,利用智能差压

变送器的显示输入差压值的功能,实际验证设计差压值变得简单方便。在实际测量了该套流量计的工作差压值与最大差压值后发现,最大差压值竟达 100 kPa,是原设计值的 10 倍,难怪原差压式流量计不能正常运行。按此差压值,用智能终端修改变送器的测量上限值,实现了空气流量的自动测量,解决了困扰已久的难题。

单元 2　常用检测仪表

一、温度检测仪表

图片

温度检测仪表
实物图

　　温度检测仪表大多是把热电偶、热电阻测得的温度信号正比地转变为直流信号输出,并以单元组合式仪表出现,即温度变送器。它与指示仪、记录仪、调节器和执行机构等组成自动化过程调节系统或指示回路。

　　目前我国生产的温度变送器输出信号多为 4～20 mA,输出为 0～10 mA 的变送器也有少量生产。新型的温度变送器已具有线性校正功能,即输出电流与温度呈线性关系。由于大规模集成电路的发展,目前已研制出体积很小的温度变送器,它可以直接安装在热电偶、热电阻的接线盒内。

　　国内生产的 SBWR(Z)带热电偶(阻)温度变送器已经大量应用于各工矿企业自动化过程之中。这种现场安装式温度变送器,采用二线制传送方式(图 8-2),一方面作为电源输入,另一方面又作为信号输出(从负载电阻上取出)。此类和热电偶、热电阻成一体的变送器,对热电偶来说,可以省去价格高昂的补偿导线,同时变送器还具有参比端温度自动补偿功能;对热电阻来说,无须调整三线制的接线电阻,减少了安装工作量。

　　把计算机技术和通信技术应用于温度检测的智能式温度变送器,充分体现了使用优势,是温度变送器的重大革新。

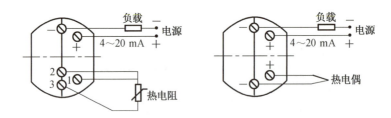

图 8-2　热电偶、热电阻变送器接线图

　　在工业生产过程中存在各种因素的影响和限制,如 1 600 ℃ 以上的高温测量,或热电偶、热电阻无法安装,或不允许因测温而破坏测温现场等。此时最适宜的就是非接触测温仪表,它有以下几种形式:

　　① 用肉眼观察辐射源可见光强弱,与仪表内部灯丝亮度作比较的隐灭式光学高温计,如 WGG2 型光学高温计。

② 辐射源通过光学镜片聚焦到用热电偶组成的热电堆，从而产生热电动势来进行测量的全辐射高温计，如 WFT-202 型全辐射高温计。

③ 光电高温计是由一参考辐射源与被测辐射源进行比较，由红外探测元件和电子线路自动鉴别和调节，使参考辐射源在选定光谱波段的辐射能量始终精确地跟踪被测表面。

④ 利用光导纤维可挠性特点，辐射能量沿着弯曲光导纤维传送到探测元件，经过一系列处理，将信号转换成线性的 0～10 mA 直流输出，如 WFH-65 型光导纤维红外辐射温度计。

⑤ WFHX-63 型便携式红外辐射温度计是集光、机、电高新技术于一体的测温仪表，其外形如图 8-3 所示。它除了携带使用之外，还备有螺纹接口，用三脚架固定在某一个位置使用，可测量和监视生产现场。

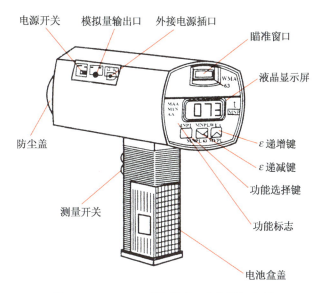

图 8-3　WFHX-63 型便携式红外辐射温度计

WFHX-63 型便携式红外辐射温度计结构原理图如图 8-4 所示。被测辐射体能量通过光学系统汇聚在探测器上；探测器输出电信号，由前置放大器放大后，按一定规律通过模拟开关，经 A/D 转换后进入 CPU；CPU 根据内存程序将被测物体相应的各种温度或辐射出射度通过 I/O 接口，显示在显示屏上；对于环境温度的影响由环境温度检测器给予补偿。温度计通过 D/A 转换成 0～1 V 的输出，可对被测对象进行记录和调节。

延伸阅读●

"防疫神器"红外人体测温仪

该类型温度计具有精度高、测量范围宽、响应灵敏、功能广泛的特点，有辐射率 ε 的设置，可测瞬时温度、峰值温度、谷值温度、平均温度和辐射温度等。尤其对带电导体、运动物体、真空或其他特殊环境下的温度检测更显出其优异特点，是新一代非接触测温仪表之一。

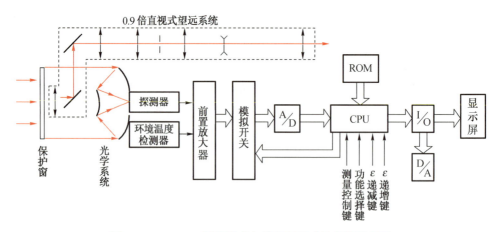

图 8-4　WFHX-63 型便携式红外辐射温度计结构原理图

二、压力检测仪表

压力或差压检测仪表通常是将测量的现场压力或差压信号转换成标准的信号输出，即压力（差压）变送器。目前压力、差压变送器的检测方式有电容式、压阻式、电感式和振动频率式等。其中最典型的产品是电容式压力（差压）变送器和压阻型扩散硅压力（差压）变送器，这一代变送器主要有以下几个特点：

压力检测仪表
实物图

① 具有高精度、高可靠性，精度均达到 0.1%～0.2%；

② 把压力测量元件对温度和静压的特征信号存储在内部程序存储器（PROM）内，在线测量时能随着温度和静压的变化而自动补偿；

③ 应用数字通信技术，能远距离设定量程、零位等有关数据；

④ 具有自诊断检测功能等。

下面主要介绍电容式压力（差压）变送器。1151 电容式差压变送器是利用差动电容原理，对压力参数进行测量；其测量精度一般为 ±0.2% ～±0.25%，最高可达 ±0.1%。其敏感部件设计为微位移形式，采用熔焊形成的全密封球形电极差动电容感压结构，直接测量各种压力变化；而工作位移量小于 $10~\mu m$，可以有效地克服由机械内部传递冲击振动带来的影响，具有良好的稳定性。由于采用独特的球形电极设计，变送器具有极优良的抗单向过载能力（一般可达 14 MPa），恢复单向变压后仍能正常工作。

1. 主要技术性能

测量范围：0～0.12 kPa，0～41.37 kPa；量程比为 1:15（智能型），1:6（普通型）。

测量精度：±0.1%（智能型），±0.2%～±0.25%（普通型），±0.5%（微差压）。

输出信号：直流电流 4～20 mA，供电电源：直流电压 12～45 V。

2. 差动电容结构及工作原理

差动电容结构和等效电路如图 8-5 所示。变送器电路设计时，使输出信号与中心感压极板的位移有关，而与高频供电频率、电压幅值无关（在限定的范围内）。因此，当差动电容的 H 边引入压力 p 时，使中心感压极板（膜片）产生位移，因而流过 C_2 的电流 i_2 就增大,流过 C_1 的电流 i_1 就减小。并且,差动电流($i_2 - i_1$)随压力 p 成比例变化,将此差动信号送至电流转换电路转换成 4~20 mA 的电流信号输出。

变送器电路有普通型和智能型两种。智能型 1151 变送器电路原理框图如图 8-6 所示。其差动电流($i_2 - i_1$)送至 A/D 转换器,转换成数字量信号,经微处理器处理,然后送入 D/A 转换器,转换为 4~20 mA 信号输出。由于变送器采用了微处理器,因此,众多变送器功能可用软件编程来实现,如量程调整、工程单位设置、阻尼时间设置、输出信号线性/开方设置、变送器管理信息存储、变送器诊断功能等。在变送器的微处理器电路中,同时连接数字通信模块,实现了可以用专用手操作器(如 268 型远传变送

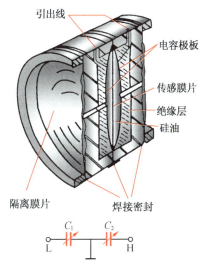

图 8-5　差动电容结构和等效电路

器通信器)远距离对智能变送器实施组态、测试等操作。电路板的安装与普通型是相同的,两者电路板可以互相替代,便于用户将普通型变送器升级为智能型变送器。

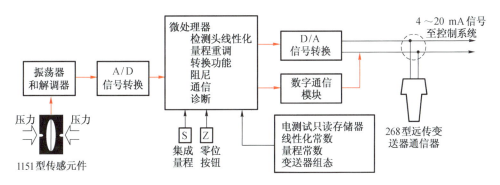

图 8-6　智能型 1151 变送器电路原理框图

3. 压力(差压)变送器的耐腐蚀和防爆

(1) **耐腐蚀**　由于压力(差压)变送器在使用中要接触不同的化工介质,必然会遇到防腐蚀问题。但现实中还没有找到一种材料能够抵御所有介质的腐蚀,又能制成弹性材料;故在 1151 型、ST3000 型、PM10 型压力(差压)变送器中,有供用户选择的不同接触介质的材料,以满足用户需要。

(2) **防爆**　国家制定了 GB 3836.1—2021 标准,规定了《爆炸性环境　第 1 部分:设备通用要求》。其中规定了我国爆炸性环境用防爆电气设备的种类。在工业自动化仪表中,一般只选择两种来满足用户要求:一种是隔爆型,一种是本安型。

三、流量检测仪表

随着机电一体化技术的发展,特别是微电子、计算机技术在流量检测仪表中的应用,实现了仪表的智能化。按照被测对象的物理特性以及对测量准确度的要求,国内外研制

了各种新型的流量检测仪表(表 8-1)。其中以电磁流量计、涡街流量计和质量流量计的发展最为迅速。

表 8-1　各种新型流量检测仪表的类型及采用的原理

产品类型	涡轮流量计	涡街流量计	压差流量计	金属管浮子流量计	超声波流量计	热式流量计	质量流量计	电磁流量计
原理	动量矩守恒原理	流体动力学原理			超声原理	热力学原理	动力学原理	电磁感应定律

1. 典型流量检测仪表的结构及原理

(1) 涡街流量计　涡街流量计的结构如图 8-7 所示。它是一种速度式仪表,输出信号是脉冲频率信号或标准电流信号,可远距离传输,输出信号与流量成正比;不受流体的温度、压力、成分、黏度和密度的影响。涡街流量计是利用流体动力学卡门涡街原理设计的仪表。

流量检测仪表
实物图

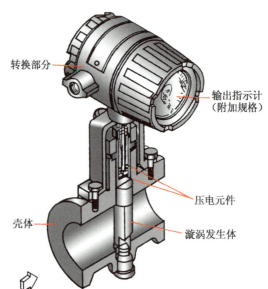

转换部分
输出指示计
(附加规格)
压电元件
壳体
漩涡发生体

图 8-7　涡街流量计的结构

YF-100 型漩涡流量计是用压电元件作为频率检测的涡街流量计。

(2) 电磁流量计　电磁流量计的结构如图 8-8 所示。电磁流量计是根据法拉第电磁感应定律研制而成的一种测量导电液体体积流量的仪表。由于电磁流量计的两个电极间的距离 D 即为切割磁力线的长度,相当于测量管的内径 $2R$;导体的流速 v 相当于流体的平均流速,也相当于导体在磁场(磁感应强度为 B)中垂直于磁力线方向的运动速度,所以感应电动势为

$$e = BDv \qquad (8-1)$$

这样,管道内的流体流量为

$$Q = \pi R^2 v = \pi R e/(2B) \qquad (8-2)$$

若 R 一定,且有恒定的 B,则只要测得 e,便可测出管道中的流体流量。当然,为了满

足上式还必须满足以下的假设:磁场均匀分布恒定不变;被测导电流体流速分布是轴对称的;流体磁导率与真空磁导率相同,且流体是非磁性的;被测液体电导率一致和各向同性,且不受电磁场和液体运动的影响。

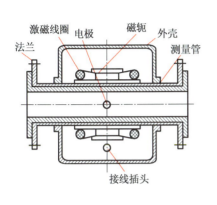

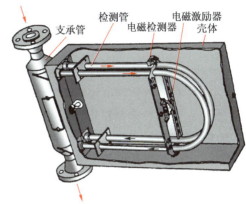

图 8-8　电磁流量计的结构　　　　**图 8-9　科氏力质量流量计的结构**

（3）质量流量计　科氏力质量流量计的结构如图 8-9 所示。质量流量计是一种较为先进的流量检测仪表,其中最为广泛采用的是科氏力质量流量计。其原理是:流体在振动管中流动时,产生与流量成正比的科里奥利力(简称科氏力),通过对力的检测达到对质量流量的检测。

应用案例

污水处理的
流量检测

2.流量检测仪表的选用

由于流量检测仪表的原理结构特点不同,因而有不同的物理特性和适用场合。为了使用好流量检测仪表,选用时必须考虑以下要求及条件:

（1）**按流量计对被测介质的适用性进行选择**　一般进行流量检测的介质为液体、污染的液体、气体、饱和蒸气等,在石化、冶金、轻纺等行业中还有许多高黏度液体、含纤维浆液、天然气等。各种不同的被测介质均应选用适用的流量计才能达到测量精度的要求值,可参阅有关书籍。

（2）**按照流量范围或流量刻度进行选用**　在实际流量测量中,被测流体的密度、温度和压力往往与标定时不同,而流量检测仪表一般均在特定介质及状态下进行标定和刻度,通常液体用水,气体则用温度为 20 ℃、压力为 9.8×10^4 Pa 下的空气标定后分度。因此,选用流量计刻度时,需按实际工况条件,把被测介质的流量换算成标定和刻度情况下水或者空气的流量;然后,选择流量计的口径。

（3）**按照工艺要求及流量参数变化进行选择**　在实际工况条件下,流体的温度、压力、密度等工艺参数往往与流量检测仪表设计时的参数不同,而目前国内生产的各类流量计大多是体积流量计,由于工艺参数的变化,仪表在标准状态下测得的体积流量与实际工作条件下测得的流量对比会产生较大的测量误差,因而必须根据相应的计算公式进行修正和补偿。误差修正时,可采用间接测量质量流量的方法来修正由于温度、压力变化而引起密度变化所造成的误差,同时也可以通过具有温度、压力补偿功能的显示仪表来加以修正。

（4）**按照安装要求进行选择** 流量计在安装使用时,如果安装空间位置受到限制,且管路中存在弯头、阀门等阻力,则可根据不同情况选择合适的流量检测仪表。

四、物位检测仪表

● 图片

物位检测仪表
实物图

物位检测仪表用于测控物料的位置。物位分为液体物位和固体物位。液体物位包括液位和界面（两种不同液体间分界面的位置）；固体物位一般称为料位,料位按物料颗粒度大小分为粉料位、颗粒料位和块料位。

物位检测仪表中电容物位检测仪表在液位和料位、位式控制以及连续测量中都可应用。当物料是绝缘介质和虽不绝缘但不黏附的介质时,电容物位检测仪表比较适用。近期电容物位控制器技术有所突破,大大提高了仪表抗黏附能力,几乎可以用于一切物料的位式控制。

超声波物位计是一种非接触式物位检测仪表。由于它的传感器不和物料直接接触,不易受物料的机械损害和化学腐蚀,因而在料位测量以及强腐蚀液体测量中占有优势。

1. 电容物位控制器

与传统电容物位控制器不同,它不单纯检测电容,而是检测物料形成的电容和电阻综合效应,因而又可称为射频导纳物位控制器。它采用相位检测,数字式电容校正以及等电位屏蔽技术,使仪表的灵敏度、稳定性及抗黏附能力大大提高。

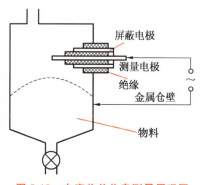

屏蔽电极
测量电极
绝缘
金属仓壁
物料

图 8-10 电容物位仪表测量原理图

如图 8-10 所示,仪表由探头和电路两部分组成。探头呈双层套筒式结构,中心是测量电极,外面用屏蔽电极包围,两者间绝缘,探头与仓壁绝缘。工作时探头插入料仓内,测量电极和仓壁构成测量电容器的两电极,料仓内物料就是该电容器两极间的电介质。物料的多少反映了电容器内充填的电介质数量多少,决定了该电容器的电容量以及两电极间阻抗的大小。

物料接触测量电极后往往会在电极上留存一些物料,反复堆积的物料会在测量电极和仓壁之间形成通路,使仪表误认为物料已接触测量电极而发出错误的信号。为此仪表设置了屏蔽电极,屏蔽电极包围在测量电极外,隔在测量电极和仓壁之间。屏蔽电极上施加与测量电极等幅同相位激励电源。由于两电极电位相同,两者间没有电流流动,客观上屏蔽了测量电极,切断了测量电极与仓壁间的通路。屏蔽电场的作用区域,只限于电极棒周围一层区域,这一区域恰好是积料区域,可以避免积料的破坏作用,离测量电极稍远的正常物料变化超出了屏蔽电极的作用区域,测量可以照常进行。

2. 超声波物位计

料位连续测量十分困难,目前还没有十分理想的仪表。在可选择的几种仪表中,超声波物位计具有一定优势,它的优势在于没有机械摩擦、非接触式测量、安装方便、维护量小且价格又不太高。

超声波物位计的测量原理图如图 8-11 所示。仪表从探头发射声脉冲,声脉冲离开探头直线传播到物料表面,被物料反射后回到探头,被探头接收。仪表测量发射和接收之间的时间间隔,根据声速换算出探头到物料表面的距离(一般叫空程),也可以算出料面的高度(料高,仪表安装高度减去空程)。

超声波探头发射的声脉冲波束角一般为 $10°\sim$ $15°$(3 dB 衰减),声波能量散失很严重,声强几乎随传播距离呈平方关系衰减。物料表面一般不垂直于声波传播方向,声波的主反射波不会被探头接收,探头接收的有效回波是物料表面漫反射波,漫反射波比主反射波要弱得多。许多物料的表面疏松,强烈吸收声波,有效漫反射波更加微弱。超声波物位计不得不尽

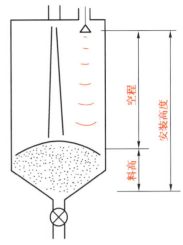

图 8-11　超声波物位计的测量原理图

可能提高发射脉冲的强度以改善信噪比。譬如 DLM50 超声波物位计发射脉冲的驱动脉冲功率接近 1 kW,可接收到的回波还是十分微弱,由于料面不断无规律变动,回波强度大幅度无序波动,周围环境噪声以及主反射波在仓壁多次反射造成的干扰有时却很强,这些造成了超声波物位计工作条件恶劣,必须在信号处理和电路中下许多功夫才能获得稳定运行效果。

超声波物位计由探头和控制器构成。控制器一般包含模拟电路和数字电路部分。模拟电路完成脉冲形成、功放、输出、回波输入、滤波、自动增益控制、放大和比较功能。数字电路以单片微处理器为核心完成数字信号处理、D/A 转换、输出及辅助功能。

应用案例 •

液位和固体
料位检测

DLM50 超声波物位计的声波频率为 13 kHz,发射时控制器向探头发送 1 ms 长脉冲群,内含约 13 个脉冲。探头被激励后向外发射声脉冲,发射后探头会有一段时间余振。这段时间输入回路被发射和余振挤占无法接收回波,这段时间被称为盲区。

电路中还设置了一些滤波电路,以控制干扰信号,但偶然的回波丢失和突发性干扰是不可避免的,因此又设置了一些软件功能以取得稳定测量效果,这些都由数字电路部分实现。

应用案例　　　　医用负压舱压力检测

负压检测是压力检测的一种形式。顾名思义,负压检测的压力小于环境大气压力,一般用真空度表示,常被应用于医疗、实验、化工等行业。

医用负压舱就是一种医疗设备。在使用过程中,负压设备内的气压低于外部气压,这样就只能是外面的新鲜空气可以流进负压设备,负压设备内被患者污染过的空气就不

会泄露出去,而是通过专门的通道及时排放到固定的地方。图 8-12 所示为医用负压舱及设备外形图,为监控负压舱的压力情况,必须安装压力检测仪表。

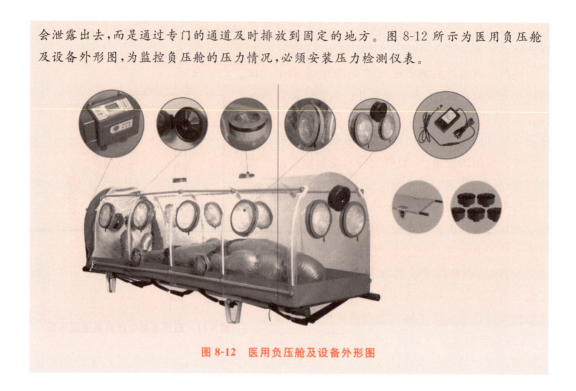

图 8-12   医用负压舱及设备外形图

单元 3   常用物理量检测的故障判断与处理

知识链接

电磁流量计的
特点与接线

　　轻化工生产过程中经常会出现仪表故障现象。由于检测与控制过程中出现的故障现象比较复杂,正确判断、及时处理仪表故障,不但直接关系到生产的安全与稳定,还涉及产品的质量和消耗,而且也最能反映出操作人员的实际工作能力和业务水平。要提高仪表故障判断能力,除了对仪表工作原理、结构、性能特点熟悉外,还需熟悉测量系统中的每一个环节,对工艺介质的特性、设备的特性有所了解,这样有助于分析和判断故障现象。下面介绍温度、流量、压力和液位等常用物理量检测故障的判断思路。

一、温度检测故障的判断与处理

　　故障现象:温度指示不正常,偏高或偏低,或变化缓慢甚至不变化等。

　　以热电偶作为测温元件进行说明。首先应了解工艺状况。可以询问工艺人员被测介质的情况及仪表安装位置,介质工作在气相还是液相。因为是正常生产过程中的故障,不是新安装的热电偶,所以可以排除热电偶和补偿导线极性接反、热电偶或补偿导线不配套等因素。排除上述因素后可以按以下思路逐步进行判断和检查。

　　(1)检查:①有温度变送器时是否指示为 $1\sim5\ \text{V}$ 直流电压;②无温度变送器时相应热电偶是否为 mV 信号;③查控制系统的输入接口。若存在问题,则调校显示仪表。

　　(2)检查热电偶接线盒:①是否进水;②接线柱之间是否短路;③端子是否锈蚀。若存在问题,则进行处理。

（3）测量 mV 信号,若存在问题,调校温度变送器。

（4）抽出热电偶检查:①保护套管内是否进入工艺介质;②陶瓷绝缘是否损坏。若存在问题,则进行处理。

（5）检查冷端温度是否变化,冷端温度若变化,则调整冷端温度。

（6）检查补偿导线是否绝缘、老化,若不绝缘或老化,则更换补偿导线。

（7）检查工艺因素:①如检测干燥机内物料温度,由于工艺、设备原因造成物料温度局部不均匀;②如检测储槽物料温度,由于液面过低或热电偶在气相,造成温度指示变化;③热电偶保护套管外结垢严重。若存在上述问题,则进行处理。

二、流量检测故障的判断与处理

故障现象:流量指示不正常,偏高或偏低。

以电动差压变送器为例(1151DP、1751DP)。在处理故障时应向工艺人员了解故障情况,了解工艺情况,如被测介质情况,机泵类型,简单工艺流程等。故障处理可按以下思路进行判断和检查:

（1）检查显示仪表输入信号:①有开方器时应检查开方器输入信号;②对集散控制系统查输入接口。若存在问题,则进行处理:调校显示仪表;调校开方器。

（2）检查差压变送器零位(关正负取压阀,开平衡阀)。若不在零位,则调零点。

（3）检查三阀组的平衡阀是否内漏。

（4）检查:①导压管是否堵住;②隔离液是否被冲走。若导压管堵住,则打开排污阀排污;若隔离液被冲走,则重新加隔离液。

（5）对差压变送器就地校正或送检定室校正;检查安保器、电源系统,检查信号线路。

（6）检查工艺原因:①流量实际工况偏离设计工况甚大;②流量传输系统阻力分配不平衡,诸如造成离心泵扬程太小,流量过大;③工艺介质存在气液两相;④工艺管道内有堵塞现象,造成局部涡流等。若存在上述问题,则进行处理。

拓展提高

流量计的安装

三、压力检测故障的判断与处理

故障现象:某一化工容器压力指示不正常,偏高或偏低,或不变化。

以电动压力变送器为例(1151GP、1751GP)。首先了解被测介质是气体、液体还是蒸气,了解简单工艺流程。有关故障判断、处理可按以下思路进行:

（1）检查:①显示仪表输入信号;②若使用集散控制系统,查输入接口。若存在问题,则调校显示仪表。

（2）检查压力变送器零位,关闭取压阀,打开排污阀,或松开取压接头。若压力变送器不在零位,则调零点。

（3）检查取压管线:若测气体,是否堵,是否有冷凝液;若测蒸气,是否冻或堵;若测液体,是否堵或冻,隔离液是否被冲走。若存在问题,则分别进行处理,若有保温要检查保温状况。

(4)调校压力变送器。

(5)检查工艺因素,与工艺人员商讨解决。

四、液位检测故障的判断与处理

故障现象:液位指示不正常,偏高或偏低。

以电动浮筒液位变送器为检测仪表。首先要了解工艺状况、工艺介质,被测对象是精馏塔、反应釜,还是储罐(槽)、反应器。有关故障判断、处理按以下思路进行:

(1)检查:①显示仪表输入信号;②若使用集散控制系统,查输入接口。若存在问题,则调校显示仪表。

(2)检查浮筒液位变送器零位,关闭取压阀,打开排污阀清洗浮筒。若不在零位,则调零点。

(3)检查浮筒液位变送器顶部排气阀和气相连接法兰是否有泄漏,若有泄漏,则消除泄漏。

● 应用案例

智慧农业
灌溉系统

(4)检查玻璃液位计:①取压阀门处是否堵;②顶部放气阀是否漏。若有上述问题,则消除假液位现象。

(5)检查工艺原因:工艺介质的密度是否有较大的变化,若有则进行调整。

需要注意的是,测量液位时往往同时配置玻璃液位计,工艺人员以现场玻璃液位计为参照判断电动浮筒液位变送器指示偏高或偏低,因为玻璃液位计比较直观。

📖 实践任务

液位的测量及控制

1. 任务要求

理解磁致伸缩原理,认识磁致伸缩液位传感器。通过实践操作,掌握磁致伸缩液位计的特性、适用场合,能够根据实际应用进行传感器的量程、安装方式等选择并正确安装;能够完成线缆的选择及连接,完成液位测量。

2. 设备与工具

0.1 级电流表一只、24 V 稳压电源一台;磁致伸缩液位计一只,导线若干,液罐或塑料桶一只,长度适中的水管;常用电工组装工具一套。

3. 任务内容

认识磁致伸缩液位计结构,熟悉部件位置、用途和各引线;根据容器结构和测量要求,安装液位计,并连接电源及仪表;使用液位计进行液位标定测量。

4. 操作步骤

（1）如图 8-13（a）所示进行液位计安装，并如图 8-13（b）所示接线（以三线制液位计为例）。

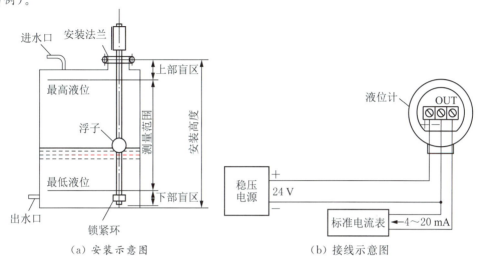

（a）安装示意图　　　　　　　　　　　　（b）接线示意图

图 8-13　液位计安装与接线

（2）基本误差校准。依次缓慢增高液罐液位，读取标准电流表数值和液位计指示值；依次缓慢降低液罐液位，读取标准电流表数值和液位计指示值。正向和反向校准的误差若超过允许值（说明书中给出），则对液位计零点、量程进行调整（调整方法见其使用说明书），直至符合要求为止。

（3）报警设定值校准（若液位计有报警功能）。在报警设定值附近改变液位（增高或降低），当触点动作时读取标准电流表数值和液位计指示值，若报警设定值超过允许值，则调整报警部分感光位置，直至符合要求。

（4）如所选液位计无报警功能。可根据步骤（2）记录的电流/液位数据对液位计进行标定。在输出端 OUT 及接地端之间并接 250 Ω 电阻，将之转换为 1～5 V 电压输出，并根据前述标定结果获取输出电压/液位关系函数。将输出电压信号接至比较器，比较器根据液位上下限设置要求，另一端给出适当参考电压。比较器输出端可接指示灯用于报警（电路略，可自行设计，也可改进成同时进行上下限超限报警）。

（5）如所选液位计无显示模块。可选用透明容器，并将卷尺固定于外壁进行校准或标定。

综 合 训 练

文本 ●⋯⋯⋯⋯⋯

模块八
综合训练
参考答案

【认知训练】

8-1 检测仪表由哪几部分组成？

8-2 检测仪表是怎样分类的？

8-3 新一代压力（差压）变送器有哪些特点？

8-4　新型流量检测仪表有哪些类型？分别采用什么原理？

8-5　简要说明温度检测故障判断的思路。

8-6　简要说明流量检测故障判断的思路。

8-7　简要说明压力检测故障判断的思路。

8-8　简要说明液位检测故障判断的思路。

【能力训练】

8-1　有一台二线制压力变送器，量程范围为 $0 \sim 1$ MPa，对应的输出电流为 $4 \sim 20$ mA。求：

（1）压力 p 与输出电流 i 的关系表达式（输入/输出方程）。

（2）画出压力与输出电流间的输入/输出特性曲线。

（3）当 p 为 0 MPa、1 MPa 和 0.5 MPa 时变送器的输出电流。

（4）如果希望在信号传输终端将电流信号转换为 $1 \sim 5$ V 电压，求负载电阻 R_L 的阻值。

（5）画出该二线制压力变送器的接线电路图（电源电压为 24 V）。

（6）如果测得变送器的输出电流为 5 mA，求此时的压力 p。

（7）若测得变送器的输出电流为 0 mA，试说明可能是哪几个原因造成的。

（8）图 8-14 所示是二进制压力变送器，供电电源和电阻等，试将图中的各器件正确地连接起来。

（9）上网查阅有关资料，写出一次仪表与二次仪表的定义。

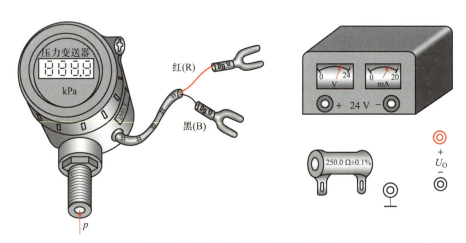

图 8-14　二线制压力变送器仪表的连接

模块九
传感器与自动检测技术的综合应用

随着微电子技术和计算机技术的迅速发展,检测技术不仅在量的方面,同时在质的方面都发生了根本性变化。检测技术从传统的空间限制和时间限制中解放了出来,从单一参数检测扩展为多参数的综合检测,从接触式检测发展为非接触、远距离检测,从静态检测发展为动态的、随机的或连续的检测。检测技术与过程控制和数据处理等的关系更加密切,在现代化生产和科学研究中的地位和作用更加突出。

自动检测系统一般由传感器、转换处理电路和显示执行装置三个部分组成。为了系统、全面地介绍自动检测技术及应用,本模块讲解抗干扰技术、可靠性问题、智能检测技术,并且介绍传感器在物联网中的应用及自动检测技术的综合应用实例。

模块目标 ●

模块九
学习目标

单元1　抗　干　扰　技　术

自动检测系统在工作的过程中,有时可能会出现某些不正常的现象,这表明,存在着来自外部和内部影响其正常工作的各种因素,尤其是当被测信号很微弱时,问题就更加突出。这样一些因素,总称为"干扰"。干扰不但会造成测量误差,有的甚至会引起系统紊乱,导致事故发生。因此,在自动检测系统的设计、制造、安装和使用中都必须充分注意抗干扰问题。应首先了解干扰的种类和来源、形成干扰的途径,才能有针对性地采取措施消除干扰的影响。抗干扰技术应用广泛,如天文观测、通信、国防中的电子对抗等。

延伸阅读 ●

电子对抗

一、干扰的来源

根据产生干扰的物理原因,干扰有以下几种来源:

1. 机械的干扰

机械的干扰是指由于机械振动或冲击,使传感器装置中的元件发生振动、变形,使连接导线发生位移、指针发生抖动,这些都将影响其正常工作。声波的干扰类似于机械振动,从结果上看,也可以列入这一类中。对于机械的干扰主要是采取减振措施来解决,例如应用减振弹簧或减振橡胶垫等。

动画 ●

机械干扰

2. 热的干扰

在工作时传感器系统产生的热量所引起的温度波动和环境温度的变化等都会引起检测电路元器件参数发生变化,或产生附加的热电动势等,从而影响传感器系统的正常工作。对于热的干扰,工程上通常采用热屏蔽、恒温措施、对称平衡结构和温度补偿等方法进行抑制。

3. 光的干扰

在传感器装置中广泛使用各种半导体器件,但是半导体材料在光线的作用下会激发出电子空穴对,使半导体元器件产生电动势或引起阻值的变化,从而影响检测系统正常工作。因此,半导体元器件应封装在不透光的壳体内,对于具有光电作用的元件,尤其应注意光的屏蔽问题。

4. 湿度变化的干扰

湿度增加会使元器件的绝缘电阻下降,漏电流增加,高值电阻的阻值下降,电介质的介电常数增加,吸潮的线圈骨架膨胀,等等。这样必然会影响传感器系统的正常工作,尤其是在南方潮湿地带、船舶及锅炉等应用场景,更应注意采取密封防潮措施。例如,电气元件印制电路板的浸漆、环氧树脂封灌和硅橡胶封灌等均是强有力的防湿措施。

5. 化学的干扰

化学物品,如酸碱盐及腐蚀性气体等,会通过化学腐蚀作用损坏传感器装置,因此,良好的密封和注意清洁是十分必要的。

6. 电和磁的干扰

● 动画

电磁干扰

电和磁可以通过电路和磁路对传感器系统产生干扰作用;电场和磁场的变化也会在有关电路中感应出干扰电压,从而影响传感器系统的正常工作。这种电和磁的干扰对于传感器系统来说是最为普遍和严重的干扰,因此,必须认真对待。

7. 射线辐射的干扰

射线会使气体电离、半导体激发电子-空穴对、金属逸出电子,等等,因而用于原子能、核装置等领域的传感器系统,尤其要注意射线辐射对传感器系统的干扰。射线辐射的防护是一门专门技术,这方面的知识可参阅有关书籍。

二、信噪比和电磁兼容性

1. 信噪比

各种干扰在传感器系统的输出端往往反映为一些与检测量无关的信号,这些无用的信号称为噪声。当噪声电压使检测电路元件无法正常工作时,该噪声电压就称为干扰电压。噪声对检测装置的影响必须与有用信号共同分析才有意义。衡量噪声对有用信号的影响常用信噪比(S/N)来表示,是指在信号通道中,有用信号功率 P_S 与噪声功率 P_N 之比,或有用信号电压 U_S 与噪声电压 U_N 之比。它表示噪声对有用信号影响的大小。信噪比常用对数形式来表示,单位为 dB(分贝),即

$$S/N = 10 \lg \frac{P_\text{S}}{P_\text{N}} = 20 \lg \frac{U_\text{S}}{U_\text{N}} \qquad\qquad (9\text{-}1)$$

由式(9-1)可知,信噪比越大,表示噪声对测量结果的影响越小,在测量过程中应尽量提高信噪比。

2. 电磁兼容性

随着科学技术、生产力的发展,高频、宽带、大功率的电气设备几乎遍布地球,随之而来的电磁干扰也越来越严重地影响检测系统的正常工作。在前述干扰源中电磁干扰是最普遍和最难解决的干扰因素。

对于检测系统来说,主要考虑在恶劣的电磁干扰环境中系统必须能正常工作,并能取得精度等级范围内的正确测量结果,即提高信噪比。为此,在 20 世纪 40 年代有人提出了电磁兼容性的概念,但直到 20 世纪 70 年代人们才越来越强调电子设备、检测控制系统的电磁兼容性问题。电磁兼容性是指电子设备在规定的电磁干扰环境中能按照原设计要求正常工作的能力,而且也不向处于同一环境中的其他设备释放超过允许范围的电磁干扰信号。通俗地说,电磁兼容性是指电子系统在规定的电磁干扰环境中正常工作的能力,而且还不允许产生超过规定的电磁干扰信号。

电磁干扰源可分为自然界干扰源和人为干扰源。自然界干扰源包括地球外层空间的宇宙射电噪声、太阳耀斑辐射噪声以及大气层的雷电噪声等。人为干扰源又分为有意发射干扰源和无意发射干扰源。前者如广播、电视、通信雷达和导航等无线电设备,后者是各种工业、交通、医疗、家电、办公设备在完成自身任务的同时,附带产生的电磁能量辐射。检测系统的电磁干扰可以来自系统外部,也可以来自系统内部的元器件、电路、装置等。为了提高检测系统的电磁兼容性,必须了解电磁干扰的途径、防护措施以及抗电磁干扰的有关技术。

三、电磁干扰的途径

电磁干扰必须通过一定的途径侵入传感器装置才会对测量结果造成影响,因此有必要讨论电磁干扰的途径及作用方式,以便有效地切断这些途径,消除干扰。电磁干扰的途径有"路"和"场"两种形式。凡电磁噪声通过电路的形式作用于被干扰对象的,都属于"路"的干扰,如通过漏电流、共阻抗耦合等引入的干扰;凡电磁噪声通过电场、磁场的形式作用于被干扰对象的,都属于"场"的干扰,如通过分布电容、分布互感等引入的干扰。

1. 通过"路"的干扰

(1) 漏电流耦合形成的干扰　它是由于绝缘不良,由流经绝缘电阻的漏电流引起的噪声干扰。漏电流耦合干扰经常发生在下列情况下:

① 当用传感器测量较高的直流电压时;

② 在传感器附近有较高的直流电压源时;

③ 在高输入阻抗的直流放大电路中。

(2) 传导耦合形成的干扰　噪声经导线耦合到电路中去是最明显的干扰现象。当导线经过具有噪声的环境时,即拾取噪声,并经导线传送到电路而造成干扰。传导耦合的主要现象是噪声经电源线传到电路中。通常,交流供电线路在生产现场的分布,实际上构成了一个吸收各种噪声的网络,噪声可十分方便地以电路传导的形式传到各处,并经过电源引线进入各种电子装置,造成干扰。实践证明,经电源线引入电子装置的干扰无论从广泛性和严重性来说都是十分明显的,但常常被人们忽视。

（3）**共阻抗耦合形成的干扰**　由于两个电路共有阻抗,当一个电路中有电流流过时,通过共有阻抗便在另一个电路中产生干扰电压。例如,几个电路由同一个电源供电时,会通过电源内阻互相干扰,在放大器中,各放大级通过接地线电阻互相干扰。

2. 通过"场"的干扰

拓展提高

日常生活中的
电磁干扰
与抑制

（1）**静电耦合形成的干扰**　静电耦合实质上是电容性耦合,它是由于两个电路之间存在寄生电容,可使一个电路的电荷变化影响到另一个电路。当有几个噪声源同时经静电耦合干扰同一个接收电路时,只要是线性电路,就可以使用叠加原理分别对各噪声源干扰进行分析。

（2）**电磁耦合形成的干扰**　电磁耦合又称互感耦合,它是在两个电路之间存在互感,一个电路的电流变化,通过磁交链会影响到另一个电路。例如,在传感器内部,线圈或变压器的漏磁是对邻近电路的一种很严重干扰;在电子装置外部,当两根导线在较长一段区间平行架设时,也会产生电磁耦合干扰。

（3）**辐射电磁场耦合形成的干扰**　辐射电磁场通常来源于大功率高频电气设备、广播发射台和电视发射台等。如果在辐射电磁场中放置一个导体,则在导体上产生正比于电场强度的感应电动势。输配电线路,特别是架空输配电线路都将在辐射电磁场中感应出干扰电动势,并通过供电线路侵入传感器,造成干扰。在大功率广播发射机附近的强电磁场中,传感器外壳或传感器内部尺寸较小的导体也能感应出较大的干扰电动势。例如,当中波广播发射的垂直极化波的强度为 $100\ mV/m$ 时,长度为 $10\ cm$ 的垂直导体可以产生 $5\ mV$ 的感应电动势。

四、抑制电磁干扰的基本措施

电磁干扰的形成必须同时具备三个要素:干扰源、干扰途径以及对电磁噪声敏感性较高的接收电路——检测装置的前级电路。三者之间的关系如图 9-1 所示。

图 9-1　形成电磁干扰的三要素之间的关系

要想抑制电磁干扰,首先应对电磁干扰有全面而深入的了解,然后从形成电磁干扰的三要素出发,在三个方面采取措施。

1. 消除或抑制干扰源

消除干扰源是积极主动的措施,继电器、接触器和断路器等的电触点,在通断电时的电火花是较强的干扰源,可以采取触点消弧电容等。接插件接触不良,电路接头松脱、虚焊等也是造成干扰的原因,对于这类可以消除的干扰源要尽可能消除。对难以消除或不能消除的干扰源,例如,某些自然现象的干扰、邻近工厂的用电设备的干扰等,就必须采取防护措施来抑制干扰源。

2. 破坏干扰途径

对于以"路"的形式侵入的干扰,可以采取提高绝缘性能的办法来抑制漏电流干扰;采用隔离变压器、光电耦合器等切断地环路干扰途径,引用滤波器、扼流圈等技术,将干扰信号除去;改变接地形式以消除共阻抗耦合干扰等;对于数字信号,可采用整形、限幅等信号处理方法切断干扰途径。

对于以"场"的形式侵入的干扰,一般采取各种屏蔽措施消除。

3. 削弱接收电路对电磁干扰的敏感性

根据经验,高输入阻抗电路比低输入阻抗电路易受干扰,布局松散的电子装置比结构紧凑的电子装置更易受外来干扰,模拟电路比数字电路的抗干扰能力差。由此可见,电路设计、系统结构等都与干扰的形成有着密切关系。因此,系统布局应合理,且设计电路时应采用对电磁干扰敏感性差的电路。

以上三个方面的措施可用疾病的预防来比喻,即消灭病菌来源、阻止病菌传播和提高人体的抵抗能力。

五、抗电磁干扰技术(电磁兼容控制技术)

抑制干扰的基本措施中消除干扰源是最有效、最彻底的方法。但实际上不少干扰源是不可消除的,所以需要研究抗电磁干扰技术。抗电磁干扰技术又称为电磁兼容控制技术。常用的、行之有效的抗电磁干扰技术有屏蔽技术、接地技术、浮置技术、平衡电路、滤波技术和光电耦合技术等。

1. 屏蔽技术

利用金属材料制成容器,将需要防护的电路包在其中,可以防止电场或磁场的耦合干扰,这种方法称为屏蔽。屏蔽可以分为静电屏蔽、电磁屏蔽和低频磁屏蔽等几种。

(1) 静电屏蔽　根据电学原理,在静电场中,密闭的空心导体内部无电场线,亦即内部各点等电位。静电屏蔽就是利用这个原理,以铜或铝等导电性良好的金属为材料,制作封闭的金属容器,并与地线连接,把需要屏蔽的电路置于其中,使外部干扰电场的电场线不影响其内部的电路,反过来,内部电路产生的电场线也无法影响外电路。必须说明的是,作为静电屏蔽的容器壁上允许有较小的孔洞(作为引线孔),它对屏蔽的影响不大。在电源变压器的一次侧和二次侧之间插入一个留有缝隙的导体并将它接地,也属于静电屏蔽,可以防止两绕组间的静电耦合。

(2) 电磁屏蔽　电磁屏蔽是采用导电良好的金属材料作屏蔽罩,利用电涡流原理,使高频干扰电磁场在屏蔽金属内产生电涡流,消耗干扰磁场的能量,并利用涡流磁场抵消高频干扰磁场,从而使电磁屏蔽层内部的电路免受高频电磁场的影响。

若将电磁屏蔽层接地,则同时兼有静电屏蔽作用。通常使用的铜质网状屏蔽电缆就能同时起电磁屏蔽和静电屏蔽的作用。

（3）**低频磁屏蔽** 在低频磁场中,电涡流作用不太明显,因此必须采用高导磁材料作屏蔽层,以便将低频干扰磁力线限制在磁阻很小的磁屏蔽层内部,使低频磁屏蔽层内部的电路免受低频磁场耦合干扰的影响。在干扰严重的地方常使用复合屏蔽电缆,其最外层是低磁导率、高饱和的铁磁材料,最里层是铜质电磁屏蔽层,以便一步步地消耗掉干扰磁场的能量。在工业中常用的办法是将屏蔽线穿在铁质蛇皮管或普通铁管内,以达到双重屏蔽的目的。

2. 接地技术

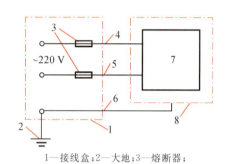

1—接线盒；2—大地；3—熔断器；
4—相线；5—中性线；6—保护地线；
7—电气设备；8—外壳。

图 9-2   电气设备接大地示意图

知识链接

PCB 高级设计
之热干扰
及抑制

（1）**地线的种类** 导线接地起源于强电技术,它的本意是接大地,主要着眼于安全。这种地线也称为"保护地线"。图 9-2 所示为电气设备接大地示意图。对于组成仪器、通信、计算机等电子技术来说,"地线"多是指电信号的基准单位,也称为"公共参考端",它除了作为各级电路的电流通道之外,还是保证电路工作稳定、抑制干扰的重要环节。它可以是接大地的,也可以是与大地隔绝的,例如飞机、卫星上的地线。因此,通常将仪器设备中的公共参考端称为信号地线。信号地线又可分为以下几种：

① **模拟信号地线** 它是模拟信号的零信号电位公共线,因为模拟信号有时较弱,易受干扰,所以对模拟信号地线的面积、走向、连接有较高的要求。

② **数字信号地线** 它是数字信号的零电平公共线。由于数字信号处于脉冲工作状态,动态脉冲电流在接地阻抗上产生的压降往往成为微弱模拟信号的干扰源,为了避免数字信号对模拟信号的干扰,两者的地线应分别设置。

③ **信号源地线** 传感器可看作是测量装置的信号源,通常传感器设在生产设备现场,而测量装置设在离现场一定距离的控制室内,从测量装置的角度看,可以认为传感器的地线就是信号源地线。它必须与测量装置进行适当的连接才能提高整个检测系统的抗干扰能力。

④ **负载地线** 负载的电流一般都较前级信号电流大得多,负载地线上的电流有可能干扰前级微弱的信号,因此,负载地线必须与其他地线分开,有时两者在电气上甚至是绝缘的,信号通过磁耦合或光耦合来传输。

（2）**一点接地原则** 对于上述四种地线一般应分别设置,在电位需要连通时,也必须仔细选择合适的点,在一个地方相连,这样才能消除各地线之间的干扰。

① **单级电路的一点接地原则** 现以单级选择放大器为例来说明单级电路的一点接地原则。电路如图 9-3（a）所示,图中有 8 个线端要接地。如果只从原理图的要求进行接线,则这 8 个线端可接在接地母线的任意点上,这几个点可能相距较远,不同点之间的电位差就有可能成为这级电路的干扰信号,因此应采取图 9-3（b）所示的一点接地方式。

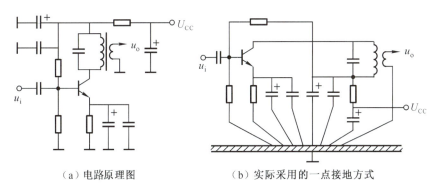

（a）电路原理图　　　　　　　（b）实际采用的一点接地方式

图 9-3　单级电路的一点接地

② **多级电路的一点接地原则**　图 9-4（a）所示的多级电路利用了一段公用地线,在这段公用地线上存在着 A、B、C 点不同的对地电位差,有可能产生共阻抗干扰。只有在数字电路或放大倍数不大的模拟电路中,为布线简便起见,才可以采取上述电路,但也应注意以下两个原则:一是公用地线截面积应尽量大一些,以减小地线的内阻;二是应把最低电平的电路放在距离接地点最近的地方,即 A 点接地。

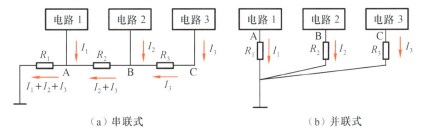

（a）串联式　　　　　　　　　　（b）并联式

图 9-4　多级电路的一点接地

采用图 9-4（b）所示并联接地方式,不易产生共阻抗耦合干扰,但需要很多根地线,在高频时反而会引起各地线之间的互感耦合干扰,因此只在频率为 1 MHz 以下时才予采用。当频率较高时,应采取大面积的地线,这时允许多点接地,这是因为接地面积十分大,内阻很低,反而易产生级与级之间的共阻抗耦合。

③ **传感器系统的一点接地原则**　传感元件与测量装置构成了一个完整的传感器系统,两者之间可能相距甚远,所以这两个部分的接大地点之间的电位一般是不相等的,有时电位差可能高达几伏甚至几十伏,这个电压称为大地电位差。若将传感元件、测量装置的零电位在两处分别接大地,会有很大的电流流过信号传输线,在 Z_{i2} 上产生电压降,造成干扰,如图 9-5（a）所示。为避免这种现象,应采取图 9-5（b）所示的系统一点接地的方法,大地电位差只能通过分布电容 C_{i1}、C_{i2} 构成回路,干扰电流大为减小。若进一步采用屏蔽浮置的办法就能更好地克服大地电位差引起的干扰。

3. 浮置技术

浮置又称浮空、浮接,它指的是模拟输入信号放大器的公共线(即模拟信号地线)不接

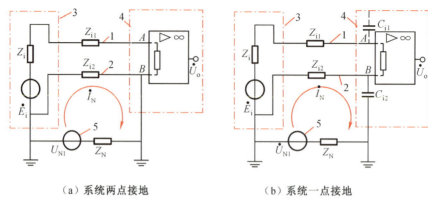

（a）系统两点接地　　　　　（b）系统一点接地

1、2—信号传输线；3—传感器外壳；4—测量装置外壳；5—大地电位差。

图 9-5　传感器系统的接地

机壳或大地。对于被浮置的测量系统，测量电路与机壳或大地之间无直接联系。前面讲过，屏蔽接地的目的是将干扰电流从信号电路引开，即不让干扰电流流经导线，而是让干扰电流流经屏蔽层到大地。浮置与屏蔽接地相反，是阻断干扰电流的通路，检测系统被浮置后，明显地加大了系统信号放大器的公共线与大地（或外壳）之间的阻抗，因此浮置能大大减小共模干扰电流。

4.平衡电路

平衡电路又称对称电路。它是指双线电路中的两根导线与连接到这两根导线的所在电路，对地或对其导线来说，电路结构对称，对应阻抗相等。例如，电桥电路和差动放大器等电路就属于平衡电路。采用平衡电路可以使对称电路结构所获得的噪声相等，并可以在负载上自行抵消。

5.滤波技术

●动画

带通滤波

滤波器是抑制噪声干扰的重要手段之一。滤波技术是用电容和电感线圈或电容和电阻组成滤波器接在电源输出端、测量线路输入端、放大器输入端或测量桥路与放大器之间，以阻止干扰信号进入放大器，使干扰信号衰减。常用的是 RC 型、LC 型及双 T 型等形成的无源滤波器或有源滤波器。

使用滤波器一般要求将干扰衰减 100 dB 以上，在此前提下，选用滤波器应考虑：①检测电路的外接阻抗及放大器的输入阻抗；②滤波器的时间常数对自动检测系统性能的影响；③滤波器的频率特性（不同类型滤波器对不同频率的干扰的衰减倍率）；④滤波器体积、安装及制造工艺。

为防止无线电干扰，要尽量避免产生火花。这可通过开关或触点（如继电器）两端加灭弧装置（如并联电容）、在电源端加滤波电路（电容 C 为 $0.01\sim0.1\ \mu\text{F}$ 的瓷介电容）来解决。图 9-6 所示为滤波器抑制检测系统干扰的原理框图。

6.光电耦合技术

光电耦合器是一种电→光→电耦合器件，它的输入是电流，输出也是电流，两者之间在电气上是绝缘的。目前，检测系统越来越多地采用光电耦合器来提高抗干扰能力。光

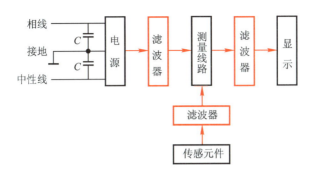

图 9-6　滤波器抑制检测系统干扰的原理框图

电耦合器有以下特点：

① 输入、输出回路绝缘电阻高(大于 10^{10} Ω)、耐压超过 1 kV；

② 因为光的传输是单向的，所以输出信号不会反馈影响输入端；

③ 输入输出回路完全是隔离的，能很好地解决不同电位、不同逻辑
电路之间的隔离和传输的矛盾。

图片

光电耦合器
内部结构图

从上述几个特点可以看出，使用光电耦合器能比较彻底地切断大地
电位差形成的环路电流。使用光电耦合器的另一种办法是先将前置放
大器的输出电压进行 A/D 转换，然后通过光电耦合器用数字脉冲的形式，把代表模拟信号
的数字量耦合到计算机等数字处理系统去做数据处理，从而将模拟电路与数据处理电路
隔离开来，有效地切断共模干扰的环路。在这种方式中，必须配置多路光电耦合器(视 A/
D 转换器的位数而定)，由于光电耦合器是工作在数字脉冲状态的，所以可以采用廉价的
光电耦合器。

应用案例　　　　　　　　　　**PLC 输入接口的抗干扰**

在数据采集、计算机、大型测量控制领域，以及 PLC 等应用场合，为了提供良好的
绝缘保护，其输入/输出接口模块一般采用光电耦合器进行输入/输出间相互隔离，确保
电信号单向传输。同时，可显著改善系统的抗干扰能力。图 9-7 所示为 PLC 输入接口
的抗干扰电路，为工作可靠并保护内部电路，同时采用了光电耦合器隔离以及 RC
滤波。

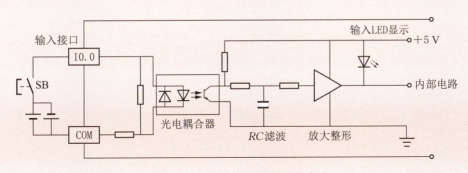

图 9-7　PLC 输入接口的抗干扰电路

📖 实践任务

滤波技术的干扰抑制与消除

1. 任务要求

通过本任务训练,认识滤波技术的工作原理,以及对以"路"的形式侵入的干扰信号进行信号调理,抑制或消除干扰。

2. 设备与工具

安装有 LabVIEW 软件的计算机一台。

3. 任务内容

利用 LabVIEW 软件中的滤波器、噪声等控件,进行干扰信号抑制或消除调试分析。

4. 操作步骤

(1) 运行 LabVIEW 软件,新建程序,添加两个波形图表,编辑测试界面如图 9-8 所示。

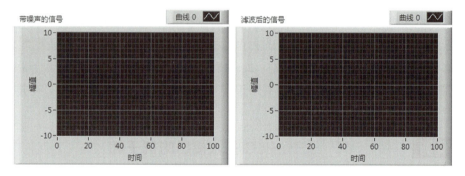

图 9-8　测试界面

(2) 转至程序框图,选择"函数"→"波形生成"→"仿真信号" ▨ 并添加,在其属性窗口中设置信号幅值为 10,勾选"添加噪声",噪声信号幅值为 1,其他选择默认值。

(3) 选择"函数"→"波形调理"→"滤波器" ▨ 并添加,并按图 9-9 所示进行滤波器属性设置。

(4) 按图 9-10 所示进行后面板信号连线。

(5) 转至前面板,单击"连续运行"按钮 ▨,运行程序,观看并分析结果,如图 9-11 所示。

(6) 更改信号、噪声及滤波器类型、阶数等设置,运行并查看效果。

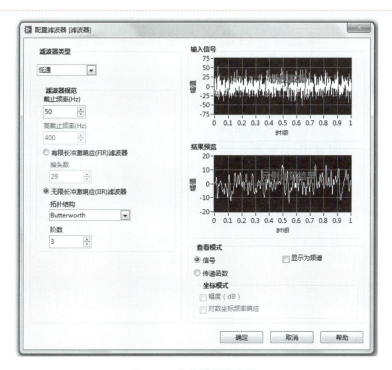

图 9-9　滤波器属性设置

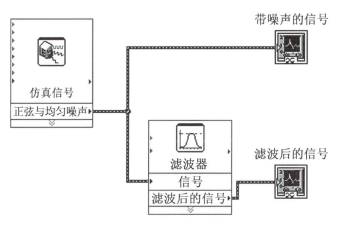

图 9-10　信号连线

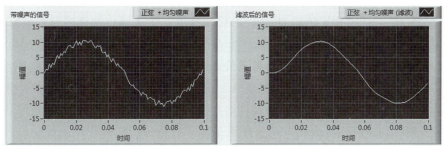

图 9-11　程序运行结果

单元 2　自动检测系统的可靠性

重庆綦江
"彩虹桥"
垮塌事件

产品质量的可靠性是设计者、生产者和使用者共同关心的问题,也是对产品质量作全面评定的一个重要指标。1957 年美国先锋卫星只是由于一个价值 2 美元的 O 型橡胶环失效,就造成 220 万美元的损失。1986 年美国"挑战者号"航天飞机,其火箭助推器内的橡胶密封圈因温度低而失效,结果引起航天飞机爆炸,造成 7 名宇航员全部遇难。由此可见,可靠性问题是直接影响到经济、军事和政治甚至生命的大问题。

当今世界工业技术飞速发展,产品的更新换代加快了,而产品的性能要求又日益提高,结构日趋复杂,使用场所更加广泛,环境更为严酷,因此产品的可靠性问题就更为突出。可靠性的观点和方法已经成为质量保证、安全性保证和产品责任预防等不可缺少的依据和手段。自动检测系统当然也必须进行可靠性设计和研究,本单元简要介绍可靠性的基本概念和提高可靠性的措施。

一、可靠性的基本概念

1. 可靠性问题的提出

20 世纪 50 年代起就兴起了可靠性技术的研究。在第二次世界大战期间,美国的通信设备、航空设备、水声设备都有相当数量发生失效而不能使用。因此,美国便开始研究电子元件和系统的可靠性问题。德国在第二次世界大战中,由于研制 V-1 火箭的需要也开始了可靠性工程的研究。1957 年美国发表了"军用电子设备可靠性"的重要报告,被公认为是可靠性的奠基文献。在六七十年代,随着航空航天事业的发展,可靠性问题的研究取得了长足的进展,引起了国际社会的普遍重视,许多国家相继成立了可靠性研究机构,对可靠性理论作了广泛的研究。可靠性现今已发展成为一门新兴的工程学科。

2. 可靠性的定义、可靠度和失效率

（1）可靠性的定义　自动检测系统或机电产品的可靠性,是指在规定的时间内、在规定的条件下,完成规定功能的能力。

可见,它是从三个不同的角度定义了产品的可靠性,即:

① "规定的时间内"是指对保持产品的质量和性能有一定的时间要求,即产品的可靠性随时间而变化。这一"规定的时间"是产品可靠性的一个重要技术指标和考核要求。对不同产品,这一时间要求不同。

② "规定的条件下"是指产品的使用条件,如温度、湿度、载荷、振动和介质等。显然,这些也是产品可靠性的技术指标和考核要求。对不同产品,给定或适用的条件不同。

③ "规定功能"是指自动检测系统或机电产品的技术性能指标,如精度、效率、强度和稳定性等。对不同产品应明确规定达到什么指标才合格;反之,就要明确规定,产品处于什么情况或状态下会失效。

（2）可靠度　在可靠性定义中,涉及三个"规定"和一个"能力"。在规定的时间、规定

的条件和规定的功能下,某一产品可能完成任务,也可能完不成任务;即它可能具有这个能力,也可能没有这个能力。这是一个随机事件,随机事件可用概率定量地描述。因此,在可靠性研究中,为了定量描述产品的可靠性问题,提出了可靠度的概念,即产品在规定的时间内、在规定的条件下,完成规定功能的概率,称为产品的可靠度。显然,可靠度是对产品可靠性的概率度量。

(3) **失效率**　自动检测系统或机电产品总有产生失效(故障)的时候,对同一产品进行大量试验可得出产品的失效规律。产品的失效率是指产品工作到某一时间后的单位时间内产生失效的概率,即产品工作到一定时刻 t 后,在单位时间内产生失效的产品数与时间 t 时仍在正常工作的产品数之比。

二、提高可靠性的措施

为了提高自动检测系统和机电产品的可靠性,可采用可靠性更高的元器件代替原系统中失效率较大的元器件,或者提高工艺质量,如加工质量、焊点质量、文明生产水平和清洁度等,除了这两种提高可靠性的措施外,还可通过研究可靠性问题,找出一些规律,利用这些规律来达到提高产品可靠性的目的。

1. 利用失效的规律来提高可靠性

图 9-12 所示为自动检测系统和机电设备的一般失效曲线,由于曲线的形状酷似浴盆,故谓之"浴盆曲线"。曲线纵坐标是设备的失效率,横坐标是使用时间。平行于横坐标的一条虚线为设备规定的失效率,该虚线与浴盆曲线的两个交点,把曲线划分为三种失效类型,可利用此规律提高可靠性。

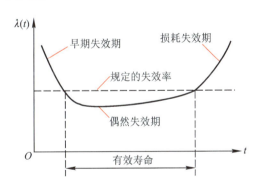

图 9-12　失效曲线(浴盆曲线)

(1) **早期失效期**　设备在启用初期,失效率很高,但经调试或维修后很快降低。这种失效主要是由设计、制造、加工装配等缺陷造成的。通过对这一时期产品失效的分析,可以改进设计、制造和加工装配等薄弱环节,提高产品的可靠性,另外还需对元器件采用人工老化筛选,以保证在自动检测系统中元器件处于稳定工作期。产品的早期失效期,一般应在生产厂家内经由调试、试运转、检验等手段,考核通过后出厂。早期失效期的失效率 $\lambda(t)$ 随时间的延长而下降,这种失效类型称为早期失效型。

(2) **偶然失效期**　经过早期失效期后,设备对规定的使用条件已经适应,即可服役使用。设备在此期间内，一般只是出于偶然的因素，如突然过载、碰撞等事故性原因而导致失效。在这一阶段，设备的失效率最低，并且稳定，其失效率可视为常数。这种失效类型称为偶然失效型。设备的这段服役期表征了设备的有效寿命。

（3）**损耗失效期**　经过一定时间的使用，设备上的某些零部件出现老化、磨损，因而失效率随时间的延长而上升。这种失效类型称为损耗失效型，是机电设备正常的失效类型。该阶段的失效率一般按正态分布。因此，要避免系统中的元器件在此阶段中工作，应对自动检测系统进行定期检修和更换元器件。

需要强调指出，"浴盆曲线"反映了自动检测系统和机电设备的一般失效规律，它经历了三种不同的失效类型。但对某一单一的零件、元件或材料，它的失效只是上述三种失效类型中的某一种。

2. 采用重复备用系统来提高可靠性

在采用上述措施后仍不能满足要求时，可以采用重复备用系统来提高系统的可靠性。并联重复备用系统的总可靠度为

$$P_S = 1 - \left(1 - \prod_{i=1}^{m} P_i\right)^n \tag{9-2}$$

式中　P_S——系统的总可靠度；

　　　P_i——系统中相串联的各单元的可靠度；

　　　m——系统中相串联的单元数目；

　　　n——相同备用单元的数目。

图 9-13 所示为三种不同的重复备用系统，其作用的大小也不同。

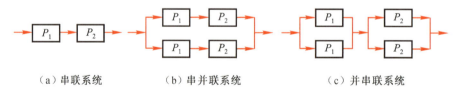

（a）串联系统　　　　（b）串并联系统　　　　（c）并串联系统

图 9-13　重复备用系统

图 9-13(a)为两单元串联的系统。设 $P_1 = 0.8$，$P_2 = 0.9$，则此系统的可靠度为

$$P_S = P_1 P_2 = 0.8 \times 0.9 = 0.72$$

图 9-13(b)串并联重复备用系统，用式(9-2)计算的可靠度为

$$P_S = 1 - (1 - P_1 P_2)^2 = 1 - [1 - (0.8 \times 0.9)]^2 \approx 0.92$$

图 9-13(c)为并串联重复备用系统。其可靠度计算式为

$$P_S = [1 - (1 - P_1)^2][1 - (1 - P_2)^2]$$

$$= [1 - (1 - 0.8)^2][1 - (1 - 0.9)^2] \approx 0.95$$

从上述情况可知,在同样元件数的情况下,并串联重复备用系统具有较高的可靠度。

此外,等待备用系统,相当于并联系统,二者不同时开动,只有当一套系统有故障时,另一套系统才立即开始投入工作。

　　电子元器件在出厂一段时间内是故障多发时期,如果在这段时间内将它用在电路中,故障率较大、可靠性不高。经过早期失效期后,元器件性能趋于稳定,可靠性大幅增加。所以人为地对元器件进行所谓老化处理,剔除不良的元器件,可靠性就可以大幅提高。

　　电子元器件的老化处理,即在一定的温度下,较长时间内对元器件通过电-热应力的综合作用来加速元器件内部的各种物理、化学反应过程,促使隐藏于元器件内部的各种潜在缺陷尽早暴露,从而达到剔除早期失效产品的目的。常见的老化处理有两种方法:一种是通电老化;另一种是恒温老化。比较而言,后一种方法简单易行。

动画
零件的无损探伤

单元3　智能检测系统

　　自第一台微型计算机问世以来,无论从功能和使用来看,发展都十分迅速。由于大规模集成电路工艺水平的不断提高,品种的日益丰富,性能的日臻完善,以及体积越来越小,加之使用方便和价格日渐下降等,各行各业以至于个人广泛使用微机,这已成为时代的特征。现代检测系统大多已配备微机,微机与传感器的配合使检测系统的功能大为提高,形成智能检测系统。微机与测量仪器有机结合而构成新型的、功能极强和性能可靠的智能仪器;微机与传感器结合形成具有采集、处理、交换信息功能的智能传感器;智能检测系统加入相关测试软件形成软件即仪器、功能用户自定义、扩展性强、技术更新快、开发时间短的虚拟仪器。

一、智能检测系统的构成

1.硬件系统

　　图9-14所示为智能检测系统的硬件结构原理框图。其中微机部分包括CPU、RAM、ROM、时钟和定时器等。给定数据和指令通过键盘输入,传感器从现场获取信息转换后经多路采样开关、高精度放大器,把放大后的信号经A/D转换器转换成数字量,用多路光电耦合器隔离后,信号经并行口、串行口进入微机。这里指出一点,微机不可能同时读取所有传感器传来的信号,而是分时快速地轮流读取各种被测量,这种采样方式称为"巡回检测"。

延伸阅读
中国"天眼"

　　采样结束后,所有的采样值还需要经过误差统计处理,经计算、比较剔除粗大误差,求出所需的较可靠数据(这种方法称为数字滤波技术),然后存储在RAM中。微机根据预定

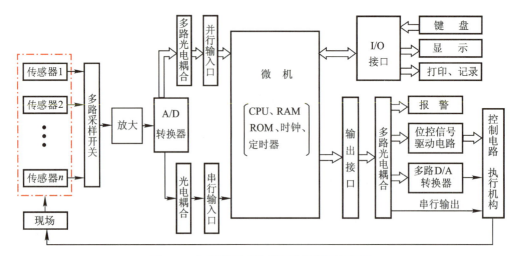

图 9-14　智能检测系统的硬件结构原理框图

程序,将各种可靠的数据进行线性化处理并作一系列的运算、比较、判断求得结果,然后送显示、打印和记录等终端,将某些结果,经输出接口、多路光电耦合器分别送到位控信号驱动电路和多路 D/A 转换器,控制各种执行机构按工艺规程来调整现场的工作状态,若某些参数超限,微机立即启动声光报警电路进行报警。这样不仅对现场进行检测,还能对其进行有效控制。

需要说明的是,智能检测系统可以是较复杂的,也可以较简单,不一定包括以上所有硬件部分,要根据具体检测控制的复杂程度而定。如检测量只有一个,则多路采样开关就不需要,又如执行机构只识别数字量(步进电动机等),则多路 D/A 转换器就不需要。

2. 软件系统

软件任务分析和硬件电路设计结合进行,哪些功能由硬件完成、哪些功能由软件完成,在硬件电路设计基本定型后就基本确定下来了。从软件的功能来看可分为两大类:一类是执行软件,它能完成各种实质性的功能,如测量、数据处理、计算、显示、打印、输出控制和通信等;另一类是监控软件,它是专门用来协调各执行模块和操作者的关系,在系统软件中充当组织调度角色。智能检测系统的执行软件一般有数据采集、故障自诊断及自校验、数字滤波、线性化处理、温度及湿度补偿、数据运算与比较、数据输出等功能模块。下面简要介绍这些模块的功能,而不涉及具体软件的细节。

（1）**数据采集**　数据采集软件要根据要求确定采样时间及采样次数,它包括多路采样开关的控制、A/D 转换的控制等。

（2）**故障自诊断及自校验**　故障自诊断是当系统出现故障无法正常工作时,只要微机本身能继续运行,它就自动停止正常程序,转而执行故障诊断程序,按预定的顺序搜索故障部位,并在屏幕上显示出来,使人们增加了对系统的可信度。对于具有模拟信息处理功能的系统,自诊断过程往往包括自动校验过程,它为系统提供模拟通道的增益变化和零点漂移信息,供系统运算时进行校正,以确保系统的精度。

（3）**数字滤波**　模拟信号都必须经过 A/D 转换后才能被微机接收,干扰作用于模拟

●动画
数据采集过程

信号之后,使 A/D 转换结果偏离真实值,如果仅采样一次,是无法确定该结果是否可信的,必须多次采样,通过某种处理后,才能得到一个可信度较高的结果。这种从一系列数据中提取逼近真值数据的软件算法,即为数字滤波算法。

(4) 线性化处理　对于模拟量的非线性校正常常需要附加许多校正电路。这不仅增加了电路的复杂性,同时校正电路本身又引入新的误差因素。对于数字信号,在应用微机技术后可以运用软件技术来实现非线性校正。

(5) 温度补偿　环境温度对大多数传感器都有或多或少的影响,前面已经介绍了传感器温度补偿的一些方法,如采用差动传感器、温度补偿电路和恒温措施等。若是智能检测系统则可用软件来实现温度补偿,基本方法是让传感器输出与环境温度之间的关系,存储在微机中,经测温传感器把环境温度信号送入微机,通过计算、查表等方法,求得反映测量真实值的某一数据,这样的可靠数据才可进入下面的运算、比较中。

(6) 数据运算与比较　计算机的特点是运算速度非常快,所以可进行数据统计处理,减小随机误差,可根据要求进行控制算法运算、与给定值进行比较等一系列操作,这些都可由软件来实现。

(7) 数据输出　测量数据的输出包括输出显示、打印和通信等,控制数据的输出包括报警、控制执行元件来调整被测量等。

二、智能检测系统的特点

通过对智能检测系统构成的讨论,可以对智能检测系统与常规检测系统进行比较,展示智能检测系统下列三个方面的突出特点:

1. 改善了性能
① 利用微机进行多次测量和求均值的办法可削弱随机误差的影响;
② 利用微机进行系统误差补偿;
③ 利用辅助温度传感器和微机进行温度补偿;
④ 利用微机实现线性化,可以减少非线性误差;
⑤ 利用微机进行测量前调整零点和工作中周期性调整零点;
⑥ 利用智能检测系统的硬件与软件提高了抗干扰能力。

2. 增加了功能
① 利用微机的记忆功能对被测量进行最大值和最小值测量;
② 利用微机的计算功能对原始信号进行数据处理,可获得新的可靠数据;
③ 利用多个传感器和微机数据处理功能可以测量场和空间等"立体"的数据;
④ 利用微机软件的办法进行放大、倍频和细分,可提高分辨率;
⑤ 用于数字显示,可有译码功能;
⑥ 可用微机对周期信号特征参数进行测量;
⑦ 对诸多被测量可有记忆存储功能。

3. 提高了自动化程度
① 可实现误差自动补偿;

② 可实现检测程序自动化操作；

③ 可实现越限自动报警和故障自动诊断；

④ 采用多传感器检测和微机控制可对诸多被测量进行自动巡回检测；

⑤ 可实现自动变量程检测；

⑥ 作为自动控制系统的信息反馈环节,把被测量与控制紧密地结合起来。

传感器和微机结合构成智能检测系统,为其应用开辟了极其广阔的前景。因此,它是现代检测技术中的重要发展方向。现在许多测量仪表运用单片机而成为智能仪表就是一个很好的佐证。

三、多功能化、网络化仪器系统

LabVIEW
软件简介

随着计算机软硬件技术的发展,基于计算机、工控机的大型测控系统应用日益广泛,产生了全新的测试仪器概念和结构。虚拟仪器就是在此背景下开发出的新一代仪器,即在以计算机为核心的平台上,调用不同的测试软件就可构成不同的虚拟仪器,完成不同功能的检测任务,可以方便地将多种测试功能集于一体,形成多功能仪器,从而有效增加测试系统的柔性,降低测量工作的成本,达到不同层次、不同目标的测试。

同时,网络技术的普及和发展,使得测试仪器系统向网络化方向发展,不但可实现对测试系统的远程操作与控制,而且还可以把测试结果通过网络发布,以实现系统资源的共享,仪器资源得到极大延伸,其性价比将获得更大的提高。

单元 4　传感器在物联网中的应用

物联网是通过传感器、射频识别(RFID)、红外感应、条码识别等信息传感设备,采集力、热、声、光、电、磁、化学、位置等各种信息,按约定的协议,实现物与物、物与人等的网络互联,进行信息交换和通信,以实现物品的智能化识别、定位、跟踪、监控和管理。

国际电信联盟(ITU)将射频识别技术(RFID)、传感器技术、纳米技术、智能嵌入式技术列为物联网的关键技术。国内有关专家认为,物联网的关键技术包括物体识别、体系架构、通信与网络、安全与隐私、服务发现与搜索、软硬件、能量获取与存储等内容。其实质是利用传感、射频识别等技术,通过计算机互联网实现自动识别和信息的互联与共享。

一、物联网的体系结构

物联网需通过各种信息传感设备,实时采集任何需要监控、连接、互动的物体或过程等信息,与互联网结合形成的一个巨大网络。物联网大致有三个层次,底层是用来感知数据的感知层,第二层是进行数据传输的网络层,最上面则是应用层,如图 9-15 所示。

1. 感知层

感知层是物联网的核心,是信息采集的关键部分。感知层主要由传感器和传感器网络组成,处于物联网最低端,用于感知信号并且进行数据采集。

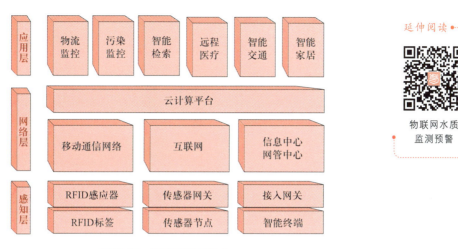

图 9-15 物联网体系结构

传感器可以采集各类物理量、标识、音频和视频信号,而物联网数据采集除了利用传感器之外,还可以采用 RFID、二维码、实时定位技术和多媒体信息采集。

2. 网络层

网络层的作用是将感知层感受到的信息无障碍、高可靠性、高安全性地进行传递,这就要依靠传感器网络、移动通信网络和互联网技术的相互配合。经过近年来的发展,互联网、移动通信已日趋成熟,可以提供可靠的信息传输。

3. 应用层

应用层由应用支撑平台子层和应用服务平台子层组成,应用支撑平台子层用于支撑跨系统、跨平台、跨应用信息的协同、共享和互通;应用服务平台子层通常有智能家居、智能交通、智能医疗、智能物流等行业的应用。

4. 公共技术

另外,公共技术虽然并不属于物联网的三个组成部分之一,但是其与三个组成部分都有密切关系,包括标识与解析、安全技术、网络管理和服务质量(QoS)管理。

二、RFID 技术

RFID 技术属于自动识别技术的一种,是利用射频信号通过空间耦合(交变磁场或电磁场)实现无接触信息传递,并通过所传达的信息达到识别目的的技术。通常把 RFID 存储芯片称为电子标签。

RFID 由电子标签、天线和读写器组成,如图 9-16 所示。

(1)电子标签 由芯片和耦合元件组成,每一个电子标签具有全球唯一的识别号码(ID),不能修改,不能仿造。电子标签内部保存有约定格式的电子数据,应用时电子标签附着在待识别物体表面,用以标识目标对象。

(2)天线 处于电子标签读写器和电子标签之间,用于传递射频信号,即电子标签的数据信息。

RFID 的分类
与应用

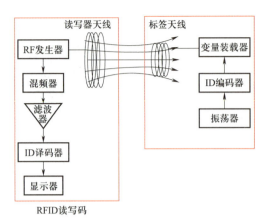

(a) 工作原理

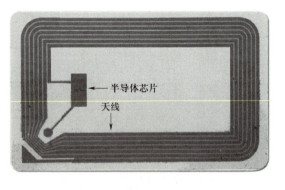

(b) 电子标签外形图

图 9-16　RFID 的组成及工作原理

（3）**读写器**　读取或者写入电子标签的信息，有手持式和固定式两种。读写器可以无接触地识别被测物体的电子信息，将自动识别的信息传递给计算机，进行进一步的处理。

RFID 的工作原理如下：电子标签进入磁场后，接收解读器发出的射频信号，凭借感应电流所获得的能量发送出存储在芯片中的产品信息（无源标签或被动标签），或者由标签主动发送某一频率的信号（有源标签或主动标签），解读器读取信息并解码后送至中央信息系统进行有关数据处理。

三、物联网感知层硬件构成

物联网感知层的主要任务是快速、准确地采集和传输各项信息，并为智能决策的合理制订提供一定的参考依据。感知层包含两个部分：传感器（或控制器）组成的终端节点及短距离传输网络。终端节点用来进行数据采集及实现控制，其中，传感器及相关电路组成的称为传感节点，控制器及相关电路组成的则称为控制终端；短距离传输网络则是将传感器收集的数据发送到网关或将应用平台控制指令发送到控制器，主要由数据接收节点构成。

1. 传感节点

传感节点完成相应数据的采集和传输，图 9-17 所示为采用短距离无线传感器网络的传感节点硬件原理图。各测量信息被传感器采样后经 A/D 转换并送至微机处理，再由微机按通信协议经天线发送至接收节点。

2. 数据接收节点

数据接收节点除了具有无线收发数据的功能外，还需将汇集的各个终端呼叫器传来的数据通过通信端口传送至上位机，进行数据显示、记录等处理，或通过互联网等进行远程数据交互，如图 9-18 所示。

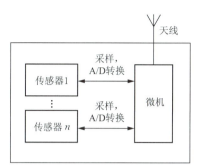 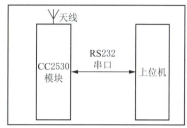

图 9-17　传感节点硬件原理图　　　　图 9-18　数据接收节点硬件框图

应用案例　　　　智能停车场

通过将停车场的基本参数、停车位的基本情况、管理员信息、用户信息以及用户停车位选择发送至服务器。管理员能够在服务器端对数据进行相关操作,对停车场情况进行实时掌控。

传感器节点采用红外传感器对停车位的状态进行检测(是否有车辆驶入或驶出),当车辆驶入停车位时,相应停车位的红外传感器把停车位状态信号发送给采集器,相反,当车辆驶出停车位时,相应停车位的红外传感器把感应的信息发送给采集器,采集器将采集上来的数据进行处理和存储。集中器收集所有停车位的信息后,会把相应的信息通过 Wi-Fi 网络把相应的信息上传至服务器。其体系架构如图 9-19 所示。

停车场数据通信系统如图 9-20 所示。手机客户端与 Web 服务器端的数据交互流程是:先通过 HTT(超文本传输协议)将数据请求发送到 Web 服务器,服务器将手机客户端请求的数据封装成 Json(JavaScript object notation)格式,再通过 HTTP 响应到手机客户端,客户端先解析收到的 Json 格式的数据,然后将其显示在用户界面上。

应用案例　　　　智能家居

智能家居又称智能住宅,常用 smart home 表示。与智能家居含义近似的有家庭自动化(home automation)、电子家庭(E-home)、数字家园(digital family)、家庭网络(home net for home)、网络家居(network home)、智能家庭/建筑(intelligent building)等。

智能家居利用计算机技术、控制技术、图像显示技术以及通信技术,将与家居生活有关的各种子系统通过网络连接到一起,从而满足整个系统的自动化要求,能够提供更便捷的控制和管理。智能家居系统结构如图 9-21 所示。

与普通家居相比,智能家居不仅具有传统的居住功能,提供舒适安全、高品位且宜人的家庭生活空间,而且还把由原来被动静止的结构转变为具有能动智慧的工具,提供全方位的信息交换功能,帮助家庭与外部保持信息交流畅通,优化人们的生活方式,帮助人们有效安排时间,增强家居生活的安全性,甚至节约各种能源费用。

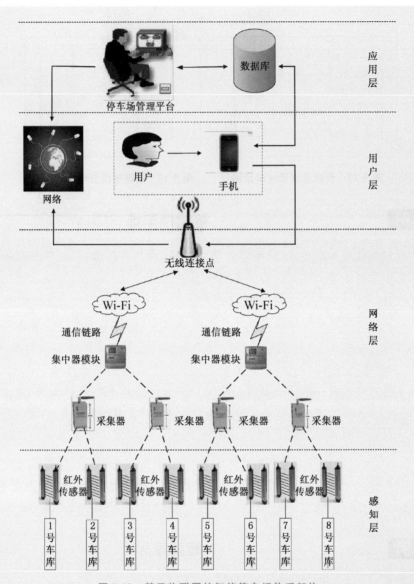

图 9-19 基于物联网的智能停车场体系架构

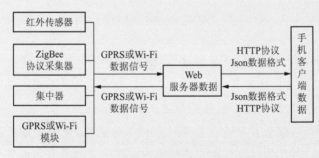

图 9-20 停车场数据通信系统示意图

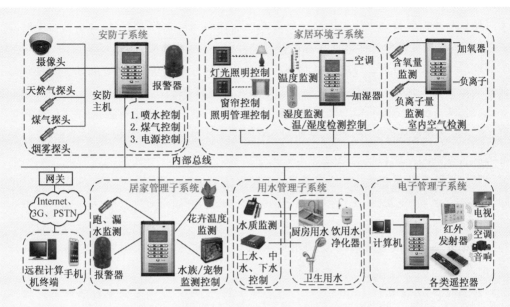

图 9-21　智能家居系统结构

　　传统的智能家居实现一般是通过有线线路的布线方式对楼宇设施进行控制和通信,安装成本较高,系统的扩展性也很差。基于无线传感器网络技术的智能家居系统不仅可以摆脱线缆的束缚、降低安装成本,而且系统的扩展性也有了大幅度的提高。智能家居的发展趋势应是家庭各个系统具有完善的智能控制功能。

　　(1) 家庭安防功能。可通过智能家居控制器接入各种红外探头、门磁开关,并根据需要随时布防撤防,相当于安装了无形的电子防盗网,可以敏感探知并警告闯入的不法分子,保护人们的生命和财产安全。家庭安防功能是居民对智能家居的首要要求,当家庭智能终端处于布防状态时,红外探头探测到家中有人走动,就会自动报警,并通过蜂鸣器和语音实现本地报警,同时将报警信息传到物业保安中心,同时自动拨号到主人的手机或办公室电话上。

　　(2) 防灾报警功能。通过接入烟雾探头、瓦斯探头和水浸探头,全天候 24 小时监控可能发生的火灾、燃气泄漏和溢水漏水,并在发生报警时联动关闭气阀、水阀,为家庭构建坚实的安全屏障。

　　(3) 求助报警功能。通过智能家居控制器接入各种求助按钮,使得家中的老人小孩在遇到紧急情况时通过启动求助按钮快速进行现场报警和远程报警,及时获得各种救助。

　　(4) 远程控制功能。利用电话或手机可在办公室或其他地点远程控制家庭电器开关及安防系统布防/撤防等;通过组建家庭的监控网络,还可以通过监控设备,对家庭安全进行监视和控制,可以在办公室通过互联网看到家中的图像和与家中的人员进行对话。

（5）定时控制功能。通过无线遥控器或液晶控制面板操作,预先设计家电的定时启停计划,实施热水器定时开启的设备运行计划,达到节约电费的目的。

（6）短信收发功能。通过液晶控制面板显示接收网络短消息,也可通过手机接收智能家居控制器发送的状态信息,并向其发回各种控制指令。

（7）联动控制功能。智能家居可以很方便地设计各种联动控制方案,例如,遇盗警时,联动开启家庭所有灯光;燃气泄漏时,联动打开排风扇,并关闭燃气管道总闸门;所有的联动控制均可以通过液晶控制面板操作启动。

（8）智能化服务功能。智能家居通过与小区智能系统的联网,还可以很容易地实现四表（水表、电表、气表、热表）远传、一卡通等智能化服务。

综上所述,传感器网络在智能家居中应用空间广阔,主要表现在家庭自动化和智能环境两个方面。家庭自动化,就是在传统的家用电器中可以嵌入智能的传感器和执行器,如吸尘器、微波炉、冰箱等,而成为智能家电,成为传感器网络的节点。家电节点间可以互相通信,并能通过 Internet 与外部网络互联,使用户可以方便地对家电进行远程监控。智能环境,可以分为以人为中心和以技术为中心两种,前者强调智能环境在输入/输出能力上必须满足用户的需求,后者主张通过开发新的硬件技术、网络解决方案和中间件服务等来满足用户的要求。

应用案例　　　　　　　　　　家用智能计量

拓展提高

智能水表
设计与选型

知识链接

智能电表

随着信息技术的飞速发展,家居设施、工业控制的智能化、自动化水平越来越高,将室内家用计量仪表、工业自动化控制仪表中的数据自动抄收,已逐渐成为人们追求的目标。

在家庭内采用 ZigBee 的无线数据传输技术,将数据收集到远程网关中,然后借助 GPRS 远程无线通信技术,把获得的数据送到远程的服务器,同时,远程服务器可以访问和控制任何一个在 ZigBee 网络中的设备,来实现远程控制等功能。在系统中终端模块完成数据的读写存储在本地,然后等待时机把获得的数据再通过无线信道发送到网络当中,同时接收网络中的信息,如果本节点是一个网络中的路由节点,还要负责网络中信息的路由。网关模块是整个网络的发起者,管理整个网络的深度、整个网络的规模,存储有 ZigBee 网络中各个节点的信息,担当网络中的协调器的角色,主要任务就是收集 ZigBee 网络中各个节点发出的信息,存储在本地,经过处理后,通过 GPRS 模块把数据发送到远程服务器上。同时,能够接收和解析从远程服务器上传来的命令信息,来控制整个 ZigBee 网络。智能家居四表抄送系统总体架构如图 9-22 所示。

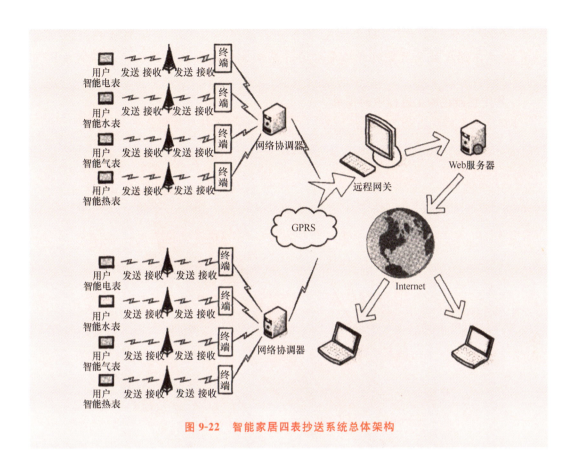

图 9-22　智能家居四表抄送系统总体架构

单元 5　传感器与自动检测技术综合应用实例

数控机床、家电在现代加工制造业及日常生活中的作用不可或缺,温度、流量、压力、液位等检测在工业生产中特别是轻工、化工、制药等行业中应用广泛。下面就以这些为例,说明传感器与自动检测技术的具体应用。

综合应用实例　汽轮机叶根槽数控铣床自动检测与控制系统

图 9-23 所示为某种型号数控铣床结构示意图,用于加工大型汽轮机转子叶根槽。为了分析各传感器在系统中所起的作用,有必要了解一下该铣床的结构和加工过程。

该铣床长 12 m、宽 9.6 m、高 4.8 m,左、右工作台可同时加工工件。从图 9-23 可以看到,左边的刀具有 4 个自由度,即水平方向 x、垂直方向 y、进退刀 z 及刀具自旋 c。右边的刀具也具有 4 个自由度 u、v、w、d。大托板还能带着刀架沿水平方向(rl、ll)移动。

整个系统共配备数十个传感器:6 个磁栅式传感器分别装在刀具的走刀系统内,用以测量刀具在 x、y、z 及 u、v、w 共 6 个方向的位移量;两个光电编码器装在床鞍内,用以测量床鞍在 rl、ll 方向的位移量;圆形感应同步器安装在与被加工轴联动的分度头花盘内,用来测量工件的旋转角度;还有为数众多的温度传感器和压力传感器被安装在系统的各个重要部位,用以测量该部位的温度和压力。系统的原理框图与图 9-14 相似,不同之处是所有的被测量均通过光耦合器与微机系统连接以提高系统的抗干扰能力。

1. 各传感器在加工过程中的作用

下面通过介绍汽轮机转子叶根槽的加工过程来说明各传感器的作用。

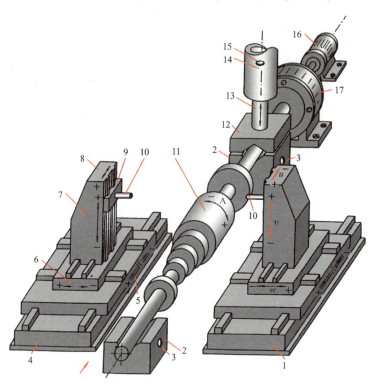

1—右工作台;2—工件托架;3—托架压力油孔;4—左工作台;5—光电编码器;6、7、8—直线形磁栅式传感器;
9—温度传感器;10—铣刀;11—被加工轴;12—工件夹具;13—液压系统;14—压力传感器;15—上夹具压力油孔;
16—A轴驱动电动机;17—分度头花盘及圆形感应同步器。

图 9-23   数控铣床结构示意图

动画

数控机床
位移检测

（1）**转子转角的检测与控制**   从图 9-23 可以看到汽轮机转子毛坯正被工件托架支撑着,工件重几十吨,沿轴向按一定规律分布着近 20 个平行的叶轮,每个叶轮上要铣出几十个甚至一百多个叶根槽,用于镶嵌叶片。图 9-24 所示为叶根槽的剖面图。从 $A—A$ 剖面图中可以看出,叶根槽以相同的节距分布在叶轮的圆周上。设某个叶轮需要加工 120 个叶根槽,则槽的节距为 3°,由于加工一个完整的槽需要经过毛刀、半精刀、精刀等多道工序,因此不但要求每个槽的分度精度高,而且要求在每道工序中,每个槽的重复精度也要高。为了保证分度的正确性,本系统在分度头花盘内安装了一个高精度的圆形感应同步器,用于测量工件旋转的角度。系统采用的圆形感应同步器直径为 304.8 mm(12 in,1 in＝25.4 mm)、720 极,精度为±1″工件转角的闭环伺服系统如图 9-25 所示。当铣刀在工件表面铣好一条槽后,工件要转动一个设定的角度(上例中为 3°),然后再行固定,铣刀接下去铣下一条槽。工件转动的角度是这样控制的:圆形感应同步器与工件一同转动,它将测得的角位移数值传送给计算机,计算机将该值与设定的位移值比较,若误差的绝对值小于等于 2″时,交流伺服电动机停转,从而完成角度的控制。当系统某个环节出现故障,使位移误差大于 2″时,计算机立即命令 x 轴及 u 轴停止走刀,保证铣削不产生废品。

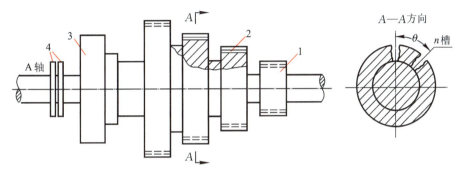

1—第一级叶轮;2—叶根槽;3—分度头花盘;4—圆形感应同步器。

图 9-24　叶根槽的剖面图

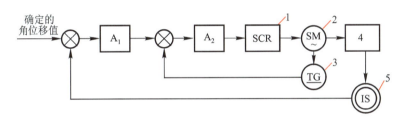

1—晶闸管调速电路;2—交流伺服电动机;3—直流测速发电机;4—分度盘;5—圆形感应同步器。

图 9-25　工件转角的闭环伺服系统

(2) **工件夹紧与托起的检测**　该铣床允许工件的最大质量为 80 t,加工前,先用吊车将工件准确地放置在托架上,压力油从图 9-23 中的上夹具压力油孔 15 压入,上夹具在油压的作用下往下夹紧工件,夹紧力由压力传感器检测,当压力等于设定值时,计算机发出指令停止增压,并让 x、y、z 轴解锁,允许刀具加工工件。当发生故障,油压小于设定值导致夹紧力不足时,工件可能松动,影响铣削精度,这时计算机将发出报警信号,x、y、z 方向停止走刀。

当加工好一条槽后,计算机发出指令,夹具减压、松开工件。接着,压力油转而从图 9-23 中的托架压力油孔 3 压入,使工件与托架间形成约 0.01 mm 厚的油膜,工件被托起,处于悬浮状态,所以只需要转动力矩较小的交流伺服电动机(力矩电动机)就能转动沉重的工件。压力传感器检测压力油的压力,只有确认工件处于悬浮状态后才能启动交流伺服电动机。

(3) **刀具位置的检测与控制**　刀具除了自旋外,还具有 x、y、z 三个方向的自由度,在走刀系统中装有三个对应的直线形磁栅式传感器,它们的精度优于 1 μm。刀具的运动是在磁栅式传感器监视下进行的,磁栅式传感器把代表刀具位置的信号传送给计算机,该数值一方面在 CRT 上显示出来,另一方面不断地与设定值作比较,当刀具到达设定值时停止走刀。床鞍用于完成水平方向大行程的移动,它的位置由光电角编码器通过蜗轮蜗杆来测定。

(4) 温度检测　整个系统有几十个测温点,主要是监视一些重要的轴温、压力油温、润滑油温、冷却空气的温度和各个电动机绕组温度等。多数测温点采用铜热电阻,少数采用热电偶,这是因为热电阻不需要冷端补偿、成本较低的缘故。

2. 系统的报警、故障自诊功能

报警是指当被测量超过设定值的上下限时,微机以声、光信号提示操作者,以便操作者及时排除故障。

该铣床有很强的报警、自诊功能。由于显示终端配有 CRT,所以不但可用作一般的屏幕报警,还可用作故障诊断。以温度故障为例,由于测温点太多,所以多数测温点只向微机提供超限信号,而不是具体的温度值。微机收到这些超限信号后,在 CRT 的特定位置上显示出超温标志及设备编号,操作者要想进一步了解故障原因,就要进行人机对话。例如,由于某种原因,x 轴无法走刀,CRT 可能会给操作者提示"A 轴故障"的标志,操作者通过键盘输入指令,CRT 将进一步提示"伺服系统故障"的标志,进一步查询,CRT 可能会显示"晶闸管故障"的标志,这样一步步查询就可以找到较确切的故障位置,大大缩减了排除故障的时间。所以可以说,微机的报警及故障自诊功能是数控机床智能化的标志之一。

综合应用实例　　　　高炉炼铁自动检测与控制系统

高炉炼铁就是在高炉中将铁从铁矿石中还原出来并熔化成生铁。高炉是一个竖式的圆筒形炉子,其本体包括炉基、炉壳、炉衬、冷却设备和高炉支柱,而高炉内部工作空间又分为炉喉、炉身、炉腰、炉腹和炉缸五段。高炉生产除本体外,还包括上料系统、送风系统、煤气除尘系统、渣铁处理系统和喷吹系统。高炉产品包括各种生铁、炉渣、高炉煤气和炉尘。生铁供炼钢和铸造使用;炉渣可用于制作水泥、绝热、建筑和铺路材料等;高炉煤气除了供热风炉做燃料使用外,还可供炼钢、焦炉、烧结点火用等;炉尘回收后可做烧结厂原料。

自动检测和控制系统是高炉自动化生产的重要组成部分,控制系统的功能配置及可靠性直接影响高炉的生产能力、安全运行、高炉寿命等重要经济指标的实现。高炉炼铁生产过程工艺参数检测与控制系统如图 9-26 所示,图 9-27 为热风炉煤气燃烧自动检测控制系统。图 9-26、图 9-27 中各主要符号代表的意义分别为:$\frac{p}{B}$ 为压力交送器,$\frac{\Delta p}{B}$ 为差压变送器,$\frac{G}{B}$、$\frac{Q}{B}$ 为流量变送器,$\frac{T}{B}$ 为温度变送器,$\sqrt{\ }$ 为开方器,$\frac{p}{J}$ 为压力记录仪,$\frac{\Delta p}{J}$ 为差压记录仪,$\frac{G}{J}$、$\frac{Q}{J}$ 为流量记录仪,$\frac{T}{J}$ 为温度记录仪,$\frac{f}{J}$ 为湿度记录仪,$\frac{L}{J}$ 为料尺记录仪,DTL 为调节器,C 为磁放大器,DKJ 为电动执行器,F 为操作器,DGF 为分流器。

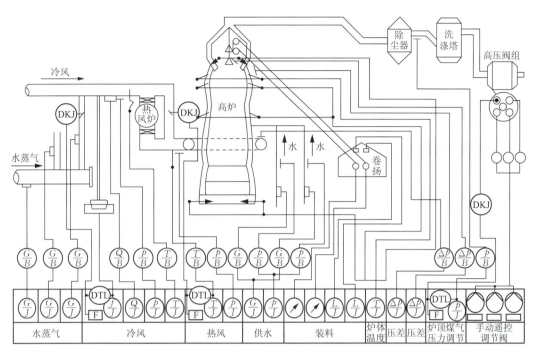

图 9-26　高炉炼铁生产过程工艺参数检测与控制系统

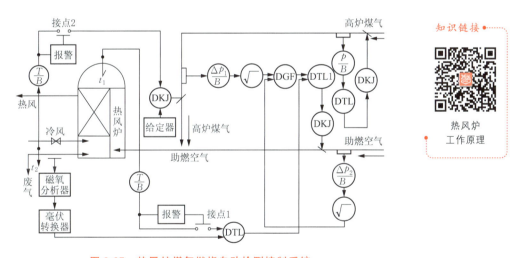

图 9-27　热风炉煤气燃烧自动检测控制系统

知识链接

热风炉
工作原理

1. 高炉本体检测和控制

为了准确、及时地判断高炉炉况和控制整个生产过程的正常运行,必须检测高炉内各部位的温度、压力等参数。

（1）温度

需检测的温度点包括炉顶温度、炉喉温度、炉身温度和炉基温度,并采用多点式自动电子电位差计指示和记录。

① 炉顶温度。它是煤气与料柱作用的最终温度,反映了煤气热能与化学能利用的情况,在很大程度上能监视下料情况。炉顶温度的测量是利用安装在 4 个或 2 个煤气上升管

内的热电偶实现的。

② 炉喉温度。它能准确反映煤气流沿炉子周围工作的均匀性。炉喉温度是利用安装在炉喉耐火砖内的热电偶测量的。

③ 炉身温度。它可以监视炉衬侵蚀和变化情况。当炉衬结瘤和过薄时,都可以通过炉身温度的测量数据反映出来。一般在炉身上下层各装一排热电偶测量,每排至少 4 点。

④ 炉基温度。它主要用于监视炉底侵蚀情况。一般在炉基四周装有 4 个热电偶,并在炉底中心装 1 个热电偶。

动画

电炉炉温
自动控制

（2）差压（压力）

需检测大小料钟间的差压、热风环管与炉顶间的差压及炉顶煤气压力。

知识链接

差压变送器
简介

① 大小料钟间差压的测量。炉喉压力提高后,在料钟开启时,必须注意压力平衡,降大料钟之前,应开启大料钟均压阀,使大小料钟间的差压接近于炉喉压力;降小料钟之前,应开启小料钟均压阀,使大小料钟间的差压接近于大气压力。如果压差过大,则料钟及料车的运转应有立即停止的电气装置,否则传动系统负荷太大,易被损坏,所以大小料钟之间的差压由差压变送器将其转换为 4~20 mA DC 电流信号,送至显示仪表指示和记录。

② 热风环管与炉顶间差压的测量。炉顶煤气压力反映煤气逸出料面后的压力,是判断炉况的重要参数之一。国内采用最多的是测量热风环管与炉顶间的差压,由差压变送器测量后送至显示仪表指示和记录。

③ 炉顶煤气压力的自动检测与控制。高压操作不但可以改善高炉工作状况,提高生产率,降低燃料消耗,而且可增加炉内煤气压力和还原气体的浓度,有利于强化矿石的还原过程,同时还可相应地降低煤气通过料层的速度,有利于增加鼓风量,改善煤气流分布。目前,大多数高炉都采取高压操作。高压操作时的炉喉煤气压力为 0.5~1.5 个标准大气压。在高炉工作前半期,料钟的密闭性较好,一般可保持较高压力;而在高炉工作后半期,由于料钟磨损,密闭性变差,炉顶煤气压力要降低一些。

由于炉喉处煤气中含灰尘较多,取压管易堵塞,因此测量煤气压力的取压管安装在除尘器后面、洗涤塔之前。虽然是间接地反映炉喉煤气压力,但比较可靠。炉顶煤气压力控制采用单回路控制方案,即在除尘器后测出的煤气压力,经压力变送器转换后送显示仪表指示和记录,同时送至煤气压力调节器与给定值比较,根据偏差的大小及极性,发出调节信号给电动执行器,调节洗涤塔后面的煤气出口处阀门开度,改变局部阻力的损失,保持炉喉煤气压力为给定数值。

2. 送风系统检测和控制

送风系统主要考虑鼓风温度和湿度的自动检测与控制,均采用单回路控制方案。

（1）鼓风温度

鼓风温度是影响鼓风质量的一个重要参数,它将影响到高炉顺行、生产率、产品质量和高炉使用寿命。如图 9-26 所示,冷风通过冷风阀进入热风炉被加热,同时冷风还通过混风阀进入混风管,与经过加热的热风在混风管内混合后达到规定温度,再进入环形风管。

用热电偶测定进入环形风管前的温度,经温度变送器转换后送至调节器,调节器的输出信号驱动电动执行器 DKJ,调节混风阀的开度,控制进入混风管的冷风量,保持规定的鼓风温度,同时将鼓风温度送至显示仪表指示和记录。

(2) 鼓风湿度

鼓风湿度是影响鼓风质量的另一个重要参数,通常采用干、湿温度计测量。其基本原理是用一个干的温度计和一个湿的温度计,当鼓风通过两个温度计时,由于湿温度计水分蒸发,温度将低于干温度计的温度。鼓风湿度越大,则蒸发越慢,吸热越少,干、湿温度计的温度就越接近,因此利用干、湿温度计的温度差反映鼓风湿度的大小。

在冷风管道上取出冷风,用一干一湿两个热电阻测温,信号经温度变送器转换后将电流信号送至调节器,调节器的输出信号驱动电动执行器,控制水蒸气阀开度以改变进入鼓风中的水蒸气量,从而控制鼓风湿度保持在给定值上。

3. 热风炉煤气燃烧自动控制

根据炼铁生产工艺的要求,一般希望热风炉能以最快的速度升温,并且要求煤气燃烧过程稳定。如图 9-27 所示是目前较多采用的热风炉煤气燃烧自动检测控制系统。

(1) 煤气与空气的比值控制

用差压变送器及开方器分别测量煤气流量与空气流量后,送入调节器 DTL1。实现煤气流量与空气流量的比值控制。调节器 DTL1 的输出信号送到电动执行器,通过调节空气管道上的阀门开度,控制煤气与空气的比例达到规定的数值。

(2) 烟道废气含氧量控制

用磁氧分析器和毫伏转换器测量烟道废气中的含氧量并送给氧量调节器,与含氧量的给定值相比较,发出校正信号送入调节器 DTL1 中:如果含氧量大于给定值,校正信号使电动执行器动作,使空气管道阀门朝关小的方向动作,直到含氧量稳定在给定值为止;反之,则开大阀门以增加空气量,直到烟道废气中含氧量增加并稳定在给定值为止。所以,通过控制烟道废气含氧量可以减小或消除因煤气成分波动而造成的影响。

(3) 炉顶温度控制

将安装在热风炉炉顶的热电偶所测量的炉顶温度数据,通过报警接点 1(炉顶温度低于规定值时报警接点 1 断开,炉顶温度高于规定值时报警接点 1 接通)输入到氧量调节器中,产生一个校正信号送入调节器 DTL1,使电动执行器动作。开大空气管道阀门开度,增加空气量,炉顶温度便开始降低,当炉顶温度低于规定值时,报警接点 1 断开,校正信号终止。

(4) 烟道废气温度控制

安装在烟道上的热电偶和温度变送器测得的烟道废气温度通过报警接点 2(废气温度高于规定值时接通,低于规定值时断开)输入到电动执行器中,使之控制煤气管道阀门开度。若煤气温度过高,则关小煤气阀门,煤气量减少,使废气温度降低直至低于规定值,报警接点 2 断开。在燃烧开始阶段或操作中需要改变煤气量时,可通过电流给定器给出 4～20 mA DC 的电流信号,直接控制电动执行器,实现远距离手动控制。

（5）煤气压力控制

通过安装在煤气管道上的取压管和压力变送器测量压力后，送入调节器与煤气压力给定值相比较，调节器根据偏差情况给出控制信号，驱动电动执行器，改变煤气管阀门开度，直到煤气压力达到给定值为止。

此外，还有喷吹重油自动控制、吹氧系统自动控制、煤气净化系统自动控制、汽化冷却系统自动控制等。

目前，我国比较先进的大中型高炉炼铁生产过程工艺参数的检测与控制都采用了先进的集散控制系统（DCS），取代了模拟调节器和显示、记录仪，对生产工况进行集中监视和分散控制，无论从使用角度还是从成本考虑都是极有优势的。

综合应用实例　　石油蒸馏塔自动检测与控制系统

在石油、化工工业中，许多原料、中间产品或粗成品，通常都是由若干组分所组成的混合物，蒸（精）馏塔就是用于将若干组分所组成的混合物（如石油等）通过精馏，将其中的各组分分离和精制，使之达到规定纯度的重要设备之一。如图 9-28 所示为常压蒸馏塔生产过程工艺参数检测与控制系统。对蒸馏塔的控制要求通常分为质量指标、产品质量和能量消耗三个方面。其中质量指标是蒸馏塔控制中的关键，即应使塔顶产品中的轻组分（或重组分）杂质含量符合技术要求，或使塔底产品中的重组分（或轻组分）杂质含量符合技术要求。

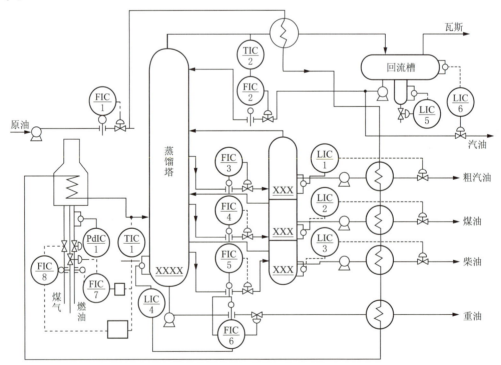

图 9-28　常压蒸馏塔生产过程工艺参数检测与控制系统

1. 蒸馏塔参数检测

（1）温度测量

包括原油入口温度、塔顶蒸气温度,可用热电偶测量。

（2）流量测量

需测量燃料(煤气和燃油)流量、原油流量、回流量、各组分及重油流量等,绝大部分流量信号可采用孔板与差压变送器配合测量,对于像重油这样的高黏度液体,不能采用孔板测量,应选用容积式流量计(如椭圆齿轮流量计)进行测量。

动画

差压式液位传感器的工作原理

（3）液位测量

回流槽液位、水与汽油的相界位、其他组分液位及蒸馏塔底液位等,采用差压式液位传感器或差压变送器测量。

2. 蒸馏塔自动控制系统

当工艺对一端产品质量有要求(例如,对塔顶产品成分有严格要求,对塔底产品组分只要求保持在一定范围内)时,通常使用塔顶产品流量控制塔顶产品成分,用回流量控制回流槽液位,用塔底产品流量控制塔底液位,蒸气的再沸器进行自身流量的控制;当对塔底产品成分有严格要求时,控制方案为用塔底产品流量控制塔底产品成分,用回流量控制回流槽液位,塔顶产品只进行流量控制,塔底液位用加热蒸气量进行控制;倘若工艺对两端产品质量均有要求,控制方案采用较复杂的解耦控制。

（1）原油温度和流量控制

原料与来自蒸馏塔的半成品在热交换器中交换能量,然后利用管式加热炉将原油加热到一定温度,原油温度的控制是通过温度调节器 FIC/1 与燃料流量组成串级系统实现的。燃料流量调节器的输出信号通过电气转换后,采用带气动阀门定位器的气动薄膜执行机构,其目的是防爆,以确保安全。输入常压蒸馏塔的原油流量采用单回路控制,用调节器 FIC/1 控制。

（2）回流控制

这是蒸馏塔控制系统中最重要的部分之一,温度调节器 TIC/2 与回流流量调节器 FIC/2 组成串级控制回路,要加热的原油遇到从塔下部吹入的热蒸气而蒸发,蒸气上升送入较上层的塔盘中与盘中液体接触而凝结,在各层塔盘上都发生沸点高的蒸气凝结和沸点低的液体蒸发的现象,形成了各层间的自然温度分布。

从塔顶排出的蒸气被冷却而积存于回流槽中,其中气体、汽油以及水的混合物等将在回流槽中被分离,汽油的一部分作为回流又循环流入蒸馏塔内,另一部分导入后面的生产装置。为保持回流槽中的液位在一定的范围内,以 LIC/5 控制排出的汽油流量。

蒸馏塔的塔顶蒸气经冷凝变成汽油和水而积存在回流槽内,设置 LIC/4 液位调节器是为了维持水和汽油有一定的分界面,又可以从中把下部的水分离出来。一般情况下都采用差压装置变送器和显示器等作为分界液面的变送器。

（3）重油及各组分流量控制

在蒸馏塔底部积存着最难蒸发的重油,为了使重油中的轻质组分蒸发,就需要维持一定的液面高度,吹入蒸气使之再蒸发,由 LIC/4 和 FIC/6 组成的串级控制系统就是为此目的而设置的。由于塔底变送器的导压管很容易受外界气温的影响而使其内部蒸气凝结,需要施行蒸气管并行跟踪加热才能使用。在蒸馏塔之间部分适当的位置上,分别设有粗汽油、煤油和柴油的出口管线,因为这些流量与蒸馏塔内的温度分布(各种油的成分)有着重要的关系,用 FIC/3、FIC/4、FIC/5 对它们分别进行流量控制和调节;由于这些中间馏分中还含有轻质油,所以与蒸馏塔并列的还设有气提塔,将蒸气吹入其中,使馏分中的轻质油蒸发排出,液位控制调节器 LIC/1、LIC/2、LIC/3 即为此目的而设置。

综合应用实例　　全自动洗衣机自动检测与控制系统

自动检测技术除了在生产过程中发挥着重要作用外,它与人们的日常生活也是息息相关的。社会的发展和进步加快了人们生活的节奏,许多方便快捷、省时省力、功能齐全的电器成了人们生活中必不可少的伙伴。在这些电器中,传感器技术和微机技术的应用越来越广泛,涉及的电器有洗衣机、彩电、冰箱、摄像机、复印机、空调、录音机、电饭煲、电风扇、煤气用具等,使用最多的传感器有温度传感器,其次是湿度、气体、光、烟雾、声敏等传感器。下面以模糊控制全自动洗衣机为例加以分析。

模糊控制全自动洗衣机采用了模糊控制系统,这是一种模仿人类控制经验和知识的智能控制系统。其基本设计思想是模拟人脑的思维方法,通过对被洗衣物的数量(重量)、布料质地(粗糙、软硬程度)以及污染的程度和性质进行识别,在经过综合分析和判断之后,以最佳的洗涤方案自动地完成"进水""洗涤""排水""脱水"等全过程,使洗衣机省水、省电、省洗涤剂,减少对衣物的磨损,给使用者带来了极大的方便。

模糊控制全自动洗衣机是在模仿人的思维过程的基础上,借助于传感器和微机来完成洗涤任务的。如图 9-29 所示,洗衣机用微机控制洗涤程序,同时设置有水位传感器、负载传感器、水温传感器和光电传感器等,使洗衣机能够实现自动进水,控制洗涤进度和脱水时间。

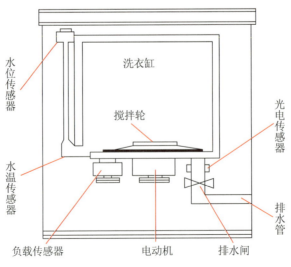

图 9-29　全自动洗衣机结构示意图

1. 水位检测

水位检测是用一种专用水位传感器实现的。这种水位传感器是一根与洗衣机缸体等高的空管,它与缸体构成一个连通器,空管的上端有一个用压力膜隔开的电感式传感器,当缸中有水注入时,管内的空气被压缩使压力膜上压力增大,继而使与它联动的铁芯移动,引起线圈电感量的变化。用此电感器构成的 LC 振荡器的频率就能反映水位的高低。该传感器既可用于布料软硬度的检测,同时也可作为水位控制依据的检测装置。

2. 布量检测

检测所洗衣服的重量,可以用不同的方式来实现。最简便的是用静态的压力传感器直接测量,但从成本和结构上来说,并不实用。目前一般用动态的间接测量方法,即采用负载传感器通过检测电动机的负荷变化来实现的,电动机的负荷可用正常运转时的驱动电流来测量,也可用电动机断电后的反电动势的大小以及波形来测量。以测量断电后的反电动势为例,其检测的原理是:在桶内加衣服的同时,放少量的水至负载量检测水位,然后脉动器驱动电动机以一定时间间隔接通(0.3 s)及断开(0.7 s),重复进行一段时间(32 s)。由于惯性的作用,当电源切断时,电动机还会继续旋转一段时间,此时,在电动机两端就产生感应电动势(反电动势)。当洗衣机内布量少时,搅

拌轮停止得慢,而当布量多时,电动机较快就停止了。根据电动机两端产生的感应电动势持续时间,就可测量布量的多少。将电动机两端产生的反向电压,经过波形整理,作为低压脉冲输入微机,微机根据预先输入的经验公式进行判断,从而决定水位、搅拌和洗涤的方式。

3. 质料检测

质料检测包括棉制品与化纤织品的区分以及柔软布料与粗厚布料的区分。具体的方法是:在检测负载的基础上,把水放掉一点,同样,用开0.3 s、关0.7 s的脉冲电压驱动电动机32 s,记下脉冲数为 N;若检测布量的脉冲数是 M,那么根据 N、M 的值就可以判断质料分布的大体情况。棉制品越多,N、M 的差值越大,反之越小。图9-30为棉制品与化纤制品比例不同时,两次测量脉冲数的关系曲线。

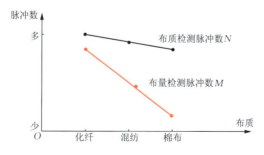

图 9-30 棉制品与化纤制品的辨别曲线

判断的原理是这样的:当衣物质量一样时,化纤因为在水里的阻力小,M 就大。而棉制品在水里的阻力大,M 就小,所以曲线是一条斜线。当放掉一些水后,不管缸里是化纤

还是棉制品,总质量轻了,所以第二次测量的 N 值就比第一次的 M 值大。再放掉一部分水后,衣服在水中的部分变少,棉制品与化纤的阻力差变小,曲线变得平坦。如果水全部放光,则曲线就变成一条水平线,因此从 M 与 N 的差可以看出洗涤的布质。

同样都是棉制品,但是对于像毛巾这样的柔软布料与牛仔布类的硬厚布料,其洗涤方法也是不同的,为便于区分,需要用水位传感器来配合实现。具体方法是:在注水进行脉冲驱动 32 s 后,比较启动前后水量的变化。若变化量小,说明布料容易吸水,倾向于毛巾类布料,反之可能是牛仔类厚布料。这是因为厚布料吸水慢,往往要搅动一段时间后才能充分吸水。这就会使水位变化量大。图 9-31 所示为棉质硬厚及柔软布料的水位变化曲线,图 9-32 所示为布量、布质检测电路。

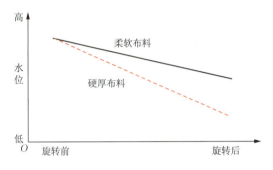

图 9-31   棉质硬厚及柔软布料的水位变化曲线

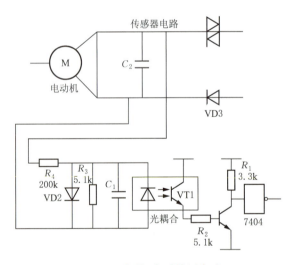

图 9-32   布量、布质检测电路

●知识链接

光电浑浊度
传感器

4. 浑浊度检测

光电传感器用于检测水的浑浊度,从而判断洗净度、排水、漂净度及脱水情况。光电传感器由发光二极管和光敏三极管组成,安装在排水阀上方。工作时,首先在红外二极管中通以一定电流,所发出的红外光透过排水管中的水柱到达红外三极管,透过的光强大小反映了水的浑浊程度。判断洗净度时,光电传感器每隔一定时间检测一次,由于洗涤液的浑浊引起光透射率的变化,待其变化为恒定时,则认为洗涤物已洗净,从而结束洗涤,打开排水阀;漂洗时,同样通过测定光的透射率来判断漂净度;脱水时,脱水缸高速旋转,排水口混杂了大量紊流气泡,使光线散射,这时光电传感器每隔一定时间检测一次光透射率的变化,当光的透射率变化恒定时,则认为脱水过程完成,于是微机结束全部洗涤过程。

5. 水温检测

适当的洗衣温度有利于污垢的活化,可以提高洗涤效果。水温传感器装在洗衣缸的下部,测定打开洗衣机开关时的温度为环境温度,注水结束时的温度为水温。水温检测一般采用集成温度传感器(如 AD590)或热敏电阻。

6. 控制系统

图 9-33 所示为模糊全自动洗衣机的控制电路框图。控制电路以单片机为中枢,由电动机负载检测电路、温度检测电路、水位检测电路、显示电路、键盘矩阵变换电路等构成,全部由单片机进行集中控制。

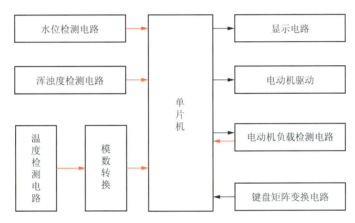

图 9-33 模糊全自动洗衣机的控制电路框图

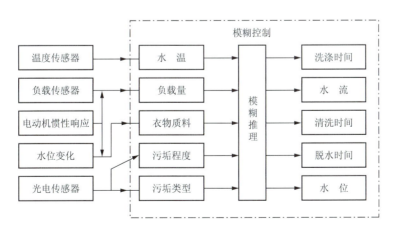

图 9-34 洗衣机模糊控制系统结构图

图 9-34 所示为洗衣机模糊控制系统结构图。它利用布量、质料、水位、水温和气温以及洗涤剂类型等检测所得到的信息,进行分段评估计算,使其模糊化,再根据模糊规则进

行推理,最后根据所激活的规则进行解模糊判决,以决定最适当的水流、水位、洗涤时间、清洗时间以及脱水时间。

综 合 训 练

【认知训练】

9-1 干扰的来源有哪些?试简要说明。

9-2 什么叫信噪比?什么叫电磁兼容性?

9-3 形成干扰有哪三要素?消除干扰应采取哪些措施?

9-4 电磁干扰有哪些途径?试分别说明。

9-5 屏蔽有哪几种形式?各起什么作用?

9-6 接地有哪几种?各起什么作用?

9-7 什么叫可靠性?什么叫可靠度?提高可靠性有哪些措施?

● 文本

模块九
综合训练
参考答案

9-8 已知两单元的可靠度 $P_1 = 0.7$,$P_2 = 0.8$,试求:

① 两单元串联系统的可靠度;

② 两个串联系统相并联(串并联系统)的可靠度;

③ 单元1与单元1并联、单元2与单元2并联再串联(并串联系统)的可靠度。

9-9 选择传感器时应注意哪些问题?一般选用原则有哪些?

9-10 智能检测系统由哪两部分构成?试简述其中硬件系统的组成。

9-11 试简述软件系统的组成。其中执行软件由哪些模块组成?

9-12 智能检测系统有何特点?

【能力训练】

9-1 查阅相关资料,列出当前主流智能手机所用传感器种类、工作原理、特性以及作用。

模块十
传感器与自动检测技术的综合实践

实践项目一　居家安防与环境监测

项目描述

随着科技的进步及人民生活水平的提高,人们对居家生活环境的安全性和舒适度的要求越来越高。本项目将完成居家安防与环境监测相关任务的 LabVIEW 虚拟仪器创建及各功能模块(图 10-1)的搭建与运行调试工作。

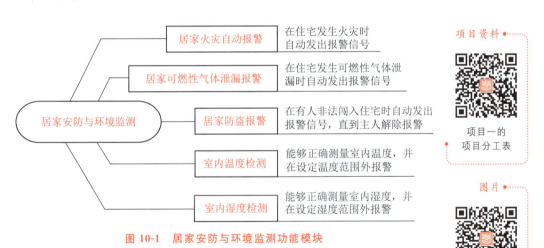

图 10-1　居家安防与环境监测功能模块

项目资料●

项目一的
项目分工表

图片●

传感器与虚拟
仪器应用平台

任务资料●

"居家火灾
自动报警"
的任务分析

组建团队,可以按照学号顺序排列、教师指定或学员自由组合等方式进行,建议团队成员为 4 人,组建完成后推举 1 人为项目负责人。为了增加动手实践的机会,一个团队可分为 2 组进行操作,每组 2 人。

任务 1-1　居家火灾自动报警

任务要求

完成居家火灾自动报警的 LabVIEW 虚拟仪器创建,以及硬件连线与运行调试工作;要求包含火灾报警开关、火灾报警显示、设备运行显示等功能。

任务设备及工具

检查本任务所需设备及工具的情况,填写表 10-1,针对设备工具情况在相应的○中打✓。

表 10-1　任务 1-1 的设备及工具检查表

序号	名　　称	设备工具情况	损坏情况描述
1	计算机	好○　坏○	
2	计算机是否安装中文 LabVIEW 软件	是○　否○	
3	计算机是否安装研华 DAQ 软件	是○　否○	
4	5 V 直流电源	好○　坏○	
5	研华 USB-4704 数据采集卡	好○　坏○	
6	火焰检测传感器模块	好○　坏○	
7	一字仪表螺丝刀	好○　坏○	
8	普通打火机	好○　坏○	
9	杜邦导线若干	好○　坏○	

任务实施

根据要求填写本任务的实施单,见表 10-2,建议任务实施过程的阶段操作由同组成员轮流进行。

表 10-2　任务实施单

任务名称				实施日期	＿＿＿年＿＿＿月＿＿＿日	
团队序号		组别		同组成员		
任务实施过程						
序号	阶段操作内容		操作人	观察与准备人	教师评价	
1	LabVIEW 检测界面(前面板)的设计					
2	LabVIEW 程序框图(后面板)的设计					
3	硬件连线与运行调试					
任务实施过程	有何疑问					
	如何解决					

1. LabVIEW 程序设计

（1）LabVIEW 检测界面（前面板）的设计步骤：①运行 LabVIEW 软件，新建 VI；②如图 10-2 所示，编辑项目标题文本及任务 1-1 的标题文本，并添加本项目界面及任务 1-1 的修饰边框；③添加 2 个"指示灯"和 1 个"开关按钮"；④保存文件。

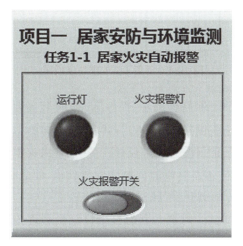

图 10-2　任务 1-1 的检测界面

（2）LabVIEW 程序框图（后面板）的设计步骤：①如图 10-3 所示，放置 while 循环框并设置循环时间，右击循环框右下角的循环条件端子，在弹出的快捷菜单中选择"创建输入控件"，创建"停止按钮"；②创建 DAQ 采集卡的"特性助手"和"信号通道"（数字输入）控件；③创建 DAQ 采集卡的"开始任务"和"清除任务"控件；④创建 DAQ 采集卡的"读取信号"控件；⑤创建 2 个"索引数组"及"数值至布尔数组转换"控件；⑥创建"与""非"逻辑功能控件；⑦2 个"指示灯"和 1 个"开关按钮"的图标去除"显示为图标"，并按图 10-3 所示连线；⑧右击前面板上的"停止按钮"取消标签，保存文件。

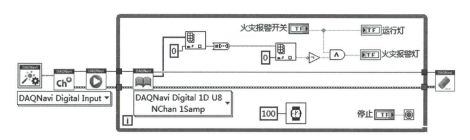

图 10-3　任务 1-1 的 LabVIEW 的程序框图

注意：程序框图完成设计及连线后，界面左上角"运行"按钮由 ⧄ 变为 ⇨，如果仍然是 ⧄，则单击该按钮，出现"错误列表"对话框，可以了解错误类型及具体位置；但是"运行"按钮变为 ⇨ 并不代表程序设计一定全部完成了，这需要在后续学习中慢慢体会。

2. 硬件连线与运行调试

（1）硬件连线：本任务硬件连线如图 10-4 所示，其中火焰检测传感器模块的 GND 与直流电源的 GND、数据采集卡的 DGND 相连（共地）。

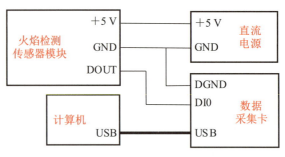

图 10-4　任务 1-1 的硬件连线图

（2）运行调试：①右击程序框图中的"特性助手"控件 ，设置其属性 DAQNavi Com-ponent 为"Static DI"，Device 为"USB-4704，BID♯0"，其余不变，如图 10-5 所示。②单击工具栏中"运行"按钮 运行程序，在前面板上单击任务 1-1 中的"火灾报警开关"，即打开开关，"运行灯"点亮，调节火焰检测传感器模块的灵敏度调节旋钮，使之在正常光线下"火灾报警灯"不亮。在距离火焰检测传感器模块 15～25 cm 的地方点燃打火机，观察"火灾报警灯"是否点亮，如没有出现报警现象，则将点燃的打火机缓慢移近传感器模块（注意：不要靠太近），使"火灾报警灯"点亮，关闭打火机，"火灾报警灯"熄灭。

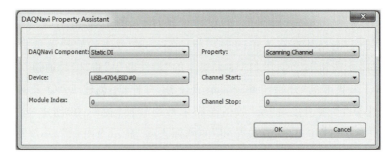

图 10-5　数据采集卡"特性助手"控件开关管的设置

任务 1-2　居家可燃性气体泄漏报警

任务要求

完成居家可燃性气体泄漏报警的 LabVIEW 虚拟仪器创建，以及硬件连线与运行调试工作；要求包含泄漏报警开关、泄漏报警显示、设备运行显示等功能。

任务设备及工具

检查本任务所需设备及工具的情况，填写表 10-3，针对设备工具情况在相应的○中打√。

表 10-3　任务 1-2 的设备及工具检查表

序号	名　称	设备工具情况	损坏情况描述
1	计算机	好○　坏○	
2	计算机是否安装中文 LabVIEW 软件	是○　否○	
3	计算机是否安装研华 DAQ 软件	是○　否○	
4	5 V 直流电源	好○　坏○	
5	研华 USB-4704 数据采集卡	好○　坏○	
6	MQ-2 气敏电阻传感器模块	好○　坏○	
7	一字仪表螺丝刀	好○　坏○	
8	普通打火机	好○　坏○	
9	杜邦导线若干	好○　坏○	

任务实施

根据要求填写本任务的实施单,见表 10-2,建议任务实施过程的阶段操作由同组成员轮流进行。

1. LabVIEW 程序设计

(1) LabVIEW 检测界面(前面板)的设计步骤:①打开任务 1-1 的 VI 文件;②如图 10-6 所示,编辑任务 1-2 的标题文本;③在程序框图(后面板)中将 while 循环框向下拉大;④与任务 1-1 操作相同,添加 2 个"指示灯"和 1 个"开关按钮";⑤添加本任务的修饰边框;⑥保存文件。

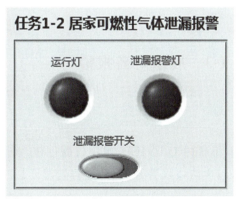

视频

"居家可燃性气体泄漏报警"的 LabVIEW程序设计

图 10-6　任务 1-2 的检测界面

(2) LabVIEW 程序框图(后面板)的设计步骤:①如图 10-7 所示,在函数选板上选择"索引数组",创建常量 1;②在函数选板上选择"与"和"非";③2 个"指示灯"和 1 个"开关按钮"的图标去除"显示为图标",按图 10-7 进行连线;④保存文件。

图 10-7　任务 1-2 的 LabVIEW 程序框图

2. 硬件连线与运行调试

（1）硬件连线：本任务硬件连线如图 10-8 所示，其中 MQ-2 气敏电阻传感器模块的 GND 与直流电源的 GND、数据采集卡的 DGND 相连（共地）。

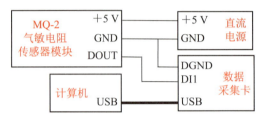

图 10-8　任务 1-2 的硬件连线图

（2）运行调试：①单击工具栏中"运行"按钮 运行程序，在前面板上单击任务 1-2 中的"泄漏报警开关"，使开关打开，"运行灯"点亮，调节 MQ-2 气敏电阻传感器模块的灵敏度调节旋钮，使之在没有可燃性气体泄漏的情况下"泄漏报警灯"不亮，即不出现报警现象；②点燃打火机后吹灭，将熄灭的打火机靠近 MQ-2 气敏电阻传感器模块，"泄漏报警灯"点亮，即出现报警现象；③关闭打火机，则"泄漏报警灯"熄灭。

注意：针对开关量，研华 USB 数据采集卡的"特性助手"控件中不需要修改停止通道（Channel Stop）的数值（图 10-5），下同。

任务 1-3　居家防盗报警

任务要求

完成居家防盗报警的 LabVIEW 虚拟仪器创建，以及硬件连线与运行调试工作；要求包含防盗报警开关、防盗报警显示、设备运行显示、报警取消等功能。

任务设备及工具

检查本任务所需设备及工具的情况，填写表 10-4，针对设备工具情况在相应的○中打√。

表 10-4　任务 1-3 的设备及工具检查表

序号	名　　称	设备工具情况	损坏情况描述
1	计算机	好○　　坏○	
2	计算机是否安装中文 LabVIEW 软件	是○　　否○	
3	计算机是否安装研华 DAQ 软件	是○　　否○	
4	5 V 直流电源	好○　　坏○	
5	研华 USB-4704 数据采集卡	好○　　坏○	
6	光电对射传感器模块	好○　　坏○	
7	杜邦导线若干	好○　　坏○	

任务实施

根据要求填写本任务的实施单,见表 10-2,建议任务实施过程的阶段操作由同组成员轮流进行。

1. LabVIEW 程序设计

(1) LabVIEW 检测界面(前面板)的设计步骤:①打开任务 1-1、任务 1-2 的 VI 文件;②如图 10-9 所示,设计防盗检测界面(前面板),其步骤与任务 1-2 相似;③任务 1-3 比任务 1-2 多一个"取消按钮",作为取消报警的按钮,在属性中的"操作按钮动作"选择"保持转换直到释放",标签不显示,将按钮上的"取消"改为"取消报警";④保存文件。

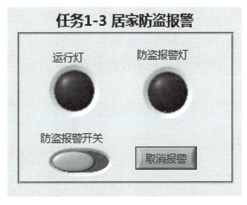

图 10-9　任务 1-3 的检测界面

视频

"居家防盗报警"
的 LabVIEW
程序设计

(2) LabVIEW 程序框图(后面板)的设计步骤:①如图 10-10 所示,将各控件图标变小,在函数选板上选择"索引数组",在索引端创建常量 2,报警信号未出现、"取消按钮"未按下时保持;②如图 10-11 所示,建立"取消按钮"按下时"防盗报警灯"取消报警的逻辑,选择添加"移位寄存器""假常量"和"条件结构";③如图 10-12 所示,建立报警信号出现时"防盗报警灯"报警的逻辑,选择"条件结构"和"真常量";④如图 1-10 所示,建立"取消按钮"未按下并且没有报警信号出现时保持原状的逻辑;⑤完成其他连线;⑥保存文件。

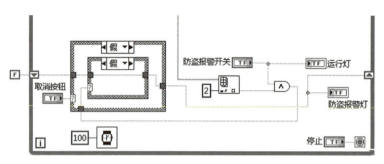

图 10-10　任务 1-3 的 LabVIEW 程序框图

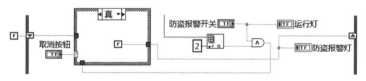

图 10-11　条件结构为"真"时的连线

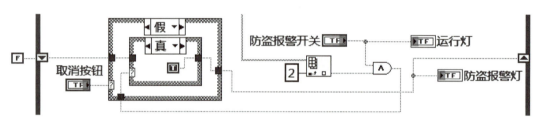

图 10-12　外条件结构为"假"、内条件结构为"真"时的连线

●视频

"居家防盗报警"
的硬件连线
与运行调试 ●

2. 硬件连线与运行调试

（1）硬件连线：本任务硬件连线如图 10-13 所示，其中光电对射传感器模块的 GND 与直流电源的 GND、数据采集卡的 DGND 相连（共地）。

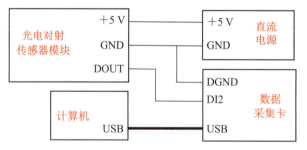

图 10-13　任务 1-3 的硬件连线图

（2）运行调试：①单击工具栏中"运行"按钮 ⇨ 运行程序，在前面板上单击任务 1-3 中的"防盗报警开关"，此时"运行灯"点亮，"防盗报警灯"不亮；②将手指放在光电对射传感器模块的"门框"内，则"防盗报警灯"点亮；③手指移除后报警没有消除；④按下"取消报警"按钮后，"防盗报警灯"熄灭。

任务 1-4　室内温度检测

任务要求

完成室内温度检测的 LabVIEW 虚拟仪器创建，以及硬件连线与运行调试工作；要求包含温度报警开关、温度测量按钮、温度报警显示、温度数字显示和标尺显示、温度上下限设定等功能。

任务资料 ●

"室内温度检测"
● 的任务分析

任务设备及工具

检查本任务所需设备及工具的情况，填写表 10-5，针对设备工具情况在相应的○中打✓。

表 10-5　任务 1-4 的设备及工具检查表

序号	名　称	设备工具情况	损坏情况描述
1	计算机	好○　坏○	
2	计算机是否安装中文 LabVIEW 软件	是○　否○	
3	计算机是否安装研华 DAQ 软件	是○　否○	
4	5 V 直流电源	好○　坏○	
5	研华 USB-4704 数据采集卡	好○　坏○	
6	热敏电阻温度传感器模块	好○　坏○	
7	杜邦导线若干	好○　坏○	

任务实施

根据要求填写本任务的实施单，见表 10-2，建议任务实施过程的阶段操作由同组成员轮流进行。

1. LabVIEW 程序设计

视频 ●

"室内温度检测"
的 LabVIEW
程序设计

（1）LabVIEW 检测界面（前面板）的设计步骤：①打开任务 1-1～任务 1-3 的 VI 文件；②如图 10-14 所示，编辑任务 1-4 的标题文本，添加修饰边框；③将 while 循环框向下拉大；④添加圆形"指示灯""数值显示控件""温度计"各 1 个，修改标签；⑤添加"水平指针滑杆"2 个，修改刻度范围（最大值和最小值）、大小、填充颜色、标签；⑥添加"确定按钮"和"开关按钮"各 1 个，修改标签，"确定按钮"属性选择"单击时转换"；⑦保存文件。

（2）LabVIEW 程序框图（后面板）的设计步骤：①如图 10-15 所示，将各控件图标变小并放到合适的位置，创建 DAQ 采集卡的"特性助手"和"信号通道"（模拟输入）控件，拖放

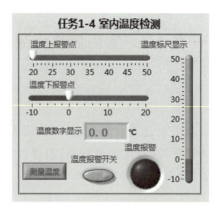

图 10-14　任务 1-4 的检测界面

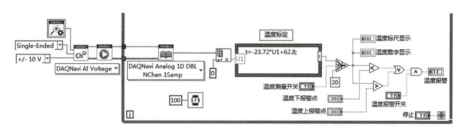

图 10-15　任务 1-4 的 LabVIEW 程序框图

至循环框左侧；②创建 DAQ 采集卡的"开始任务"控件，拖放至循环框左侧，创建"读取信号"控件，放在循环框内；③信息数据转换：添加"索引数组""小于?""大于?"和"选择"控件，均放入循环框内；④逻辑功能：添加"公式节点"控件，修改标签，设置输入、输出，如图 10-15 所示添加公式（注意：公式后面的"；"是英文分号），添加"与""或"控件，均放入循环框内；⑤参照图 10-15 完成连线，并保存文件。

2. 硬件连线与运行调试

（1）硬件连线：本任务硬件连线如图 10-16 所示。

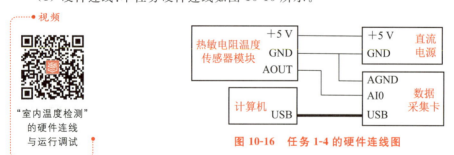

图 10-16　任务 1-4 的硬件连线图

● 视频

"室内温度检测"
的硬件连线
与运行调试

（2）运行调试：①右击程序框图中模拟量的"特性助手"控件，设置其属性 DAQNavi Component 为"Instant AI"，Device 为"USB-4704，BID♯0"，起始通道（Channel Start）为 0，停止通道（Channel Stop）为 0（此为单通道方式），其余不变，如图 10-17 所示。②单击工具栏中"运行"按钮⇨运行程序，在前面板上单击任务 1-4 中的温度测量开关和报警开关，观察温度显示值、温度报警灯是否点亮，可以调节温度上限报警和温度下限报警的标尺，从而改变报警灯的状态，完成室内温度检测和报警的功能。③LabVIEW 检测的室内温度与普通温度计对比,看看有什么不同。如果用普通温度计作为标准温度计,则其差值可以用来校正虚拟仪器检测的温度值。具体操作方法:改变虚拟仪器程序框图中温度标定线性公式的截距值来校准虚拟仪器的温度测量值。④用手捏住热敏电阻温度传感器模块,看看温度是否变化。

图 10-17 数据采集卡"特性助手"控件模拟量的设置

任务 1-5 室内湿度检测

任务要求

完成室内湿度检测的 LabVIEW 虚拟仪器创建,以及硬件连线与运行调试工作;要求包含湿度报警开关、湿度测量按钮、湿度报警显示、湿度正常显示、湿度数字显示和仪表盘显示、湿度上下限设定等功能。

任务资料●

"室内湿度检测"
的任务分析

任务设备及工具

检查本任务所需设备及工具的情况,填写表 10-6,针对设备工具情况在相应的○中打√。

表 10-6 任务 1-5 的设备及工具检查表

序号	名　　称	设备工具情况	损坏情况描述
1	计算机	好○　坏○	
2	计算机是否安装中文 LabVIEW 软件	是○　否○	
3	计算机是否安装研华 DAQ 软件	是○　否○	
4	5 V 直流电源	好○　坏○	
5	研华 USB-4704 数据采集卡	好○　坏○	
6	HR202 湿敏电阻传感器模块	好○　坏○	
7	杜邦导线若干	好○　坏○	

任务实施

根据要求填写本任务的实施单,见表 10-2,建议任务实施过程的阶段操作由同组成员轮流进行。

1. LabVIEW 程序设计

(1) LabVIEW 检测界面(前面板)的设计步骤:①打开任务 1-1~任务 1-4 的 VI 文件;②如图 10-18 所示,与任务 1-4 的前面板设计②~⑥步骤相同(温度计改为量表,标签名称改为"湿度仪表盘",量程为 0~100);③添加湿度正常灯;④添加"转盘",标签修改为"采样速度",标尺栏的刻度范围最小值为 10,最大值为 1 000;⑤保存文件。

● 视频

"室内湿度检测"
的 LabVIEW 程序
设计和模拟运行 ●

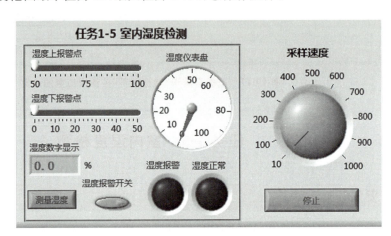

图 10-18　任务 1-5 的检测界面

(2) LabVIEW 程序框图(后面板)的设计步骤:①如图 10-19 所示,将各控件图标变小并拖放到合适的位置,修改采样时间;②创建信息数据转换和逻辑功能控件(与任务 1-4 相同);③参照图 10-19 完成连线,并保存文件。

● 项目资料

项目一完整的
LabVIEW 检测
界面和程序框图 ●

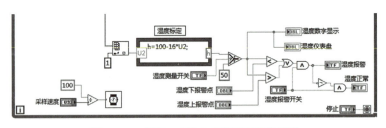

图 10-19　任务 1-5 的 LabVIEW 程序框图

2. 硬件连线与运行调试

(1) 硬件连线:本任务硬件连线如图 10-20 所示,其中 HR202 湿敏电阻传感器模块的 GND 与直流电源的 GND、数据采集卡的 AGND 相连(共地)。

(2) 运行调试:①右击程序框图中模拟量的"特性助手"控件,设置其属性对话框(图 10-17),将停止通道(Channel Stop)数值修改为 1,其余不变。②单击工具栏中"运行"按钮 ⇨ 运行程序,在前面板上单击任务 1-5 中的湿度测量开关、湿度报警开关,观察湿度显示

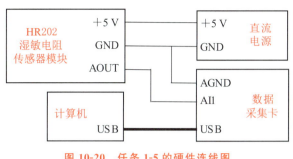

"室内湿度检测"的硬件连线与运行调试

图 10-20 任务 1-5 的硬件连线图

值,湿度正常灯、湿度报警灯是否点亮,可以调节湿度上限报警和湿度下限报警的标尺,从而改变报警灯的状态,完成室内湿度检测和报警的功能。

项目验收

完成本项目中各任务的 LabVIEW 虚拟仪器创建及各功能模块的搭建与运行调试工作,填写项目报告,见表 10-7。

表 10-7 项目报告

项目名称			完成日期	___年___月___日
班 级		团队序号	团队名称	
报告人姓名			报告日期	___年___月___日
项目完成的功能				
项目可以拓展的任务				
实施过程中出现的问题及解决方法				

任务名称	出现的问题		如何解决	

损坏的器件或工具	损坏器件或工具	损坏时执行的任务	原因分析	价格/元
本人在实施过程中做的工作				
实施过程中争议问题				
项目实施体会及教学建议				

　　各团队由项目负责人进行展示,介绍项目实施情况;各团队成员和教师对项目完成情况进行自评和验收,见表 10-8;各团队针对其他团队的项目完成质量,进行互评,见表 10-9。

表 10-8　项目一验收单

项目名称	居家安防与环境监测		验收日期	___年___月___日	
班　　级		团队序号		项目负责人	
序号	验收内容	分值	团队自评	教师评价	备注
1	LabVIEW 检测界面布局合理、美观	10			
2	LabVIEW 程序框图布局合理、美观	10			
3	硬件连线整齐规范	10			
4	居家火灾自动报警功能完成情况	14			
5	居家可燃性气体泄漏报警功能完成情况	14			
6	居家防盗报警功能完成情况	14			
7	室内温度检测功能完成情况	14			
8	室内湿度检测功能完成情况	14			
合计		100			

表 10-9　项目互评表

项目名称				测评团队序号	
项目负责人			团队成员		
团队序号	团队名称	项目完成质量等级	质量等级及要求		
1					
2					
3			A 等级:项目完成质量很高,递交成果思路清晰,有所创新		
4			B 等级:项目完成质量较高,递交成果思路较清晰		
5			C 等级:项目完成质量一般,递交成果思路基本清晰		
6			D 等级:项目完成质量一般,递交成果思路不够清晰		
7			E 等级:项目完成质量差,递交成果思路不清晰		
8			F 等级:没有成果递交		
9			要求:9～10 个团队中相同等级不得超过 3 个,7～8 个团队中 A 等级不得超过 2 个,其余相同等级不得超过 3 个,否则无效		
10			注意:A、B、C、D、E、F 等级分别对应分值为 95、85、75、60、30、0 分		

实践项目二 常用生产流水线的检测技术

项目描述

在大批量生产中,采用自动生产流水线具有提高劳动生产率、提高产品质量、改善劳动条件、降低生产成本、缩短生产周期等突出优点,有着显著的经济效益。本项目将完成常用生产流水线的检测技术相关任务的 LabVIEW 虚拟仪器创建及各功能模块(图 10-21)的搭建与运行调试工作。

组建团队,组建方法与项目一相同。

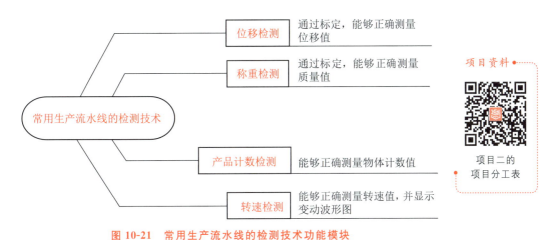

图 10-21 常用生产流水线的检测技术功能模块

任务 2-1 位移检测

任务要求

完成位移检测的 LabVIEW 虚拟仪器创建,以及硬件连线与运行调试工作;要求包含位移测量按钮、输出电压显示、位移值显示、标定位移输入、标定公式 k1 和 b1 的计算和显示、标定按钮等功能。

任务资料
"位移检测"的
任务分析

任务设备及工具

检查本任务所需设备及工具的情况,填写表 10-10,针对设备工具情况在相应的○中打√。

表 10-10 任务 2-1 的设备及工具检查表

序号	名　称	设备工具情况		损坏情况描述
1	计算机	好○	坏○	
2	计算机是否安装中文 LabVIEW 软件	是○	否○	
3	计算机是否安装研华 DAQ 软件	是○	否○	
4	5 V 直流电源	好○	坏○	
5	研华 USB-4704 数据采集卡	好○	坏○	
6	电位器传感器	好○	坏○	
7	一字仪表螺丝刀	好○	坏○	
8	杜邦导线若干	好○	坏○	

任务实施

根据要求填写本任务的实施单,见表 10-11,建议任务实施过程的阶段操作由同组成员轮流进行。

表 10-11 任务 2-1 实施单

任务名称		位移检测		实施日期	____年____月____日	
团队序号			组别		同组成员	
任务实施过程						
序号	阶段操作内容		操作人	观察与准备人	教师评价	
1	LabVIEW 检测界面(前面板)的设计					
2	LabVIEW 程序框图(后面板)的设计					
3	硬件连线与运行调试					
任务实施过程	数据记录	在 $L_0 = 60$ mm 时,LabVIEW 测量的位移 $L_x = $ _____ mm,$L_x - L_0 = $ _____ mm				
	有何疑问					
	如何解决					

1. LabVIEW 程序设计

(1) LabVIEW 检测界面(前面板)的设计步骤:①运行 LabVIEW 软件,新建 VI;②如图 10-22 所示,编辑标题文本,并添加修饰边框;③添加 2 个"数值输入"控件和 6 个"数值显示"控件,修改外观属性,放到合适位置;④选择 4 个"确定按钮",修改相关属性;⑤编辑文字并加修饰线条;⑥保存文件。

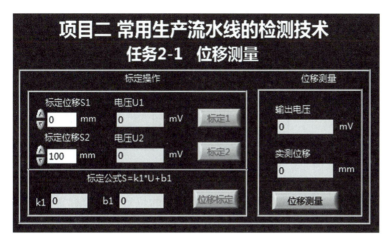

"位移检测"的
LabVIEW
程序设计

"位移检测"标
定子程序的
LabVIEW
程序设计

图 10-22　任务 2-1 的检测界面

（2）LabVIEW 程序框图（后面板）的设计步骤：①如图 10-23 所示，添加循环框并设置循环时间，将控件图标变小；②单击函数选板中的"选择 VI…"，找到"标定子程序.VI"并打开，将其图标放置于 while 循环框内，在循环框上右击添加 6 对移位寄存器，并设置初始值为常量 0，添加文字标识，各控件与"标定子程序.VI"进行连接；③创建 DAQ 采集卡的"特性助手"和"信号通道"控件，创建"开始任务""清除任务"和"读取信号"控件；④创建 1 个"索引数组"，添加"乘"控件；⑤设置"停止按钮"（前面板修改标签为"结束程序"）；⑥参照图 10-23 对各控件进行连线，并保存文件。

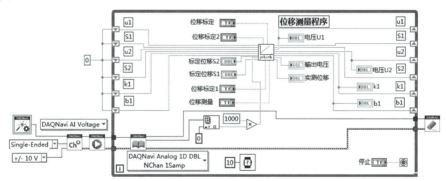

图 10-23　任务 2-1 的 LabVIEW 程序框图

2. 硬件连线与运行调试

（1）硬件连线：本任务硬件连线如图 10-24 所示，其中传感器模块 GND 与直流电源的 GND、数据采集卡的 AGND 相连（共地）。

（2）运行调试：①与任务 1-4 相同，右击"特性助手"控件，设置其属性 DAQNavi Component 为"Instant AI"，Device 为"USB-4704，BID♯0"，起始通道（Channel Start）为 0，停止通道（Channel Stop）为 0（此为单通道方式），如图 10-17 所示。②单击工具栏中"运行"按钮 ⇨ 运行程序，将电位器传感器的滑臂移动到"0 mm"的位置，在前面板上单击"标定 1"

"位移检测"的
硬件连线与
运行调试

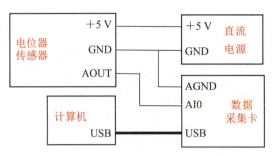

图 10-24   任务 2-1 的硬件连线图

按钮,得到电压 U_{b1};将电位器传感器的滑臂移动到"100 mm"的位置,单击"标定 2"按钮,得到电压 U_{b2};然后单击"位移标定"按钮,得到标定公式中的"k1"和"b1"值。③随意移动电位器传感器的滑臂,单击"位移测量"按钮,就可以得到滑臂移动的位移量和输出电压值,观察电位器传感器下面的标尺,验证虚拟仪器显示的位移量是否准确。当电位器传感器的滑臂移动到 60 mm 时观察测量结果,并填入本任务实施单(表 10-11)中,分析误差原因,记录心得。

任务 2-2   称重检测

任务资料

任务要求

完成称重检测的 LabVIEW 虚拟仪器创建,以及硬件连线与运行调试工作;要求包含称重测量按钮、标定质量和电压输入、标定公式 k2 和 b2 的计算和显示、输出电压显示、实测质量显示等功能。

"称重检测"
的任务分析

任务设备及工具

检查本任务所需设备及工具的情况,填写表 10-12,针对设备工具情况在相应的○中打✓。

表 10-12   任务 2-2 的设备及工具检查表

序号	名　称	设备工具情况		损坏情况描述
1	计算机	好○	坏○	
2	计算机是否安装中文 LabVIEW 软件	是○	否○	
3	计算机是否安装研华 DAQ 软件	是○	否○	
4	5 V、12 V 直流电源	好○	坏○	
5	研华 USB-4704 数据采集卡	好○	坏○	
6	电阻应变式称重传感器模块	好○	坏○	
7	一字仪表螺丝刀	好○	坏○	
8	砝码	好○	坏○	
9	杜邦导线若干	好○	坏○	

任务实施

根据要求填写本任务的实施单,见表 10-13,建议任务实施过程的阶段操作由同组成员轮流进行。

表 10-13 任务 2-2 实施单

任务名称	称重检测			实施日期	___年___月___日
团队序号		组别		同组成员	
任务实施过程					

序号	阶段操作内容	操作人	观察与准备人	教师评价
1	LabVIEW 检测界面(前面板)的设计			
2	LabVIEW 程序框图(后面板)的设计			
3	硬件连线与运行调试			

任务实施过程	数据记录	在 $m_0 = 300\ \text{g}$ 时,LabVIEW 测量的质量 $m_x =$ ___ g,$m_x - m_0 =$ ___ g
	有何疑问	
	如何解决	

1. LabVIEW 程序设计

(1) LabVIEW 检测界面(前面板)的设计步骤:①打开任务 2-1 的 VI 文件,编辑任务 2-2 的标题文本,在后面板将 while 循环框向下拉大;②如图 10-25 所示,添加 4 个“数值输入”控件和 4 个“数值显示”控件,修改外观属性,放到合适位置;③选择 1 个“确定按钮”,修改相关属性;④如图 10-25 所示编辑文字并加修饰线条;⑤保存文件。

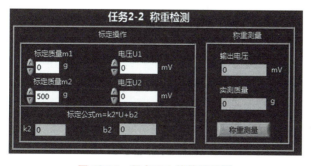

图 10-25 任务 2-2 的检测界面

视频

“称重检测”的 LabVIEW 程序设计

（2）LabVIEW 程序框图（后面板）的设计步骤：①将各控件的图标变小，并如图 10-26 所示放在适当位置；②从函数选板中添加"索引数组"并创建常量 1，添加"选择"控件并创建常量 0，将各控件拖放到相应位置；③添加"公式节点"函数，并在其上创建 5 个输入、3 个输出变量，公式节点内添加 3 个公式；④参照图 10-26 对模拟输入通道及各控件进行连线，保存文件。

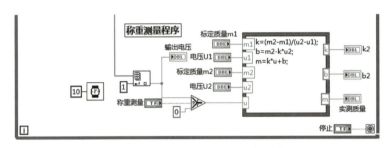

图 10-26   任务 2-2 的 LabVIEW 程序框图

2. 硬件连线与运行调试

（1）硬件连线：本任务硬件连线如图 10-27 所示。

● 视频

"称重检测"的
硬件连线与
运行调试

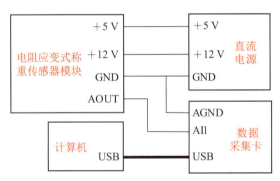

图 10-27   任务 2-2 的硬件连线图

（2）运行调试：①右击模拟量的"特性助手"控件，设置其属性对话框（图 10-17），将停止通道（Channel Stop）数值修改为 1，其余不变；②单击工具栏中"运行"按钮，称重传感器平台上未放物体，即质量为 0，将前面板中的"输出电压"值填入"数值输入"控件"电压 U1"中；称重传感器平台放置 500 g 的物体，即质量为 500 g 时，将"输出电压"值填入"数值输入"控件"电压 U2"中，最后单击"称重测量"按钮，就得到标定公式中的"k2""b2"和"实测质量"值，完成标定工作；③在称重传感器平台上放置量程范围内的任意物体，从虚拟仪器界面中得到物体（砝码）的"实测质量"和"输出电压"值，观察砝码的大小就可以验证虚拟仪器显示的称重物体质量是否准确，在称重传感器平台上放置 300 g 的砝码，观察测量结果，并填入表 10-13 中，分析误差原因，记录心得。

任务 2-3　产品计数检测

任务要求

任务资料●

完成计数检测的 LabVIEW 虚拟仪器创建，以及硬件连线与运行调试工作；要求包含清零按钮、计数值显示、计数脉冲指示灯等功能。

"产品计数检测"
● 的任务分析

任务设备及工具

检查本任务所需设备及工具的情况，填写表 10-14，针对设备工具情况在相应的○中打√。

表 10-14　任务 2-3 的设备及工具检查表

序号	名　　称	设备工具情况	损坏情况描述
1	计算机	好○　坏○	
2	计算机是否安装中文 LabVIEW 软件	是○　否○	
3	计算机是否安装研华 DAQ 软件	是○　否○	
4	5 V 直流电源	好○　坏○	
5	研华 USB-4704 数据采集卡	好○　坏○	
6	电容式接近开关	好○　坏○	
7	杜邦导线若干	好○　坏○	

任务实施

根据要求填写本任务的实施单，见表 10-2，建议任务实施过程的阶段操作由同组成员轮流进行。

1. LabVIEW 程序设计

（1）LabVIEW 检测界面（前面板）的设计步骤：①打开任务 2-1、任务 2-2 的 VI 文件，在后面板中将 while 循环框向下拉大；②如图 10-28 所示，添加"指示灯"和"数值显示"控件各 1 个；③添加 1 个"确定按钮"，修改相关属性；④添加修饰线条，保存文件。

视频●

图 10-28　任务 2-3 的检测界面

"产品计数检测"
的 LabVIEW
● 程序设计

（2）LabVIEW 程序框图（后面板）的设计步骤：①如图 10-29 所示，创建 DAQ 采集卡的"特性助手"和"信号通道"（数字输入）控件，创建"开始任务"和"清除任务"控件，创建"读取信号"控件（与任务 1-1 类同），分别放在相应位置；②创建 2 个"索引数组"及"数值至布尔数组转换"控件，"索引数组"添加相关常量；③如图 10-30 所示，利用当前时刻信号与前一个时刻信号的"非"进行相与，创建上升沿检测的逻辑；④创建其他逻辑功能控件，并进行连线；⑤将各控件图标变小，如图 10-29 所示放在适当位置完成连线，两个条件结构为"假"时，两节点直接相连，保存文件。

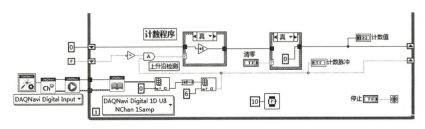

图 10-29　任务 2-3 的 LabVIEW 程序框图

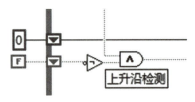

图 10-30　创建上升沿检测

2. 硬件连线与运行调试

（1）硬件连线：本任务硬件连线如图 10-31 所示，其中电容式接近开关 GND 与直流电源的 GND、数据采集卡的 DGND 相连（共地）。

▶视频

"产品计数检测"
的硬件连线
与运行调试

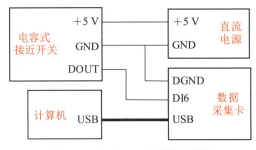

图 10-31　任务 2-3 的硬件连线图

（2）运行调试：①右击程序框图中"特性助手"控件，设置其属性 DAQNavi Component 为"Static DI"，Device 为"USB-4704，BID♯0"，如图 10-5 所示；②单击工具栏中"运行"按钮 ⇨ 运行程序，将某一物体或手接近电容式接近开关，观察虚拟仪器界面中的计数值和"计数脉冲"指示灯是否变化，单击"清零"按钮，则计数值显示为"0"。

任务 2-4　转速检测

任务要求

完成转速检测的 LabVIEW 虚拟仪器创建，以及硬件连线与运行调试工作；要求包含齿数 Z 值输入、复位按钮、转速脉冲指示灯、脉冲数显示、脉冲频率显示、转速数字显示和仪表盘显示、脉冲波形显示等功能。

任务资料●

"转速检测"的
任务分析

任务设备及工具

检查本任务所需设备及工具的情况，填写表 10-15，针对设备工具情况在相应的○中打√。

表 10-15　任务 2-4 的设备及工具检查表

序号	名　称	设备工具情况	损坏情况描述
1	计算机	好○　坏○	
2	计算机是否安装中文 LabVIEW 软件	是○　否○	
3	计算机是否安装研华 DAQ 软件	是○　否○	
4	5 V 直流电源	好○　坏○	
5	研华 USB-4704 数据采集卡	好○　坏○	
6	光电编码器或者霍尔转速传感器	好○　坏○	
7	杜邦导线若干	好○　坏○	

任务实施

根据要求填写本任务的实施单，见表 10-2，建议任务实施过程的阶段操作由同组成员轮流进行。

1. LabVIEW 程序设计

（1）LabVIEW 检测界面（前面板）的设计步骤：①打开任务 2-1～任务 2-3 的 VI 文件，在后面板中将 while 循环框向下拉大；②如图 10-32 所示，添加"波形图表"控件，右击选择属性，设置属性；调整"波形图表"控件的大小，调整文字大小和颜色；③添加"量表""指示灯""数值输入"控件、"复位"按钮和 3 个"数值显示"控件，修改标签，拖放到合适位置，修改"量表"量程为 0～2 000；④对界面进行修饰，保存文件。

（2）LabVIEW 程序框图（后面板）的设计步骤：①如图 10-33 所示，将所有控件取消"显示为图标"后，图标变小，拖放到图示的相应位置；②添加"初始化数组"（选择菜单"编程"→"数组"→"初始化数组"），分别创建常量 0 和 1，在 while 循环框中添加 5 个"移位寄

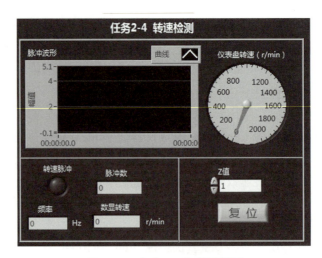

图 10-32   任务 2-4 的检测界面

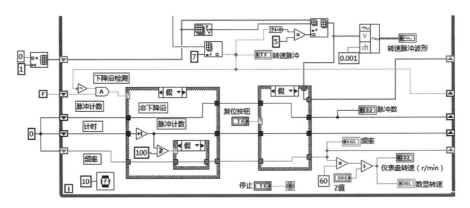

图 10-33   任务 2-4 的 LabVIEW 程序框图（条件结构为"假"）

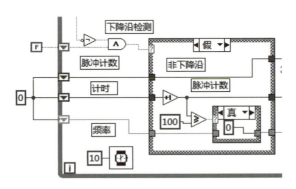

图 10-34   条件结构为"假"的内条件结构为"真"

存器"；③添加"索引数组""数组大小""数组插入"控件（选择菜单"编程"→"数组"）、添加
"布尔值至（0，1）转换""创建波形"控件（选择菜单"编程"→"波形"→"创建波形"）等；④添
加"非""与"和"大于等于?"控件，添加 2 个"乘"和 2 个"除"控件，添加 3 个"条件结构"和 3
个"加 1"控件；⑤参照图 10-33、图 10-34 和图 10-35 进行正确连线，并添加相关常量；⑥保
存文件。

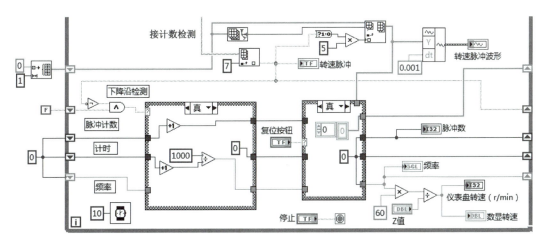

图 10-35　任务 2-4 的 LabVIEW 程序框图(条件结构为"真")

2. 硬件连线与运行调试

(1) 硬件连线:本任务硬件连线如图 10-36 所示。

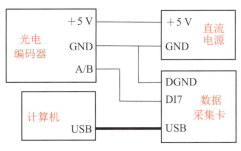

图 10-36　任务 2-4 的硬件连线图

项目资料●

项目二完整的 LabVIEW 检测界面和程序框图

视频●

"转速检测"的硬件连线与运行调试

(2) 运行调试:①如果数据采集卡输入口连接的是光电编码器,则在检测界面(前面板)的"数值输入"控件的 Z 值中用"编辑文本"工具将数值 1 修改为 0.781 25;如果数据采集卡输入口连接的是霍尔转速传感器,则将检测界面(前面板)的"数值输入"控件的 Z 值设为 1。单击工具栏中"运行"按钮运行程序,观察虚拟仪器检测界面的波形脉冲及转速等显示控件。②打开电动机开关,查看波形及速度显示,调节调速旋钮,更改电动机转速,观察显示控件指示的变化。③单击"复位"按钮,则所有值显示为"0"并重新进行测速。④观察同样转速在连接霍尔转速传感器(Z 值为 1)时测量的结果有何变化。

项目验收

完成本项目中各任务的 LabVIEW 虚拟仪器创建及各功能模块的搭建与运行调试工作,填写项目报告,见表 10-7。

各团队由项目负责人进行展示,介绍项目实施情况;各团队成员和教师对项目完成情况进行自评和验收,见表 10-16;各团队针对其他团队的项目完成质量,进行互评,见表 10-9。

表 10-16　项目二验收单

项目名称	常用生产流水线的检测技术		验收日期	＿＿年＿＿月＿＿日	
班　级		团队序号	项目负责人		
序号	验收内容	分值	团队自评	教师评价	备注
1	LabVIEW 检测界面布局合理、美观	12			
2	LabVIEW 程序框图布局合理、美观	12			
3	硬件连线整齐规范	12			
4	位移检测功能完成情况	16			
5	称重检测功能完成情况	16			
6	产品计数检测功能完成情况	16			
7	转速检测功能完成情况	16			
合计		100			

附　录

附录一　常用传感器分类表

传感器分类		转　换　电　路	传感器名称	典　型　应　用
转换形式	中间参量			
电参数	电阻	移动电位器触点改变电阻	电位器式传感器	位移
		改变电阻丝或片的尺寸	电阻丝应变片、半导体应变片	微应变、力、负荷
		利用电阻的温度效应（电阻温度系数）	热丝传感器	气流速度、液体流量
			电阻温度传感器	温度、辐射热
			热敏电阻传感器	温度
		利用电阻的光电效应	光敏电阻传感器	光强
		利用电阻的湿度效应	湿敏电阻传感器	湿度
	电感	改变磁路几何尺寸、导磁体位置	电感式传感器	位移
		涡流去磁效应	电涡流式传感器	位移、厚度、硬度
		利用压磁效应	压磁传感器	力、压力
		改变互感	差动变压器	位移
			自整角机	位移
			旋转变压器	位移
	电容	改变电容的几何尺寸	电容式传感器	力、压力、负荷、位移
		改变电容的介电常数		液位、厚度、含水量
数字	频率	改变谐振回路中的固有参数	振弦式传感器	压力、力
			振筒式传感器	气压
			石英谐振传感器	力、温度等
	计数	利用莫尔条纹	光栅式传感器	大角位移、大直线位移
		改变互感	感应同步器	
		利用拾磁信号	磁栅式传感器	
	数字	利用数字编码	角数字编码器	大角位移
电量	电动势	温差电动势	热电偶	温度、热流
		霍尔效应	霍尔式传感器	磁通、电流
		电磁感应	磁电式传感器	速度、加速度
		光电效应	光电池	光强
	电荷	辐射电离	电离室	离子计数、放射性强度
		压电效应	压电式传感器	动态力、加速度

附录二　几种常用传感器性能比较表

传感器类型	典型示值范围	特点及对环境的要求	应用场合与领域
电位器	500 mm 以下或 360° 以下	结构简单,输出信号大,测量电器简单,摩擦力大,需要较大的输入能量,动态响应差,应置于无腐蚀性气体的环境中	直线和角位移测量
应变片	2 000$\mu\varepsilon$ 以下	体积小,价格低廉,精度高,频率特性较好,输出信号小,测量电路复杂,易损坏	力、应力、应变、小位移、振动、速度、加速度及扭矩测量
自　感互　感	0.001～20 mm	结构简单,分辨率高,输出电压高,体积大。动态响应较差,需要较大的激励功率,易受环境振动的影响	小位移、液体及气体的压力测量、振动测量
电涡流	100 mm 以下	体积小,灵敏度高,非接触式,安装使用方便,频响好,应用领域宽广,测量结果标定复杂,需远离不属被测量的金属物	小位移、振动、加速度、振幅、转速、表面温度及状态测量、无损探伤
电容	0.001～0.5 mm	体积小,动态响应好,能在恶劣条件下工作,需要的激励源功率小,测量电路复杂,对湿度影响较敏感,需要良好屏蔽	小位移、气体及液体压力测量、与介电常数有关的参数如含水量、湿度、液位测量
压电	0.5 mm 以下	体积小,高频响应好,属于发电传感器,测量电路简单,受潮后易产生漏电	振动、加速度、速度、位移测量
光电	视应用情况而定	非接触式测量,动态响应好,精度高,应用范围广,易受外界杂光干扰,需要防光护罩	光亮度、温度、转速、位移、振动、透明度测量,或其他特殊领域的应用
霍尔	5 mm 以下	体积小,灵敏度高,线性好,动态响应好,非接触式,测量电路简单,应用范围广,易受外界磁场、温度变化的干扰	磁场强度、角度、位移、振动、转速、压力测量,或其他特殊场合应用
热电偶	－200～1 300 ℃	体积小,精度高,安装方便,属发电型传感器,测量电路简单,冷端补偿复杂	测温
超声波	视应用情况而定	灵敏度高,动态响应好,非接触式,应用范围广,测量电路复杂,测量结果标定复杂	距离、速度、位移、流量、流速、厚度、液位、物位测量及无损探伤
光栅	0.001～1×10^4 mm	测量结果易数字化,精度高,受温度影响小,成本高,不耐冲击,易受油污及灰尘影响,应有遮光、防尘的防护罩	大位移、静动态测量,多用于自动化机床
磁栅	0.001～1×10^4 mm	测量结果易数字化,精度高,受温度影响小,录磁方便,成本高,易受外界磁场影响,需要磁屏蔽	大位移、静动态测量,多用于自动化机床
感应同步器	0.005 mm 至几米	测量结果易数字化,精度较高,受温度影响小,对环境要求低,易产生接长误差	大位移、静动态测量,多用于自动化机床

附录三　热电阻新、旧分度号对照表

名　　称	新	旧	新分度号采用标准
工业铜热电阻	Cu50 $R_0 = 50\ \Omega$ $\alpha = 0.004\ 280\ \text{℃}^{-1}$	G $R_0 = 53\ \Omega$	ZBY028—1981
	Cu100 $R_0 = 100\ \Omega$ $\alpha = 0.004\ 280\ \text{℃}^{-1}$		
工业铂热电阻		BA$_1$ $R_0 = 46\ \Omega$ $\alpha = 0.003\ 91\ \text{℃}^{-1}$	IEC751—1983
	Pt100 $R_0 = 100\ \Omega$ $\alpha = 0.003\ 850\ \text{℃}^{-1}$	BA$_2$ $R_0 = 100\ \Omega$ $\alpha = 0.003\ 91\ \text{℃}^{-1}$	
	Pt10 $R_0 = 10\ \Omega$		

附录四　热电阻分度表

工作端温度/℃	电阻值/Ω		工作端温度/℃	电阻值/Ω	
	Cu50	Pt100		Cu50	Pt100
−200	—	18.49	10	52.14	103.90
−190	—	22.80	20	54.28	107.79
−180	—	27.08	30	56.42	111.67
−170	—	31.32	40	58.56	115.54
−160	—	35.53	50	60.70	119.40
−150	—	39.71	60	62.84	123.24
−140	—	43.87	70	64.98	127.07
−130	—	48.00	80	67.12	130.89
−120	—	52.11	90	69.26	134.70
−110	—	56.19	100	71.40	138.50
−100	—	60.25	110	73.54	142.29
−90	—	64.30	120	75.68	146.06
−80	—	68.33	130	77.83	149.82
−70	—	72.33	140	79.98	153.58
−60	—	76.33	150	82.13	157.31
−50	39.24	80.31	160	—	161.04
−40	41.40	84.27	170	—	164.76
−30	43.55	88.22	180	—	168.46
−20	45.70	92.16	190	—	172.16
−10	47.85	96.09	200	—	175.84
0	50.00	100.00	210	—	179.51

工作端温度/℃	电阻值/Ω		工作端温度/℃	电阻值/Ω	
	Cu50	Pt100		Cu50	Pt100
220	—	183.17	370	—	236.65
230	—	186.32	380	—	240.13
240	—	190.45	390	—	243.59
250	—	194.07	400	—	247.04
260	—	197.69	410	—	250.48
270	—	201.29	420	—	253.90
280	—	204.88	430	—	257.32
290	—	208.45	440	—	260.72
300	—	212.02	450	—	264.11
310	—	215.57	460	—	267.49
320	—	219.12	470	—	270.36
330	—	222.65	480	—	274.22
340	—	226.17	490	—	277.56
350	—	229.67	500	—	280.90
360	—	233.17			

附录五　镍铬-镍硅(镍铝)热电偶分度表

（自由端温度为 0 ℃）

工作端温度/℃	热电动势/mV		工作端温度/℃	热电动势/mV	
	EU-2	K		EU-2	K
−50	−1.86	−1.889	220	8.93	8.938
−40	−1.50	−1.527	230	9.34	9.341
−30	−1.14	−1.156	240	9.74	9.745
−20	−0.77	−0.777	250	10.15	10.151
−10	−0.39	−0.392	260	10.56	10.560
−0	−0.00	−0.000	270	10.97	10.969
+0	0.00	0.000	280	11.38	11.381
10	0.40	0.397	290	11.80	11.793
20	0.80	0.798	300	12.21	12.207
30	1.20	1.203	310	12.62	12.623
40	1.61	1.611	320	13.04	13.039
50	2.02	2.022	330	13.45	13.456
60	2.43	2.436	340	13.87	13.874
70	2.85	2.850	350	14.30	14.292
80	3.26	3.266	360	14.72	14.712
90	3.68	3.681	370	15.14	15.132
100	4.10	4.095	380	15.56	15.552
110	4.51	4.508	390	15.99	15.974
120	4.92	4.919	400	16.40	16.395
130	5.33	5.327	410	16.83	16.818
140	5.73	5.733	420	17.25	17.241
150	6.13	6.137	430	17.67	17.664
160	6.53	6.539	440	18.09	18.088
170	6.93	6.939	450	18.51	18.513
180	7.33	7.338	460	18.94	18.938
190	7.73	7.737	470	19.37	19.363
200	8.13	8.137	480	19.79	19.788
210	8.53	8.537	490	20.22	20.214

工作端温度/℃	热电动势/mV		工作端温度/℃	热电动势/mV	
	EU-2	K		EU-2	K
500	20.65	20.640	940	38.93	38.915
510	21.08	21.066	950	39.32	39.310
520	21.50	21.493	960	39.72	39.703
530	21.93	21.919	970	40.10	40.096
540	22.35	22.346	980	40.49	40.488
550	22.78	22.772	990	40.88	40.897
560	23.21	23.198	1 000	41.27	41.264
570	23.63	23.624	1 010	41.66	41.657
580	24.05	24.050	1 020	42.04	42.045
590	24.48	24.476	1 030	42.43	42.432
600	24.90	24.902	1 040	42.83	42.817
610	25.32	25.327	1 050	43.21	43.202
620	25.75	25.751	1 060	43.59	43.585
630	26.18	36.176	1 070	43.97	43.968
640	26.60	26.599	1 080	44.34	44.349
650	27.03	27.022	1 090	44.72	44.729
660	27.45	27.445	1 100	45.10	45.108
670	27.87	27.867	1 110	45.48	45.486
680	28.29	28.288	1 120	45.85	45.863
690	28.71	28.709	1 130	46.23	46.238
700	29.13	29.128	1 140	46.60	46.612
710	29.55	29.547	1 150	46.97	46.935
720	29.97	29.965	1 160	47.34	47.356
730	30.39	30.383	1 170	47.71	47.726
740	30.81	30.799	1 180	48.08	48.005
750	31.22	31.214	1 190	48.44	48.462
760	31.64	31.629	1 200	48.81	48.828
770	32.06	32.042	1 210	49.17	49.192
780	32.46	32.455	1 220	49.53	49.555
790	32.87	32.866	1 230	49.89	49.916
800	33.29	33.277	1 240	50.25	50.276
810	33.69	33.686	1 250	50.61	50.633
820	34.10	34.095	1 260	50.96	50.990
830	34.51	34.502	1 270	51.32	51.344
840	34.91	34.909	1 280	51.67	51.697
850	35.32	35.314	1 290	52.02	52.049
860	35.72	35.718	1 300	52.37	52.398
870	36.13	36.121	1 310		52.747
880	36.53	36.524	1 320		53.093
890	36.93	36.925	1 330		53.439
900	37.33	37.325	1 340		53.782
910	37.73	37.724	1 350		54.125
920	38.13	38.122	1 360		54.466
930	38.53	38.519	1 370		54.807

主要参考文献

［1］姜香菊.传感器原理及应用[M].2 版.北京:机械工业出版社,2020.

［2］徐航,杨爱新,郑火胜.传感器原理与应用[M].上海:同济大学出版社,2019.

［3］魏学业.传感器技术与应用[M].2 版.武汉:华中科技大学出版社,2019.

［4］常慧玲.传感器与自动检测[M].3 版.北京:电子工业出版社,2016.

［5］刘少强,张靖.现代传感器技术:面向物联网应用[M].2 版.北京:电子工业出版社,2016.

［6］刘迎春,叶湘滨.传感器原理、设计与应用[M].5 版.北京:国防工业出版社,2015.

［7］吴旗.自动检测与转换技术[M].北京:高等教育出版社,2014.

［8］范茂军.物联网与传感器技术[M].北京:机械工业出版社,2012.

［9］贾惠芹.虚拟仪器设计[M].北京:机械工业出版社.2012.

［10］吴亚林.物联网用传感器[M].北京:电子工业出版社,2012.

［11］郑堤,唐可洪.机电一体化设计基础[M].北京:机械工业出版社,2011.

［12］杨有君.数控技术[M].2 版.北京:机械工业出版社,2011.

［13］雷勇.虚拟仪器设计与实践[M].北京:电子工业出版社.2005.

［14］于涛,范云霄.数字控制技术与数控机床[M].北京:中国计量出版社,2004.

［15］乐嘉谦.仪表工手册[M].北京:化学工业出版社,2004.

［16］何希才.传感器及其应用电路[M].北京:电子工业出版社,2001.

［17］黄继昌,徐巧鱼,张海贵,等.传感器工作原理及应用实例[M].北京:人民邮电出版社,1998.

［18］徐志毅.机电一体化技术在支柱产业中的应用[M].上海:上海科学技术文献出版社,1997.

［19］邓善熙,吕国强.在线检测技术[M].北京:机械工业出版社,1996.

［20］王家桢,王俊杰.传感器与变送器[M].北京:清华大学出版社,1996.

郑重声明

高等教育出版社依法对本书享有专有出版权。任何未经许可的复制、销售行为均违反《中华人民共和国著作权法》，其行为人将承担相应的民事责任和行政责任；构成犯罪的，将被依法追究刑事责任。为了维护市场秩序，保护读者的合法权益，避免读者误用盗版书造成不良后果，我社将配合行政执法部门和司法机关对违法犯罪的单位和个人进行严厉打击。社会各界人士如发现上述侵权行为，希望及时举报，我社将奖励举报有功人员。

反盗版举报电话　　(010)58581999　58582371
反盗版举报邮箱　　dd@hep.com.cn
通信地址　　北京市西城区德外大街 4 号　高等教育出版社知识产权与法律事务部
邮政编码　　100120